"十三五"普通高等教育本科系列教材

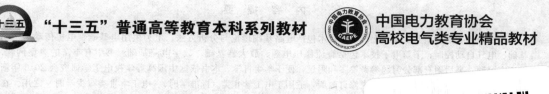

中国电力教育协会
高校电气类专业精品教材

电工学

第二版

主　编　吴延荣

副主编　张　涛　王桂娟　曲怀敬

编　写　徐红东　隋首钢　李艳红　张坤艳

　　　　苗松池　王克河　王　敏

主　审　陈桂友

中国电力出版社
CHINA ELECTRIC POWER PRESS

内 容 提 要

本书分为上下两篇共 7 章，上篇电工技术包括电路基础理论与分析方法、电力供用电基础、电机传动与拖动基础、电气自动控制；下篇电子技术包括直流稳压电源、放大器基础、数字电路基础。书中有丰富的典型例题，每章有习题，书后附有部分习题参考答案和附录，便于学生自学。本书依据中国高等学校电工学研究会 2016 年新修订的"电工学"课程教学基本要求修订改版，适用于电工学Ⅱ类（标准学时）、电工学Ⅲ类（少学时）之用。在编写过程中，立足于理论与实践应用相结合，本着定性与定量分析结合、重点突出、难点释疑的原则组织课程内容，力求知识结构的系统性，并兼顾教学规律、认知规律及学习者的不同层次。

本书可作为普通高等院校理工科非电类专业的电工学课程教材，还可作为职业院校的教材及在职技术人员的参考书。

图书在版编目（CIP）数据

电工学/吴延荣主编 . —2 版 . —北京：中国电力出版社，2018.8（2024.1 重印）

"十三五"普通高等教育本科规划教材

ISBN 978-7-5198-2044-2

Ⅰ.①电… Ⅱ.①吴… Ⅲ.①电工学—高等学校—教材 Ⅳ.①TM

中国版本图书馆 CIP 数据核字（2018）第 132354 号

出版发行：中国电力出版社
地　　址：北京市东城区北京站西街 19 号（邮政编码 100005）
网　　址：http://www.cepp.sgcc.com.cn
责任编辑：陈　硕（010—63412532）　冯宁宁
责任校对：黄　蓓　太兴华
装帧设计：王英磊　赵姗姗
责任印制：钱兴根

印　　刷：北京雁林吉兆印刷有限公司
版　　次：2012 年 7 月第一版　2018 年 8 月第二版
印　　次：2024 年 1 月北京第十三次印刷
开　　本：787 毫米×1092 毫米　16 开本
印　　张：18
字　　数：434 千字
定　　价：45.00 元

前　　言

本书第一版自 2012 年出版以来，很多专业修订了培养方案和教学大纲，加之中国高等学校电工学研究会于 2016 年新修订了"电工学"课程教学基本要求，结合教学实践和读者意见，编者决定对第一版进行修订。

本次修订继承了第一版的某些特色和有益尝试，进一步纾解内容多与学时少的矛盾，并根据电工学研究会 2016 版课程教学基本要求调整、增删一些内容，有的部分进行了改写与补充。在编制修订大纲与编写过程中，尽力统筹知识、理论和实践三方面的关系，致力于突出重点、突破难点、捋顺关系、有序衔接，强化教、学、用三者的协同，力图方便教师授课，利于读者研修学习，促进教学效率和效果的提升。本书的修订基于以上指导方针，并在以下几个方面进行完善和提高：

（1）知识结构与内容体系进一步统合。全书由原六篇整合为两篇，上篇电工技术，下篇电子技术；在章节的布局上，由原来的十二章调整为七章。按照普通高等学校本科电类专业的相关课程体系划分章节结构，以使读者能够了解相关内容指向的课程，概要性地了解不同章节的总体内容与应用，也便于自学或查阅相关资料。

（2）在内容处理上，继续秉承"定性与定量分析结合，重点突出，难点释疑"的基本原则，问题的引入与分析，尽量一步步阶梯性延伸。除了增删某些知识内容以外，根据教学的需要，对某些区块的内容进行了合并或拆分，力求知识结构更加系统，内容布局更加合理；根据重点、难点和一般性内容的区分，对某些内容适当进行强化或压缩。

（3）进一步强化知识的衔接，即学即用，以提高教学效率。

（4）在体例格式上，一改第一版的面貌，力求精练简约；在篇幅上，做了较大的裁减。

书中标注 * 号的章节是供选用的部分。由于各专业的培养方案不同，对电工学课程的教学基本要求也不尽相同，请使用者根据需要选择相应的教学模块和内容。

参与第二版编写修订的人员中，主编为吴延荣，副主编为张涛、王桂娟、曲怀敬，还有徐红东、隋首钢、李艳红、张坤艳、苗松池、王克河、王敏。本书由山东大学陈桂友教授作为主审进行审阅，提出了很好的修订建议和修改意见。在此，谨向参与本书第二版、第一版编写及审稿的老师表示衷心感谢！

限于编者水平，书中难免有疏漏之处，恳请使用本书的读者给予批评指正并提出宝贵意见，以便再版之时予以完善。

编　者
2018 年 1 月

目　　录

绪　论

电气电子工程学又称为电工学，是研究电能转换与传输、信号传递与处理的科学技术。按照所研究的对象不同，电工学分为电工技术（或电气技术）和电子技术。

一、电工学课程的性质和地位

电工学是高等学校工科非电类专业必修的、实践性很强的一门技术基础课，具有基础性、先进性和应用性的特点。随着电气与电子工程技术的发展，它广泛应用于其他相关学科、工程领域和我们的日常生活中。在现代化的当今社会中，如果离开了电能、电气与电子工程技术，生产、生活和科学研究等令人难以想象。需要强调指出的是，在当下电气化、自动化和信息化普及的时代大背景下，尤其是人类在经历蒸汽时代、电气时代前两次工业革命之后，第三次信息革命方兴未艾，又面临着第四次工业革命-绿色工业革命的当口，工业物联网、人工智能（AI）等新技术正快速发展，第五代移动通信网络（5G）应运而生，万物互联即将到来，无一不与电能、电气与电子技术相关，作为工科非电类的技术人员了解电气电子技术的基础知识及其应用，可以说不可或缺。

二、电气电子工程技术的研究对象

所谓电工技术，是研究电现象、磁现象及电磁转换的一门科学技术，探讨电能在传输与转换过程中的相关科学与工程技术问题，理论性很强。所谓电子技术，是研究电子元器件、电子线路及其应用的一门科学技术，应用性较强；电子技术又分为模拟电子技术和数字电子技术。

电能作为现代社会主要的能源之一，有其不可比拟的优越性，表现在以下几个方面：

（1）容易产生与转换。很多能源可以用来发电，如火电、水电、核电、风电、太阳能发电和潮汐发电等；另外，电能又可以很容易转换为其他形式的能量，如转换为热能、光能、声能、机械能等。

（2）容易传输。相对于石油、天然气、煤炭、水能等其他很多能源，电能更容易传输。例如，我国近年来的南水北调、西气东输等，工程浩大，煤炭运输中的物流所造成的人力与资源的消耗等。更有基于电磁波的现代通信技术与无线电技术，从而可以利用电能进行能量传输与信息传递，这也是其他很多能量无法做到的。

（3）容易分配与控制。电能的分配与控制非常容易，尤其是作为能源来讲，更是意义非凡。例如，一些自然灾害都伴随着能量的释放，如水灾、地震和火山爆发等，但就目前人类的技术水平来说，还难以控制或无法控制。

电工电子技术的相关应用，如自动控制、工业检测、电能之间的相互转换等领域，非常广泛。

三、电气电子工程技术的发展沿革

人类对于电现象、磁现象的认识很早就有记载，例如，我国在11世纪发明的指南针，是对于磁现象的认识；再如"琥珀拾芥"，则是对摩擦起电及静电感应现象的认知。

1. 电工技术的发展

电工技术的发端当属 18 世纪至 19 世纪初期法国物理学家库仑的重大发现，即 1785 年首次从实验室测定了电荷间的相互作用，从此电荷有了定量的概念。可以说，电工技术作为一门技术，那时才有了它真正的起源。到 1820 年，丹麦科学家奥斯特发现了电流对于磁针的力的作用；同一年，安培确认了通电线圈与磁铁类似，从而确立了磁现象的电本质。然后历经 1826 年的欧姆定律，1831 年的法拉第电磁感应定律，1833 年的楞次定则，1847 年的基尔霍夫定律，1864～1873 年麦克斯韦的电磁波理论，1883 年爱迪生发现了热电子效用，至 1888 年德国物理学家赫兹证实了电磁波的存在等，电工技术的理论体系逐渐建立起来了。其间，1834 年俄国物理学家雅科比研制出了第一台电动机，后来俄国工程师多里沃·多勃罗沃尔斯基又研制出了三相异步电动机、三线变压器及三相输电，从而证实了利用电能的可能性，并推动了电能作为动力能源的重大发展，也推动了工业化及很多技术领域发展的进程。

电工技术是基于电磁理论的研究与发展而延伸出的一项技术领域。

2. 电子技术的发展

电子技术在电磁理论发展到一定程度时，应运而生。1895 年前后，人们对于半导体的研究成果诞生了矿石检波器，这期间马可尼和波波夫进行了通信实验，从此为基于电磁波理论的无线电技术开辟了道路。1904 年弗莱明制作出了世界上的第一个电子二极管，至 1906 年美国的德福雷斯又发明了电子三极管，这对于电子技术的发展具有划时代的里程碑意义，可以称为电子技术发展的第一代-电子管时代。1946 年世界上有了第一台电子计算机，1948 年美国贝尔实验室发明晶体管以后，进入了电子技术的第二代-晶体管时代。1958 年研制出了集成电路，又在 1960 年诞生了场效晶体管，自此进入了电子技术的第三代-集成电路时代。自此电子技术向低功耗、小型化的方向上有了巨大的发展。现在，随着半导体制作工艺及相关技术的发展，尤其是随着纳米技术的发展，已经进入第四代-大规模集成电路时代。电子技术、计算机技术推动了现代工业的巨大发展，随着多媒体计算机、光纤技术、互联网技术和通信技术等领域的进步，人类已经进入了前所未有的信息时代，并将随着物联网技术的发展，引领人们憧憬着更加美好的未来。

四、电工学课程的作用与任务

本课程的作用与任务旨在，使工科非电类专业的学生获得电气电子技术必要的基本理论、基本知识和基本技能，并服务于后续专业课的学习、相关技术性的工作及日常生活。电工学课程的内容多而杂，教学上不寄予很深的理论，重点在于培养工科非电类工程技术人员关于电气电子技术的基本技能和素养，重在应用。

上篇

电 工 技 术

电工技术是研究电现象、磁现象及电磁转换的科学技术，也是研究电能传输与能量转换的科学技术。本篇基于电工技术的研究对象而展开，相对于下篇电子技术而言，理论性较强。第1章的电路基础理论与分析方法，主要阐释电现象及电路的基本概念、规律及常用电路基本分析方法；第2章从电力供用电的基础知识出发，主要讨论电力系统的供电、用电及电气安全；第3章则以电机传动与拖动基础作为研究对象，讨论以磁现象、磁路、电磁转换为理论基础的相关电气设备，如变压器、电动机等；第4章主要针对生产机械的电气自动控制，进行基础性的研究与分析。

第1章　电路基础理论与分析方法

　　本章首先以直流稳态电路为主要研究对象，通过电路的组成、基本概念、基本定律（定理）等内容，构建普遍适用性的电路基础理论平台，引入电路的基本分析方法；继而，以含有储能元件的直流电路的过渡过程为研究对象，介绍一阶暂态电路的分析方法。

1.1　电路的基础知识

　　为了更好地理解电路原理、研究复杂电路，本节介绍电路的基础知识，并引入电路分析的概念、电路模型、参考方向、电位和电路状态等内容。

1.1.1　电路的组成与作用

　　电路，即电流流经的通路，是为了实现某些功能，由电工电子设备和元器件按照一定的方式连接而成。电路设计的目的，在于将不同物理性质的元器件进行组合，以构成不同功能与作用的电路。在电气电子技术的工程应用中，电路的结构形式多样，功能各不相同，概括起来，可以分为电力电路和电子电路两大类。

　　1. 电力电路

　　如图 1.1.1 (a) 所示为电力供电系统示意图。电力电路由电源、负载和中间环节三部分组成，主要作用是实现电能的传输与转换。在工业和建筑电气施工中，一般称为强电。

　　（1）电源。电源是提供电能的设备、装置或元器件，将非电能量转换为电能。例如发电机作为电源，在电力系统的发电厂内，通过火力发电、水力发电、风力发电、核能发电等将不同形式的能量转换为电能；再如，电池也是电源，干电池、蓄电池将化学能转换为电能，光电池（太阳能发电）则把光能转换为电能。

　　（2）负载。负载是取用消耗电能并转换为非电能量的设备或元器件。例如，电灯、电动机、电炉、扬声器等，分别将电能转换成了光能、机械能、热能、声能。

　　（3）中间环节。中间环节用来连接电源和负载，起到传输、分配和控制电能的作用。例如，图 1.1.1 (a) 中的远距离输电过程，即为中间环节，为了系统运行安全、便于维护，需要安装一些控制、保护电器或设备。不同的电路，中间环节各异。

　　2. 电子电路

　　如图 1.1.1 (b) 所示为扩音机电路的组成框图，是电子电路的一个实例。电子电路由电源或信号源、中间环节、负载三部分组成，主要作用是传递和处理信号，如信号的采集、传递、变换、显示与控制等。在工业和建筑电气施工中，一般称为弱电。

　　对于电子电路而言，提供信号的设备、装置或器件，称为信号源。在图 1.1.1 (b) 中，话筒是一种声电转换器件，将声音信号转换为电信号（电压或电流），称之为音频信号。由于音频信号非常微弱，需要通过扩音机的内部电路，对信号进行传递、反馈、变换、放大等中间环节的处理，最终，信号的幅度、功率满足负载要求，经电声器件扬声器，把音频信号还原为声音，并将电能转换为声能。当然，上述过程需要直流稳压电源提供能量。

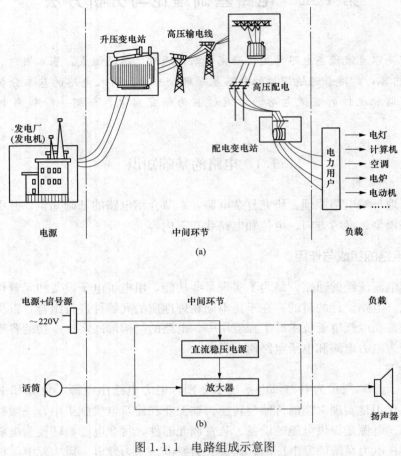

图 1.1.1　电路组成示意图
（a）电力供电系统示意图；（b）扩音机电路的组成框图

　　需要指出，电子电路在信号采集、传递和处理的过程中，应当使信号不发生失真，或尽可能地减小失真。

　　综上所述，电源、信号源推动电路的工作，称之为激励；激励在推动电路工作的过程中，所产生的电压与电流称为响应。所谓电路分析是指，在电路结构和参数一定的条件下，分析激励与响应之间的关系。

1.1.2　电路模型

　　在生产与日常生活中，实际运行的电路称为实体电路，相关电气电子设备或元器件的种类繁多，电磁性质较为复杂，相互作用，并受环境的影响和制约。可见，实体电路尤其是复杂电路的分析相当复杂。如图 1.1.2 所示为手电筒电路，是最简单的电路之一。在图 1.1.2（a）、（b）中，假设手电筒长期实际工作，干电池的电动势和内阻、输出电压、开关的内阻及接触电阻、作为连接导线的筒体内阻，时刻在发生变化。试想，能否测算出某一瞬间的电流？显然不能。在实际工作时，如此简单的电路变得难以分析，何况更为复杂的电路。

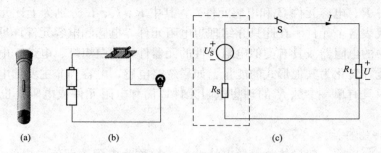

图 1.1.2　手电筒电路

(a) 手电筒；(b) 实际电路原理示意图；(c) 电路模型

　　为了简化实体电路，对实体元器件进行数学描述，在一定条件下忽略次要因素，只突出某个主要的电磁性质，视为只具有单一电磁性质的理想元件模型；根据复杂程度和主要电磁特性，可以将实体元器件简化为几个理想元件的组合，即理想器件模型。上述过程称为实体元器件的理想化（或模型化）。由理想元器件模型所组成的电路，称为电路模型或模型电路，简称电路。显然，电路模型是实体电路理想化、模型化的科学抽象和简化概括。

　　综上所述，对手电筒而言，电路模型的建模过程如下：假设手电筒短时工作，并忽略次要因素，相关参数的数值及影响非常小的，近似认为 0；参数变化很小的，视为恒定不变。那么，干电池理想化为电动势 U_S 和内阻 R_S 串联的电源模型；小灯泡理想化为只消耗电能的纯电阻 R_L；开关为理想开关 S，闭合时内阻及接触电阻为 0，断开时内阻为 ∞；筒体为理想导线，电阻为 0。经理想化后，U_S、R_S、R_L 均为单一理想元件，大小不变。手电筒的电路模型如图 1.1.2 (c) 所示。那么，很容易测算电路的电流或者作其他分析。由全电路欧姆定律，得

$$I = \frac{U_S}{R_S + R_L} \tag{1.1.1}$$

　　尽管实际器件的种类繁多，但在电磁现象与性质方面有共同之处。任何一种实际器件，根据不同的工作条件总可以用一个或几个理想元件的组合来近似表征。电路的工作是以电压、电流、电荷、磁通等物理量进行描述的，所引入抽象化的理想元件能够反映实体电路的电磁现象，表征其电磁性质。本书中除特别指明外，所提到的元器件均为理性元器件，所列明的电路均指电路模型。理想元件的模型没有体积和大小，其特性集中表现在空间的一个点上，也称为集总参数元件。由集总参数元件组成的电路，称为集总参数电路（简称集总电路），在任意时刻，任何支路的电流、电压都是与其空间位置无关的确定值。需要指出，本书只对集总参数电路进行分析。

　　理想元器件的电磁性质，通过其特征参数进行描述。常用理想元器件的分类方法如下：根据元器件自身是否起电源作用，分有源元件和无源元件；根据元器件的外特性，即描述元器件特征参数的变量之间是否呈线性关系，又分线性元件和非线性元件。如果电路中的所有元器件均为线性元件，则为线性电路；否则，但凡有一个非线性元件，则为非线性电路。

一、理想无源元器件

无源元器件在电源或信号源的推动下才能工作。综合各种实体无源元器件，可以概括归

类为电阻器、电容器和电感器，进行理想化或模型化后，抽象为与之对应的三种理想无源元件，即电阻元件 R、电容元件 C 和电感元件 L，其中 R、C、L 分别为上述元件的单一特征参数，也分别代表各个元件。在此只介绍理想电阻元件，电感和电容元件详见本章 1.6 节。

实体电路中的电阻器或具有类似电阻特性的元器件，如白炽灯、电炉、电烙铁等，主要特性是消耗电能并转化为其他形式的能量。如果忽略电感、电容等非主要的电磁性质，电阻器可理想化为只具有单一参数 R 的理想电阻元件，简称电阻元件或电阻，也称纯电阻，是一种耗能元件。

1. 电阻元件的特性

在物理学中，反映一般导体材料导电特性的参数称为电阻，任何导电物体都存在电阻。在一定温度下，金属导体的电阻 R 与其长度 l 成正比，与其截面积 A 成反比，即

$$R = \frac{l}{\gamma A} \tag{1.1.2}$$

式（1.1.2）反映了电阻元件的内在属性，γ 为导体材料的电导率。

电阻是反映导体、元器件或电路对电流阻碍作用大小的物理量之一。当通电以后，电阻元件的电流与电压之间的关系 $i = f(u)$，称为伏安特性，即电阻元件的外特性。其中，电压与电流的比值称为电阻元件的电阻值，简称电阻。即

$$R = \frac{u}{i} \text{ 或 } R = \frac{U}{I} \tag{1.1.3}$$

如图 1.1.3（a）所示，若电阻值为常数，则称为线性电阻元件，伏安特性曲线如图 1.1.3（b）所示；否则，为非线性电阻元件，伏安特性曲线是一条过原点的曲线，如图 1.1.4 为半导体二极管的伏安特性曲线。

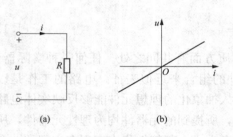

图 1.1.3　线性电阻及伏安特性曲线
（a）线性电阻；（b）线性电阻的伏安特性曲线

图 1.1.4　半导体二极管的伏安特性曲线

严格来说，理想的线性电阻元件是不存在的。例如白炽灯，只有在一定的温度范围内，才可以近似看作线性电阻；一旦超出该范围，则呈非线性电阻的特性。另外，在工程应用中，有些具有电阻特性的元件，因为温度、光照、电压或电流的变化，阻值随之变化而呈现动态性，它的等效电阻称为动态电阻，如热敏电阻、三极管的输入电阻等。

电阻器上标有电阻的阻值，称为标称值，与实际值并不完全相符。因此，往往还标注电阻的误差和额定功率（或额定电流）。在此指出，需要根据电阻值、额定功率和额定电流正确选用电阻，避免因选择不当而损毁。

2. 分压与分流关系

（1）如图 1.1.5（a）所示，当电阻串联时，通过的电流相等，具有分压作用。即

$$u_1 = \frac{R_1}{R_1 + R_2}u ; \qquad u_2 = \frac{R_2}{R_1 + R_2}u$$

（2）如图 1.1.5（b）所示，当电阻并联时，两端的电压相等，具有分流作用。即

$$i_1 = \frac{R_2}{R_1 + R_2}i ; \qquad i_2 = \frac{R_1}{R_1 + R_2}i$$

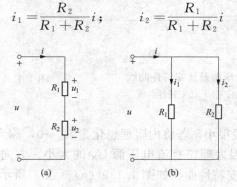

图 1.1.5 电阻的连接

（a）电阻串联时；（b）电阻并联时

3. 常用电阻元器件

在电路图中，常用电阻元器件的分类及其图形符号如图 1.1.6 所示。

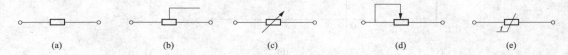

图 1.1.6 常用电阻符号

（a）线性固定电阻；（b）电位器；（c）可调电阻器；（d）带滑动触点的电阻器；（e）热敏电阻

二、理想有源元器件

所谓有源元器件，是指向电路提供电能的设备、装置或元器件，也称为电源。电源主要有两种电路模型，一种是以输出电压为主要作用的电压源，另一种是以输出电流为主要作用的电流源。按照是否能够独立作用与存在，又分独立电源和受控电源。此外，按照输出电能的性质，又分直流电源和交流电源。

1. 独立电源

（1）电压源。实际直流电压源类似于干电池，其中，电动势反映了将非电能量转换为电能的转换能力大小，记作 U_S（或者 E）；内阻反映了电压源内部对电流阻碍作用的大小，记作 R_S（或者 R_0）。实际直流电压源可理想化为电动势 U_S、内阻 R_S 串联的电路模型，如图 1.1.7（a）虚框内的电路。其中，电动势 U_S 起电源作用，内阻 R_S 上会有电压损失和功率损耗。则输出电压

$$U = R_L I = U_S - R_S I \qquad (1.1.4)$$

式（1.1.4）中，伏安关系为一次线性关系，即线性器件，伏安特性曲线如图 1.1.7（b）所示。

在工程实践中，还有大小与方向均变化的交流电压源和电压信号源。实际交流电压或信

号源可以理想化为交流电动势 u_S 和等效内阻 R_S 串联的电路模型，如图 1.1.8 所示。

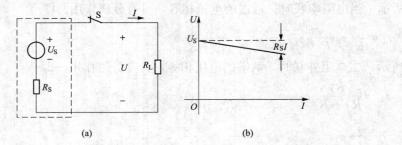

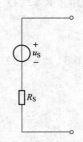

图 1.1.7　实际直流电压源及伏安特性曲线
（a）电路模型（虚框内）；（b）伏安特性曲线

图 1.1.8　实际交流电压源（信号源）

实际电压源的内阻一般很小，若将内阻理想化为 $R_\mathrm{S} \to 0$，称为理想电压源，输出电压恒等于电动势 U_S（或 u_S）。因为理想直流电压源 U_S 的大小、方向不变，也称为恒压源，用 U_S 表示，图形符号及其伏安特性曲线如图 1.1.9（a）、（b）所示。理想交流电压源或信号源用 u_S 表示，图形符号如图 1.1.9（c）所示。

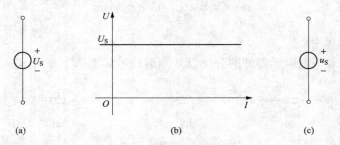

图 1.1.9　理想电压源
（a）理想直流电压源的符号；（b）理想直流电压源的伏安特性曲线；
（c）理想交流电压源（或信号源）的符号

理想电压源的特点：①输出电压为恒定值 U_S，或一定规律的时间函数 $u_\mathrm{S}(t)$，与外电路无关。②输出电流的大小取决于电源外电路的负载 R_L，即 $I = \dfrac{U_\mathrm{S}}{R_\mathrm{L}}$ 或 $i = \dfrac{u_\mathrm{S}}{R_\mathrm{L}}$。由此可见，凡是与理想电压源并联的元件，其端电压总是等于理想电压源的电动势。

若实际电压源的内阻远小于负载电阻，即 $R_\mathrm{S} \ll R_\mathrm{L}$，可近似认为理想电压源。在实际应用中，实际电压源如干电池、蓄电池及直流稳压电源等，均可视为理想电压源。

（2）电流源。电源作为输出电能的设备或装置，还有一种以输出电流为主要作用的电流源。例如，光电池在光线照射下，被激发产生电流，其中一部分电流在光电池内部流动，另一部分流出电源。可见，实际直流电流源可模型化为理想电流源 I_S 和内阻 R_S 并联的电路模型，如图 1.1.10（a）虚框内的电路，其中理想电流源 I_S 起电源作用，对直流电流源而言，I_S 是一个恒定电流，内阻 R_S 上会有分流和功率损耗。输出电流为

$$I = I_\mathrm{S} - \frac{U}{R_\mathrm{S}} \tag{1.1.5}$$

式（1.1.5）可见，实际直流电流源的伏安关系为一次线性关系，即线性器件，伏安特

性曲线如图 1.1.10（b）所示。实际交流电流源或信号源的电路模型如图 1.1.10（c）所示。

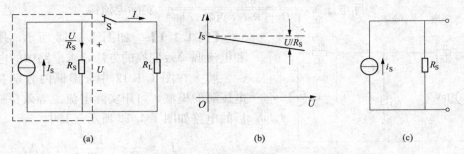

图 1.1.10　实际电流源及伏安特性曲线

（a）实际直流电流源的模型（虚框内）；（b）伏安特性曲线；（c）实际交流电流源（或信号源）的模型

　　实际电流源的内阻一般很大，若理想化为 $R_S \to \infty$，输出电流恒等于电流 I_S（或 i_S），则称为理想电流源。理想直流电流源输出恒定电流 I_S，也称为恒流源，其符号、伏安特性曲线如图 1.1.11（a）、（b）所示。理想交流电流源用 i_S 表示，如图 1.1.11（c）所示。

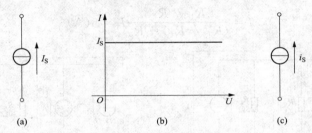

图 1.1.11　理想电流源的符号及伏安特性

（a）理想直流电流源；（b）理想直流电流源的伏安特性；（c）理想交流电流源

　　理想电流源的特点：①输出电流为恒定值 I_S，或一定的时间函数 $i_S(t)$，与外电路无关。②输出电压的大小取决于电源外电路的负载 R_L，即 $U = R_L I_S$，或 $u = R_L i_S$。由此可见，凡是与理想电流源串联的元件，其电流恒等于理想电流源的 I_S 或 i_S。若实际电流源的内阻比负载电阻大很多，可近似认为理想电流源。

　　（3）实际电压源和实际电流源的等效变换。如图 1.1.7（a）、图 1.1.10（a）所示，为两种实际电源模型的供电电路。相对于负载而言，如果两个电源所提供的电压、电流和功率均相同，那么使用哪个电源模型供电并无区别，从这个意义上讲，二者可以等效变换。下面分析如何实现等效变换。

　　由式（1.1.4），实际电压源的伏安关系为

$$U = U_S - R_S I \tag{1.1.6}$$

　　由式（1.1.5），实际电流源的伏安关系为

$$U = R_S I_S - R_S I \tag{1.1.7}$$

　　根据电路分析理论，当两个二端网络电路的伏安关系相同时，二者可以等效替换。由式（1.1.6）、式（1.1.7）可知，实际电压源与电流源等效变换的条件为

$$U_S = R_S I_S$$

并且内阻 R_S 相同，则

$$\text{实际电压源} \xleftrightarrow[\text{若 } U_S = R_S I_S，\text{内阻 } R_S \text{ 相同}]{\text{若 } I_S = \dfrac{U_S}{R_S}，\text{内阻 } R_S \text{ 相同}} \text{实际电流源}$$

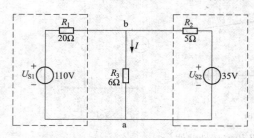

图 1.1.12　[例 1.1.1] 电路图（1）

【例 1.1.1】　如图 1.1.12 所示，用电压源和电流源等效变换的方法，求电路中的电流 I。

解　在图 1.1.12 中，虚框内分别看作实际电压源的模型，可用实际电流源等效替换。替换后的电路如图 1.1.13 所示，其中

$$I_{S1} = \frac{U_{S1}}{R_1} = \frac{110}{20} = 5.5 \text{（A）}$$

$$I_{S2} = \frac{U_{S2}}{R_2} = \frac{35}{5} = 7 \text{（A）}$$

图 1.1.13 的结构形式变换后如图 1.1.14 所示，则

$$I' = I_{S1} + I_{S2} = 12.5 \text{（A）}$$

由电阻并联电路的分流关系，得

$$I = \frac{R_1 /\!/ R_2}{(R_1 /\!/ R_2) + R_3} I' = 5 \text{（A）}$$

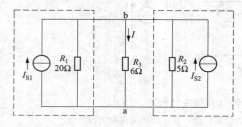

图 1.1.13　[例 1.1.1] 电路图（2）

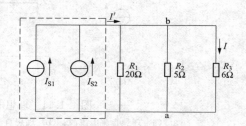

图 1.1.14　[例 1.1.1] 电路图（3）

＊2. 受控电源

在电子电路中，晶体三极管、场效应管等元器件的输出也可以起电源作用，但是不能独立存在，而受电路中其他电流或电压的控制，称为受控电源，简称受控源。若控制信号（电流或电压）消失，受控电源的输出也变为 0，随即失去电源作用。

受控电源以输出电流为主要作用的，称为受控电流源；以输出电压为主要作用的，称为受控电压源。按照受电流控制还是受电压控制，分类如下：

（1）受控电流源：包括电流控制电流源（CCCS）、电压控制电流源（VCCS）；

（2）受控电压源：包括电流控制电压源（CCVS）、电压控制电压源（VCVS）。

如图 1.1.15 所示，1～1′端为控制端，2～2′端为受控制端，受控电源的图形符号用菱形表示。受控源输出量 u_2、i_2 的大小、方向或极性分别受控制量 u_1、i_1 的控制。因此，必须在电路中标注输入、输出量的方向及控制关系式。受控源的例子很多，例如，变压器可看作电压控制的电压源，晶体三极管的输出回路可用电流控制电流源的电路模型描述等。受控源的控制关系若成正比，即线性控制关系，视为线性器件。图 1.1.15 中的系数 β、g、γ 和 μ 均为常数，其中 β 和 μ 无量纲，γ 具有电阻量纲，g 为电导量纲。

另外，直流受控电源输入、输出的电压或电流，均用大写字母表示。

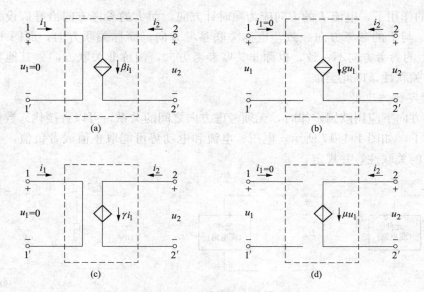

图 1.1.15　受控源电路模型

（a）电流控制电流源 CCCS；（b）电压控制电流源 VCCS；
（c）电流控制电压源 CCVS；（d）电压控制电压源 VCVS

1.1.3　参考方向

在电路运行过程中，电荷运动、电流都是客观存在的，通常规定正电荷运动的方向为电流的实际方向。为了便于电路的分析，虽然电压、电动势为标量，习惯上标注它们的极性并规定其实际方向，高电势端标"＋"，低电势端标"－"，电压的实际方向规定为"＋"极指向"－"极，电动势的实际方向规定为"－"极指向"＋"极。明确了方向，即可列式进行相关计算了。

简单直流电路的实际方向容易判断；而复杂直流电路则不易判断，给电路分析带来一定难度。再者，交流电路中电压、电流等物理量的方向随时间变化，也无法标注实际方向。鉴于此，引入参考方向。

为了便于分析电路，无论某个物理量的实际方向如何，可以任意选定或假设某一方向作为参考，所选定或假设的方向称为参考方向，则有了参考方向与实际方向之分。在实践中发现：当某个物理量的参考方向与实际方向相同时，该量取正值；二者相反时，取负值。显然，根据取值的正、负，可以推断出该量的实际方向。可见在参考方向下，电压、电流和电动势等的取值便有了正、负之分，取值的正、负只反映参考方向与实际方向是否一致，而与大小无关。

在此指出，如果没有特别说明，电路中的方向均指参考方向。在分析电路时，无须考虑实际方向，根据参考方向列式计算即可。

1. 关联参考方向

我们知道：在电路工作时，电压、电流和电动势等量之间有其数值大小的约束关系，作用的方向也具相关性。由于参考方向可以任意设定，各物理量的参考方向是否一致，会影响分析结果的正确性。如图 1.1.16（a）所示，图中标识为参考方向。在图 1.1.16（a）中，

在电压 U_{ab} 的作用下，电流 I 的方向应为顺时针方向，而 I 的参考方向恰好假设为顺时针方向，则称 U_{ab} 与 I 的参考方向一致，也称关联参考方向，简称关联方向；而图 1.1.16（b）中，U_{ab} 与 I 的参考方向不一致，也称非关联参考方向，简称非关联方向。其他物理量之间参考方向的关联性，以此类推。

2. 欧姆定律的应用

在实际方向下应用欧姆定律时，无须考虑方向之间的关系，可以直接代入数值计算；而在参考方向下，如图 1.1.17 所示，电压、电流和电动势可能取正值或者负值，必须考虑参考方向之间的关联性，并规定：

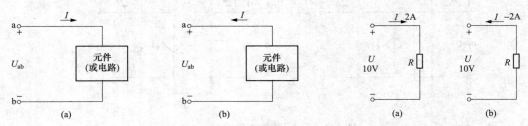

图 1.1.16 参考方向及其标注　　　　　图 1.1.17 欧姆定律的应用示例
(a) 关联参考方向；(b) 非关联参考方向　　　(a) 关联方向；(b) 非关联方向

（1）在关联方向下，表达式前面加"＋"号，即 $U = +RI$。

（2）在非关联方向下，表达式前面加"－"号，即 $U = -RI$。

综述可见，在参考方向下应用欧姆定律时，出现了两套符号：①电压、电流和电动势自身的取值有正、负之分。②在列表达式时，在式子前面有正负号之分。

【例 1.1.2】 图 1.1.17 中标注的是参考方向，试用欧姆定律计算电阻 R。

解 图 1.1.17（a）中，电压、电流为关联参考方向，所以

$$R = \frac{U}{I} = \frac{10}{2} = 5(\Omega)$$

图 1.1.17（b）中，电压、电流为非关联参考方向，则

$$R = -\frac{U}{I} = -\frac{10}{-2} = 5(\Omega)$$

可见，根据图 1.1.17（b）列算式时，若不考虑表达式前边的"－"号，求得的电阻为负值，显然不合理。

1.1.4 电位

对于复杂电路，某个元件的电压相对容易计算，但任意两点之间的电压难以确定。另外，根据物理学中的讲述，电压等于两点间的电势差（电位差），只能说明两点的电动势（或电位）有高有低，以及相差多少，至于电路中某一点的电势或电位究竟是多少，却无法确定。为此引入电位的概念。

1. 电位与电压的计算

在电路中选取一个点作为参考点，并规定其电位为零，称为零电位参考点，简称参考点。一般在电路图中标注"接地"符号"⊥"表示参考点，如图 1.1.18（a）所示的 a 点。

这里的"接地"，并不一定真的与大地相接。

电路中某点的电位，是指该点至零电位参考点的电压值。若为正，则该点电位比参考点的电位高；若为负，该点电位比参考点的电位低。直流电位用大写字母 V 表示，如 a 点电位记为 V_a；交流电位用小写字母 v 表示，如 b 点电位记为 v_b。

电路中两点间的电压等于两点之间的电位差。

【例 1.1.3】　计算图 1.1.18 （a）、（b）中各点的电位 V_a、V_b、V_c、V_d 和电压 U_{ab}、U_{bc}、U_{cd}，并将计算结果进行比较。

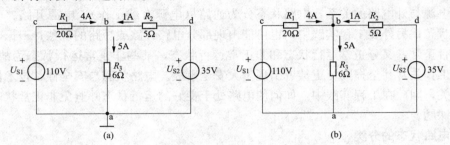

图 1.1.18　［例 1.1.3］的图

解　（1）计算电位。

图 1.1.18 （a）中以 a 点为参考点，则 $V_a = 0\text{V}$；图 1.1.18 （b）中以 b 点为参考点，则 $V_b = 0\text{V}$。

图 1.1.18 （a）中，各点的电位分别为

$V_a = 0\text{V}$

$V_b = U_{ba} = 5 \times 6 = 30(\text{V})$

$V_c = U_{S1} = 110\text{V}$

$V_d = U_{S2} = 35\text{V}$

图 1.1.18 （b）中，各点的电位分别为

$V_a = U_{ab} = -5 \times 6 = -30(\text{V})$

$V_b = 0\text{V}$

$V_c = U_{cb} = 4 \times 20 = 80(\text{V})$

$V_d = U_{db} = 1 \times 5 = 5(\text{V})$

（2）计算电压。

图 1.1.18 （a）中的电压分别为

$U_{ab} = V_a - V_b = 0 - 30 = -30(\text{V})$

$U_{bc} = V_b - V_c = 30 - 110 = -80(\text{V})$

$U_{cd} = V_c - V_d = 110 - 35 = 75(\text{V})$

图 1.1.18 （b）中的电压分别为

$U_{ab} = V_a - V_b = -30 - 0 = -30(\text{V})$

$U_{bc} = V_b - V_c = 0 - 80 = -80(\text{V})$

$U_{cd} = V_c - V_d = 80 - 5 = 75(\text{V})$

综上所述，可以归纳得出以下结论：①电位值是相对的，即：参考点不同，电路中的各点电位随之变化。②电压值是绝对的，即：任意两点之间的电压与参考点的选取无关。

2. 电位与参考点的应用

有了参考点和电位的概念以后，在电气电子工程及电路分析中主要应用于以下方面：

（1）借助电位的概念，可以画出电源简化电路。如图 1.1.18 （a）所示，电动势（电源）U_{S1}、U_{S2} 的正极分别接在 c、d 两点，负极接在参考点。若在图中 c、d 两点处分别标注电位值 +110V、+35V，那么电动势 U_{S1}、U_{S2} 的图形符号可以移除，电路图得以简化，如图 1.1.19 所示。根据需要，还可以照此

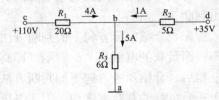

图 1.1.19　图 1.1.18 （a）的电源简化电路

规则还原电路。

（2）其他应用。①为了分析方便起见，一般选取多个元器件的交汇点作为参考点，习惯上也称为"接地点"，并非真正接到大地上，仅表示该点为零电位参考点，一般记为"⊥"。②在工程上，常选大地作为参考点，一般记为"⏚"。③机壳需要接地的设备，一般以机壳作为参考点。

1.1.5 电路状态

根据电源与外电路的关系，电路状态分为通路（电源有载工作）、电源开路、电源短路三种工作状态；另外在工程实践中，也可能出现部分电路开路或短路的现象；根据电路的运行情况是否正常，又分正常运行状态和非正常运行状态，某些非正常运行状态为故障状态，会使电路工作失常甚至损毁，更甚者出现重大安全事故。电路状态与安全性、技术性和经济性密切相关，因此在工程实践中，如何使电路处于良好的运行状态并避免非正常状态，是一个重要的课题。

一、电路状态的分类

按照电路接通的状况，电路状态分为通路（电源有载工作）、开路和短路三种状态。

1. 通路

电源带负载工作称为电源有载工作，也称为通路。

（1）功率平衡关系。如图 1.1.7（a）、图 1.1.10（a）所示，电源与负载连通，电路中产生电流并有能量的传输与转换，即电源带负载工作，称为电源有载工作状态，或称通路。以图 1.1.7（a）为例，由式（1.1.4）可知电源的输出电压为

$$U = R_L I = U_S - R_S I$$

上式的等号两边同时乘以电流 I，可得功率关系

$$UI = R_L I^2 = U_S I - R_S I^2$$

即

$$P = P_{RL} = P_S - \Delta P \tag{1.1.8}$$

式（1.1.8）可见，在通路状态下，电源产生的电功率等于各元件消耗的电功率之和；电源输出的电功率等于外电路消耗的电功率，也等于电源产生的功率减去其内阻所消耗的功率。这表明了功率的平衡关系，符合能量守恒定律。

从能量消耗的角度看，在一定的工作条件下，流经导线、元器件的电流要有所限定。若电流过大、温度过高会致其氧化加快，绝缘老化加速，以至于引起火灾或安全事故。因此，在工程实践中应采取相应的过载或短路保护。

（2）电源和负载的判断。在多电源的复杂电路中，看似电源的元器件或设备未必起电源作用，也可能作为负载使用。例如，手持电话在正常携带使用的时候，电池就是电源；而在充电的时候，该电池则为充电电源的负载。因此，对于多电源电路，有时需要对电源和负载做出判断。

首先，介绍实际方向下的判断方法。电源的电流从"+"端（即高电位端）流出，发出功率；而负载的电流从"+"端（即高电位端）流入，取用功率。

然后，介绍参考方向下的判断方法。如图 1.1.20 所示，图中为参考方向，框内元件是电源还是负载的判断方法为：①当电压与电流为关联方向时，如图 1.1.20（a）所示，若 $P = UI < 0$，元件起电源作用，发出功率；若 $P = UI > 0$，元件起负载作用，取用功率。②当

电压与电流为非关联方向时，如图 1.1.20 (b) 所示，与上述判断方法相反。

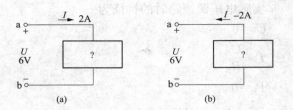

【**例 1.1.4**】　如图 1.1.20 所示，电压、电流的方向均为参考方向，判断框内元件是电源还是负载？

解　按照参考方向下的判断方法，在图 1.1.20 (a) 中，电压、电流为关联方向，并有

图 1.1.20　电源和负载的判断示例

(a) 电压与电流为关联方向；(b) 电压与电流为非关联方向

$$P = UI = 6 \times 2 = 12(\text{W}) > 0$$

所以，框内元件为负载，起负载作用。

在图 1.1.20 (b) 中，电压、电流为非关联方向。并有

$$P = UI = 6 \times (-2) = -12(\text{W}) < 0$$

所以，框内元件为负载，起负载作用。

2. 开路

开路分为电源开路和部分电路的开路两种情况。

(1) 电源开路。若电源与外电路断开，称为电源开路，也称为电源空载。如图 1.1.21、图 1.1.22 所示，当开关 S 断开时电源开路，开路处的电流等于零。电源开路时，电源输出的电压称为开路电压（记作 U_0），两个实际电源模型的开路特征比较如下：

实际电压源开路时的特征为

$I = 0$

$U = U_0 = U_S$

$P = 0$

$P_S = \Delta P = 0$

实际电流源开路时的特征为

$I = 0$

$U = U_0 = R_S I_S$

$P = 0$

$P_S = \Delta P = R_S I_S^2 \neq 0$

可以看出：在电源开路时，电压源与电流源内电路的工作状态并不同。

(2) 部分电路的开路。如图 1.1.23 所示为部分电路开路，主要特点为：①开路端的电流一定为零；②开路端口的电压视情况而定，由电路的其他部分决定。

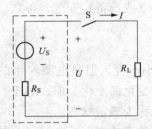

图 1.1.21　电压源开路工作状态

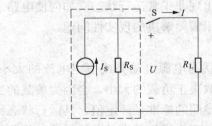

图 1.1.22　电流源开路工作状态

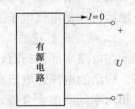

图 1.1.23　部分电路开路

3. 短路

短路分为电源短路和部分电路的短路两种情况。

(1) 电源短路。从广义上说，将电路中不同电位的两点用导线直接相连，迫使两点间的电压为 0，统称为短路或短接。如图 1.1.24、图 1.1.25 所示，将电源的正、负极短接称为电源短路，两个实际电源模型的短路特征比较如下：

实际电压源短路时的特征为

$U = 0$

$I = \dfrac{U_\text{S}}{R_\text{S}}$

$P = 0$

$P_\text{S} = \Delta P = \left(\dfrac{U_\text{S}}{R_\text{S}}\right)^2 R_\text{S} \neq 0$

实际电流源短路时的特征为

$U = 0$

$I = I_\text{S}$

$P = 0$

$P_\text{S} = \Delta P = 0$

综上可见，在电源短路时，电压源与电流源内电路的工作状态也不同，对于内电路而言并不等效。所以，在前述实际电压源与电流源的等效变换中，并非对电源内电路等效。

对于电压源来说，不允许短路。否则，因为电压源内阻很小，电流过大造成过热，从而使供电设备或信号源烧毁，甚至引起火灾事故。为此，须在电路中接入熔断器等短路保护装置，以在电源短路时迅速切断电源。

（2）部分电路的短路。如图 1.1.26 所示，若电路某一部分的两端被导线短接，即部分电路的短路。主要特点为：①短路处的电压一定为零；②短路处的电流视情况而定，由电路的其他部分决定。

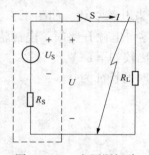

图 1.1.24 电压源短路

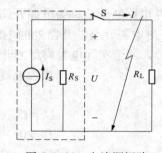

图 1.1.25 电流源短路

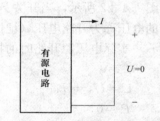

图 1.1.26 部分电路的短路

二、电路的运行分析

在电路（或设备）的运行过程中，额定运行或接近于额定运行的状态为正常运行状态，而受某些因素的影响，也可能出现非正常运行状态。如何使电路（或设备）安全、可靠、经济地运行，是电气电子工程技术需要解决的现实性问题。

1. 额定运行状态

在电路实际运行时，一般认为电源电动势或恒定电流的大小不变，但是电源产生的功率、输出的电压、电流和功率取决于负载的大小，会因为负载的变化而变化。那么电压、电流和功率到底多大合适，可供参照的标准是额定值，其运行状态称为额定状态。

所谓额定值是指，生产制造商为了使其产品在给定的工作条件下长期、正常运行，某些主要参数所规定的容许值。例如，日光灯的铭牌数据标有"220V/40W"，即额定电压为220V、额定功率为40W，根据功率的计算很容易求出额定电流。额定值在生产和生活中有着重要的意义。

（1）额定电压，是指给定的工作电压容许值。如日光灯额定电压为220V，220V是我国电力系统普通照明电源电压的标准，即给定或规定的工作条件。额定电压与绝缘材料的耐击穿电压有关，应留出适当余量并兼顾安全性、经济性的匹配，优化配置。因此，各生产制造及供应商（含进口）提供的相关产品，必须受制于电压标准所给定的限定性工作条件，并作为技术标准指导设计与生产。

（2）额定功率和额定电流，主要是考虑到产品绝缘材料的耐热性，避免过热使绝缘材料受损而影响使用寿命，避免因此引发安全事故。

（3）所谓长期、正常运行下的容许值，是指长期并保持正常工作时，实际值不容许超过或者低于额定值太多，否则会影响安全性、可靠性和经济性能，包括绝缘材料的耐热性和耐击穿性、使用寿命、成本、功能等。

综上所述，额定值给定了一个约束、限定的参照标准，而在实际运行中，因为电源自身的波动、负载变动或者环境变化等因素，实际值往往偏离额定值，应当保持在合理、安全、经济的范围之内。同时，用户需要根据负荷大小选择配置电源、导线、控制和保护电器等。

额定值通常可以在设备铭牌、元器件的外壳或者相关产品手册中查询。在工程实践中，应该学会查询和使用铭牌、技术规范、技术标准和产品手册中的技术数据，以指导设计、生产、使用与维护。

2. 非正常运行状态

额定状态属于电路运行的理想状态，即正常状态。在实际运行中，还会出现以下非正常状态，轻者运行性能不良或造成损失，重者造成安全事故。

（1）过载（超载）状态。即超出了允许的安全运行条件，会影响设备、元器件的寿命或损坏，以至于造成安全事故等，属于非正常运行。为此，产品铭牌或使用手册中给出了一些极限参数，旨在列明某些技术指标的极限范围。为了防止过载所产生的后果，通常设置相关保护措施，如过载保护、短路保护等。

（2）欠载（轻载）状态。一般不会超出安全条件，但经济上不是最合理、优化的，运行的经济性能较差，也属非正常运行。尤其在不可再生能源日趋匮乏、气候变迁与环境保护要求更高的背景下，节能减排也是不容忽视的重要问题。

（3）故障状态。在电路与设备运行中，可能会因为设计缺陷、偶发因素、人为因素（如违章操作）、产品老化或质量问题、环境因素等影响，出现故障而无法正常工作，造成经济损失或引发事故。必须设法监控电路的运行，预防和消除故障状态，如避免电压源的短路、过电压运行等。

1.2　基尔霍夫定律

基尔霍夫定律是电路最具基础性的定律之一，它揭示了电路的两个基本规律，一是基尔霍夫电流定律（简称 KCL），反映了电路中结点的电流约束关系；二是基尔霍夫电压定律（简称 KVL），反映了回路中的电压约束关系。这两个关系在同一电路中互相关联约束，对于任何电路、任一瞬间基尔霍夫定律均可适用。在阐述基尔霍夫定律之前，首先介绍几个常用术语。

支路：电路中的每一个分支称为支路。流过支路的电流，称为支路电流。如图 1.2.1 所示，共有 acb、ab 和 adb 三条支路。

结点：电路中三条或三条以上支路的连接点称为结点，也称为节点。如图 1.2.1 所示，共有 a、b 两个结点。

回路：由一条或多条支路所组成的闭合路径称为回路。如图 1.2.1 所示，共有 abca、adba 和 acbda 三个回路。

网孔：内部不含支路或没有包围其他回路的回路，称为网孔。可见，网孔一定是回路，但回路未必是网孔。在图 1.2.1 中，回路 acba、abda 均为网孔。

1.2.1　基尔霍夫电流定律

在电路中，任何一点（含结点）都不能堆积储存电荷，并且电流具有连续性。

【基尔霍夫电流定律】　任一瞬间，流入某一结点的电流等于流出该结点的电流，这个规律称为基尔霍夫电流定律，简称 KCL，即

$$\sum I_入 = \sum I_出 \tag{1.2.1}$$

显然，在同一结点上，KCL 反映了所有支路的电流约束关系及电流的连续性。按照基尔霍夫电流定律，对图 1.2.1 中的结点 a、b，可以列出两个"结点电流方程"，即

$$结点 a: I_1 + I_2 = I_3 \tag{1.2.2}$$
$$结点 b: I_3 = I_1 + I_2 \tag{1.2.3}$$

【基尔霍夫电流定律（KCL）的推广】　包围部分电路的任一假设闭合面视为一个结点，同样适用 KCL，即流入和流出该闭合面的电流相等。

如图 1.2.2 所示，虚线内为包围部分电路的闭合面，则有

$$I_a + I_c = I_b \tag{1.2.4}$$

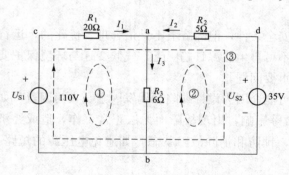

图 1.2.1　电路举例

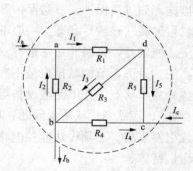

图 1.2.2　基尔霍夫电流定律的推广应用举例

1.2.2　基尔霍夫电压定律

若从回路中的某点出发沿回路绕行（循行）一周，逐次穿行不同的元器件，在各部分可能有电压的上升或下降，当回到出发点时，电位并没有变化。

【基尔霍夫电压定律】　任一瞬间沿回路绕行（循行）一周，电压上升之和等于电压下降之和，这个规律称为基尔霍夫电压定律，简称 KVL，即

$$\sum U_升 = \sum U_降 \tag{1.2.5}$$

显然，KVL 描述了回路中各部分的电压约束关系。

在图 1.2.1 中共有 3 个回路，分别以顺时针方向绕行一周，可以列出 3 个"回路电压方

程"，即

回路①（网孔）：
$$U_{S1} = I_1 R_1 + I_3 R_3 \tag{1.2.6}$$

回路②（网孔）：
$$I_2 R_2 + I_3 R_3 = U_{S2} \tag{1.2.7}$$

回路③（非网孔）：
$$I_2 R_2 + U_{S1} = I_1 R_1 + U_{S2} \tag{1.2.8}$$

需要指出的是，在列回路电压方程时，若电路图中没有标注参考方向，则应标明，否则无法判断电压的升降。

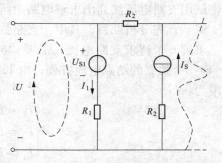

【基尔霍夫电压定律（KVL）的推广】　将部分电路的端口电压作为假想回路的一部分，该假想回路仍然适用 KVL。

如图 1.2.3 所示，左侧端口电压 U 与 U_{S1}、R_1 组成一个假想的回路，由 KVL 列方程，得
$$U = U_{S1} + I_1 R_1$$

图 1.2.3　基尔霍夫电压定律的推广应用举例

1.3　支　路　电　流　法

支路电流法是利用基尔霍夫定律，求解电路中各条支路的电流；若某支路的电流已知，可将该支路的电压或某个元件的电压增列为一个待求未知量，一并求解。首先，以支路电流为未知数，应用基尔霍夫定律分别列出结点电流方程、回路电压方程，然后组成方程组求解。现以图 1.2.1 所示电路为例，阐述支路电流法及其步骤。

【例 1.3.1】　试用支路电流法，计算图 1.2.1 中的电流 I_1、I_2 和 I_3。

解　支路电流法的一般分析步骤分为"四步走"：

（1）确定支路数 b，标注各支路电流的参考方向。如图 1.2.1 所示，电路有 $b=3$ 条支路，即有 3 个待求支路电流，需要列出由 3 个独立方程式组成的方程组。

（2）确定结点数 n，列出独立的结点电流方程式。在图 1.2.1 中共有 a、b 两个结点，$n=2$。利用 KCL 列出两个"结点电流方程"，如式（1.2.2）、式（1.2.3），显然只有一个独立，只能取其一组成方程组。取结点 a 的方程，即
$$I_1 + I_2 = I_3 \tag{1.3.1}$$

在此指明，若一个电路共有 n 个结点，最多可以列出 $(n-1)$ 个独立的结点电流方程。

（3）列独立的回路电压方程式。比较式（1.2.6）～式（1.2.8）发现，由网孔列出的式（1.2.6）、式（1.2.7）可以推导出非网孔电压方程式（1.2.8），可见式（1.2.8）不独立，那么组成方程组时只能取其二，现取式（1.2.6）、式（1.2.7），即

回路①（网孔）：
$$U_{S1} = I_1 R_1 + I_3 R_3 \tag{1.3.2}$$

回路②（网孔）：
$$I_2 R_2 + I_3 R_3 = U_{S2} \tag{1.3.3}$$

在此指明，一个电路若有 n 个结点、b 条支路，由 KVL 列出独立的回路电压方程数为 $[b-(n-1)]$，并且由网孔列出的回路电压方程一定独立。

（4）联立、解方程组。由式（1.3.1）～式（1.3.3）联立，正好组成三元一次方程组，代入数据，得
$$I_1 = 4 \ (A), \quad I_2 = 1 \ (A), \quad I_3 = 5 \ (A)$$

　　综上发现，一个电路若有 n 个结点、b 条支路，需要 b 元一次方程组才能求解，恰好列出独立方程的总数为 $(n-1)+[b-(n-1)]=b$ 。可见，无论电路多么复杂，在理论上支路电流法总能求解所有支路的电流。

　　【例 1.3.2】　如图 1.3.1 所示，假设已知 U_{S1}、U_{S2}、R_1、R_2、R_3、R_4、R_5、R_6 的参数，试用支路电流法列出求解电路中所有支路电流的方程组。

　　解　首先分析题目。其中：支路数 $b=6$，结点数 $n=4$，网孔数 $c=3$。

　　求解 6 个待求支路电流，需要"6 元一次方程组"，即 6 个独立方程。由 KCL 可列出 $n-1=3$ 个独立的结点电流方程；由 KVL 可根据网孔数列出 3 个独立的回路电压方程。方程组为：

$$\begin{cases} I_1 = I_3 + I_5 \\ I_2 = I_5 + I_6 \\ I_4 = I_1 + I_6 \\ R_1 I_1 + R_5 I_5 + U_{S1} = R_6 I_6 \\ R_2 I_2 + R_5 I_5 = R_3 I_3 + U_{S2} \\ R_2 I_2 + R_4 I_4 + R_6 I_6 = U_{S2} \end{cases}$$

　　另外如前所述，若支路电流已知，可将支路电压或者该支路上某元件的未知电压作为未知数，如〔例 1.3.3〕。

　　【例 1.3.3】　如图 1.3.2 所示，试用支路电流法求电流 I_1、I_2 和 I_3，并计算电流源的电压 U'_S。

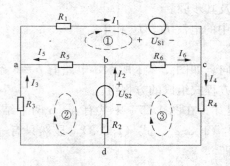

图 1.3.1　〔例 1.3.2〕的图

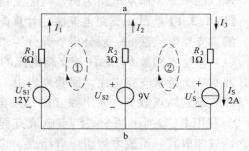

图 1.3.2　〔例 1.3.3〕的图

　　解　首先分析题目。结点数 $n=2$，支路数 $b=3$。根据支路电流法，可以列出 $n-1=1$ 个独立结点电流方程，$[b-(n-1)]=2$ 个独立回路电压方程。但因 $I_3=I_S=2\text{A}$ 已知，在网孔②利用 KVL 列方程时，可将电流源的电压 U'_S 作为未知数增列一个方程，以求出 U'_S，即

　　节点 a：$\qquad\qquad\qquad I_1 + I_2 = I_3 = 2$

　　网孔①：$\qquad\qquad\qquad U_{S1} + I_2 R_2 = U_{S2} + I_1 R_1$

　　网孔②：$\qquad\qquad\qquad I_2 R_2 + I_3 R_3 + U'_S = U_{S2}$

　　联立、解方程组，得

$$I_1 = 1\ (\text{A}),\ I_2 = 1\ (\text{A}),\ I_3 = 2\ (\text{A});\ U'_S = 4\ (\text{V})$$

　　需要指出，在含有恒流源或电流已知的支路，可以少列一个方程式；也可将该支路中的恒流源或其他元件的电压作为未知数，增列一个回路电压方程，以求出该电压。

1.4　叠　加　定　理

叠加定理是线性电路的基本分析方法之一，用来计算多电源线性电路的电流或电压。

【叠加定理】　在含有多个电源的线性电路中，任一支路的电流（或电压）等于各个独立电源分别单独作用时，在该支路所产生电流（或电压）分量的代数和。

在运用叠加定理分析电路时，需要说明以下几点事项：

（1）适用范围：叠加定理只适用于线性电路中，用来计算电流或电压，功率的计算不适用。

（2）"各个独立电源分别单独作用"是指：①仅指独立电源的作用，而非受控源；②当某个独立电源单独作用时，其余所有的独立电源均不作用，该电源会在电路中产生电流（或电压）分量；③每个独立电源分别单独作用一次；④所谓电源不起作用，是指电路中的独立理想电源不起作用，只需将理想电压源（电动势）短路、理想电流源（恒定电流）开路即可。

（3）代数和：在求代数和时，某个独立电源单独作用下的电流（或电压）分量与总电流（或总电压）的参考方向相同时，该分量的前面加"＋"号；相反时，前面加"－"号。

【例 1.4.1】　电路如图 1.4.1（a）所示，试用叠加定理计算图 1.4.1（a）中的电流 I_1、I_2 和 I_3。

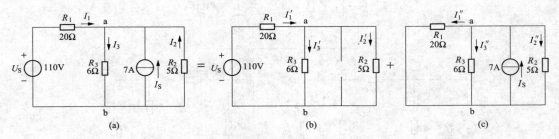

图 1.4.1　叠加定理举例

（a）原电路；（b）U_S 单独作用；（c）I_S 单独作用

解　在应用叠加定理求解时，下面的分析步骤可供参考。首先要确认是否为线性电路，以确定能否适用叠加定理。

（1）计算各个独立电源分别单独作用下的电流（或电压）分量。

在本例中，当 U_S 单独作用时，其他所有独立电源不起作用，则将图 1.4.1（a）中的理想电流源 I_S 开路，如图 1.4.1（b）所示，则

$$I_1' = \frac{U_S}{R_1 + R_2 /\!/ R_3} \approx 4.84(\text{A})$$

$$I_2' = \frac{R_3}{R_2 + R_3} I_1' = 2.64(\text{A})$$

$$I_3' = \frac{R_2}{R_2 + R_3} I_1' = I_1' - I_2' = 2.2(\text{A})$$

当 I_S 单独作用时，其他所有独立电源不起作用，则将图 1.4.1（a）中的理想电压源 U_S

短路，如图 1.4.1（c）所示，则

$$I''_1 = \frac{R_2 /\!/ R_3}{R_1 + R_2 /\!/ R_3} I_S \approx 0.84(\text{A})$$

$$I''_2 = \frac{R_1 /\!/ R_3}{R_2 + R_1 /\!/ R_3} I_S \approx 3.36(\text{A})$$

$$I''_3 = \frac{R_1 /\!/ R_2}{R_1 /\!/ R_2 + R_3} I_S = I_S - I''_1 - I''_2 = 2.8(\text{A})$$

（2）求代数和，分别计算各个总电流（或总电压）。

在某个独立电源单独作用时，比较各电流分量与对应总电流（或各电压分量与对应总电压）的参考方向，确定每个分量前的符号，然后求代数和。在本例中，有

$$I_1 = I'_1 - I''_1 = 4.84 - 0.84 = 4(\text{A})$$

$$I_2 = -I'_2 - I''_2 = -2.64 - 3.36 = -6(\text{A})$$

$$I_3 = I'_3 + I''_3 = 2.2 + 2.8 = 5(\text{A})$$

【例 1.4.2】 如图 1.4.2（a）所示，已知：$R_1 = R_2 = 3\Omega$，$R_3 = R_4 = 6\Omega$，$U_S = 36\text{V}$，$I_S = 3\text{A}$。试用叠加定理求电流 I_1、I_2、I_3、I_4 和 R_4 的电压 U_4。

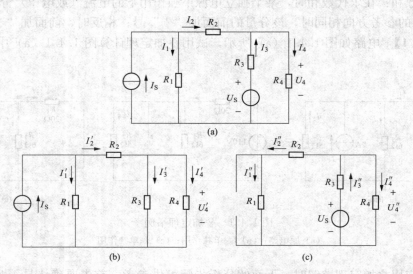

图 1.4.2 ［例 1.4.2］的电路

(a) 原电路；(b) I_S 单独作用；(c) U_S 单独作用

解 （1）计算各个独立电源分别单独作用下的电流（或电压）分量。

当 I_S 单独作用时，其他所有独立电源不起作用，将 U_S 短路，如图 1.4.2（b）所示，则

$$I'_1 = \frac{R_2 + R_3 /\!/ R_4}{R_1 + (R_2 + R_3 /\!/ R_4)} I_S = 2(\text{A}) \qquad I'_2 = \frac{R_1}{R_1 + (R_2 + R_3 /\!/ R_4)} I_S = I_S - I'_1 = 1(\text{A})$$

$$I'_3 = \frac{R_4}{R_3 + R_4} I'_2 = 0.5(\text{A}) \qquad I'_4 = \frac{R_3}{R_3 + R_4} I'_2 = I'_2 - I'_3 = 0.5(\text{A})$$

$$U'_4 = I'_4 R_4 = 3(\text{V})$$

当 U_S 单独作用时，其他所有独立电源不起作用，将 I_S 开路，如图 1.4.2（c）所示，则

$$I''_3 = \frac{U_S}{R_3 + (R_1 + R_2) /\!/ R_4} = 4(\mathrm{A}) \qquad I''_1 = I''_2 = \frac{R_4}{R_1 + R_2 + R_4} I''_3 = 2(\mathrm{A})$$

$$I''_4 = \frac{R_1 + R_2}{R_1 + R_2 + R_4} I''_3 = I''_3 - I''_1 = 2(\mathrm{A}) \qquad U''_4 = I''_4 R_4 = 12(\mathrm{V})$$

（2）求代数和，分别计算总电流（或总电压）。

$$I_1 = I'_1 + I''_1 = 4(\mathrm{A}) \qquad I_2 = I'_2 - I''_2 = -1(\mathrm{A})$$

$$I_3 = -I'_3 + I''_3 = 3.5(\mathrm{A}) \qquad I_4 = I'_4 + I''_4 = 2.5(\mathrm{A})$$

$$U_4 = U'_4 + U''_4 = 15(\mathrm{V})$$

1.5　等　效　电　源　定　理

在分析复杂电路时，如果只需计算一个或少数的电流（或电压），前述方法比较复杂，而利用等效电源定理进行分析相对简单。下面以［例 1.5.1］为例，介绍等效电源定理及其应用。

观察图 1.5.1 发现，图示电路为线性电路。倘若一个线性电路含有电源，端口有两个出线端子，称之为线性"有源二端网络"，简称有源二端网络；若无电源并呈线性，称为线性"无源二端网络"，简称无源二端网络。如图 1.5.1 所示，虚框内的电路有两个出线端子 a、b，即"有源二端网络"，也是待求元件 R_2（待求支路）的电源。

可以设想，如果由其他电源模型等效替换"有源二端网络"，若二者所提供的电压、电流和功率相同的话，对于待求元件 R_2 来说并没有什么分别。由此可见，等效电源定理的目标是寻求替代"有源二端网络"的等效电源模型。前已讲述，电源模型分为电压源模型和电流源模型。

【戴维宁定理】　线性有源二端网络由电动势和电阻串联的电源模型（即实际电压源）等效替换，称为戴维宁定理。如图 1.5.2 所示为戴维宁等效电路，虚框内的实际电压源模型为图 1.5.1 中有源二端网络的等效电源。

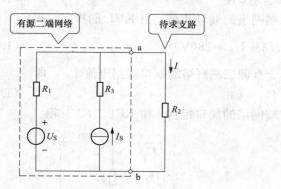

图 1.5.1　［例 1.5.1］的电路图

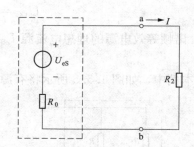

图 1.5.2　戴维宁等效电路

【诺顿定理】　线性有源二端网络由理想电流源与电阻并联的电源模型（即实际电流源）等效替换，称之为诺顿定理。如图 1.5.3 所示为诺顿等效电路，虚框内的实际电流源模型为图 1.5.1 中有源二端网络的等效电源。

【等效电源定理】　戴维宁定理和诺顿定理合称为等效电源定理。

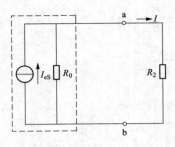

图 1.5.3 诺顿等效电路

需要指出，等效电源定理仅适用于线性电路。

如图 1.5.1～图 1.5.3 所示，在电源等效替换以后，由原电路中计算待求支路的电流或电压，转化为在等效后的电路中求解。

【例 1.5.1】 如图 1.5.1 所示，已知 $U_S=8V$，$I_S=10A$，$R_1=2\Omega$，$R_2=5\Omega$，$R_3=4\Omega$。分别用戴维宁定理、诺顿定理求电阻 R_2 中的电流 I。

解 利用等效电源定理求解的一般步骤如下，以供参考。

（1）电路辨析。辨识电路，分清"有源二端网络"和待求支路（元件），如图 1.5.1 所示。

（2）将有源二端网络替换为等效电源模型。若利用戴维宁定理求解，将有源二端网络等效替换为实际电压源的模型，如图 1.5.2 所示的虚框部分；若利用诺顿定理求解，将有源二端网络等效替换为实际电流源的模型，如图 1.5.3 所示的虚框部分。然后，在各自等效后的电路中分别计算待求支路的电流或电压。

若在图 1.5.2 中计算电流 I，则有

$$I=\frac{U_{eS}}{R_0+R_2} \tag{1.5.1}$$

若在图 1.5.3 中计算电流 I，则有

$$I=\frac{R_0}{R_0+R_2}I_{eS} \tag{1.5.2}$$

（3）计算等效电源模型的参数。显然，下一步的关键是如何计算出等效电源的相关参数。

1）戴维宁等效电源的电动势 U_{eS} 等于有源二端网络的端口开路电压 U_{OC}，即

$$U_{eS}=U_{OC} \tag{1.5.3}$$

在本例中，如图 1.5.4 所示将有源二端网络的端口开路，由 KVL 的推广，得

$$U_{OC}=R_1I_S+U_S=28(V) \tag{1.5.4}$$

2）诺顿等效电源的理想电流源 I_{eS} 等于有源二端网络的端口短路电流 I_{SC}，即

$$I_{eS}=I_{SC} \tag{1.5.5}$$

在本例中，如图 1.5.5 所示将有源二端网络的端口短路，由 KCL、KVL 得

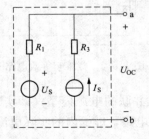

图 1.5.4 ［例 1.5.1］的电路图

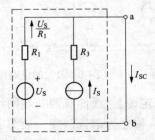

图 1.5.5 ［例 1.5.1］的电路图

$$I_{SC} = \frac{U_S}{R_1} + I_s = 14(A) \tag{1.5.6}$$

3) 等效电源内阻 R_0 的求法。戴维宁和诺顿定理的求解方法相同,有两种计算方法。

第一种求法:R_0 等于有源二端网络的端口开路、"去源"等效电阻 R_{OC},即

$$R_0 = R_{OC} \tag{1.5.7}$$

所谓"去源"是指所有的电源均不起作用,只需将理想电压源(电动势)短路、理想电流源(恒定电流)开路,则有源二端网络变成了无源二端网络。

在本例中,由图 1.5.4 变换为如图 1.5.6 所示,可得

$$R_0 = R_1 = 2(\Omega) \tag{1.5.8}$$

第二种求法:R_0 等于有源二端网络的端口开路电压 U_{OC} 与端口短路电流 I_{SC} 的比值,即

$$R_0 = \frac{U_{OC}}{I_{SC}} \tag{1.5.9}$$

在本例中,由式(1.5.4)、式(1.5.6)可得

$$R_0 = \frac{U_{OC}}{I_{SC}} = \frac{28}{14} = 2(\Omega)$$

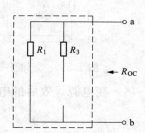

图 1.5.6　[例 1.5.1] 的电路

显然与式(1.5.8)的结论一致。

(4) 在电源等效后的电路中计算待求量。

在本例中,根据戴维宁定理,由式(1.5.1)代入相关数据,得

$$I = \frac{U_{eS}}{R_0 + R_2} = \frac{28}{2+5} = 4(A)$$

根据诺顿定理,由式(1.5.2)代入相关数据,得

$$I = \frac{R_0}{R_0 + R_2} I_{eS} = \frac{2}{2+5} \times 14 = 4(A)$$

【例 1.5.2】　如图 1.5.7 所示,试用戴维宁定理求 1Ω 电阻 R 的电流 I 和电压 U,并计算其功率 P。

解　(1) 电路辨析。在图 1.5.7 中,R 支路为待求支路;除去 R 以外的部分为有源二端网络,端口为 ab,如图 1.5.8 所示。

(2) 用实际电压源模型替换有源二端网络,戴维宁等效电路如图 1.5.9 所示。

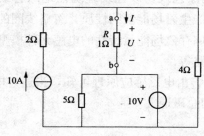

图 1.5.7　[例 1.5.2] 的电路

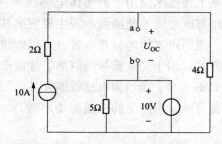

图 1.5.8　[例 1.5.2] 的电路图

(3) 计算图 1.5.9 中实际电压源模型的参数。如图 1.5.8 所示,由 KVL 得

$$U_{eS} = U_{OC} = 4 \times 10 - 10 = 30(V)$$

如图1.5.10所示，计算等效电源的内阻 R_0，$R_0=R_{OC}$，则

$$R_0=R_{OC}=4(\Omega)$$

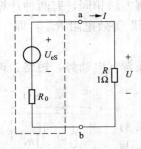

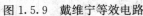

图1.5.9　戴维宁等效电路

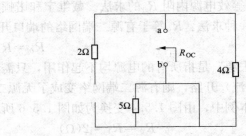

图1.5.10　[例1.5.2]的电路

（4）在电源等效后的电路中计算待求量。在图1.5.9中，可得

$$I=\frac{U_{eS}}{R_0+R}=\frac{30}{4+1}=6(A)$$

则

$$U=RI=1\times6=6(V)$$

$$P=UI=6\times6=36(W)$$

请读者利用诺顿定理自行分析本例。

*1.6　电路的暂态分析

本节主要讨论含储能元件的一阶线性 RC、RL 电路的暂态分析，并在经典分析方法的基础上，归纳总结一阶电路暂态分析的三要素法。

1.6.1　储能元件

电感元件、电容元件分别为实体电感器（电感线圈）、电容器理想化后的无源电路元件模型，二者均为储能元件。储能元件的能量储存和释放不能跃变，需要一定的时间，储能元件也称为动态元件。

1. 电感元件

在工程技术应用中，实体电感线圈（电感器）用漆包线、纱包线缠绕在绝缘管或铁心上，匝与匝之间彼此绝缘，若主要突出其通过电流时产生磁场能量的性质，忽略线圈的导线电阻、匝与匝之间的分布电容，可以理想化为只具有储存磁场能量特性的电感元件模型。电感元件可以用于交流信号的隔离、滤波或组成谐振电路等。

如图1.6.1所示为电感线圈元件，假设匝数为 N，由电磁感应原理可知，当通过电流 i 时，若每匝线圈产生的磁通为 Φ，则 N 匝线圈产生的总磁通

$$\Psi=N\Phi \tag{1.6.1}$$

式中：Ψ 称为磁通链；磁通和磁通链的单位为韦［伯］（Wb）。

磁通链与通过电流的比值称为线圈的电感量，简称电感，记作 L。对于不含铁心的线圈，L 为常数，称为线性电感元件（注：带铁心的线圈为非线性电感），特征关系为

$$\Psi=Li$$

或
$$L = \frac{\Psi}{i} = \frac{N\Phi}{i} \tag{1.6.2}$$

式中：L 的单位有亨［利］（H）、毫亨（mH）和微亨（μH），换算关系为 $1H = 10^3 mH = 10^6 μH$。线性电感元件的符号及特性曲线如图 1.6.2 所示。

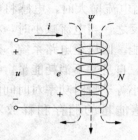

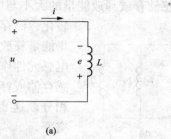

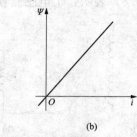

图 1.6.1　电感线圈（电感器）

图 1.6.2　线性电感电路及特性曲线
（a）线性电感电路；（b）线性电感的特性曲线

当线圈通过电流时，会产生磁场；若电流变化，磁场也随之变化，继而引起感应电动势的产生。如果感应电动势是由于流经线圈本身的电流变化所引起的，则称为自感 L。感应电动势的方向可由楞次定律确定，大小等于磁通的变化率。当电流和磁通符合右手定则时，感应电动势的一般表达式为

$$e = -\frac{d\Psi}{dt} = -N\frac{d\Phi}{dt} \tag{1.6.3}$$

对于线性电感，将式（1.6.2）代入式（1.6.3），则

$$e = -L\frac{di}{dt} \tag{1.6.4}$$

（1）电压与电流的关系。如图 1.6.2（a）所示，由基尔霍夫电压定律得：$u+e=0$，则

$$u = -e = L\frac{di}{dt} \tag{1.6.5}$$

对于线性电感元件而言，式（1.6.5）表明：①当电流不变（即直流稳态）时，两端的电压为零，电感元件相当于短路；②电感的电流不能跃变（突变）。从理论上讲，如果电流跃变，则产生无穷大的电压，显然是不可能的。

由式（1.6.5），可得电感元件的电流

$$i = \frac{1}{L}\int_{-\infty}^{t} u\,dt = \frac{1}{L}\int_{-\infty}^{0} u\,dt + \frac{1}{L}\int_{0}^{t} u\,dt = i(0) + i(t) \tag{1.6.6}$$

式（1.6.6）可见，电感电流等于电压对一定时间区间的定积分函数，和计时起点 $t=0$ 之前、之后的电流均有关，表明：电感作为储能元件，其能量的储存和释放不能突变，具体表现为电感电流不会发生突变。

（2）功率与能量。在图 1.6.2（a）中 u、i 关联参考方向下，线性电感的瞬时功率为

$$p = ui = Li\frac{di}{dt} \tag{1.6.7}$$

根据关联参考方向下电源和负载的判断方法，当电流 i 正值增加时，则 $p>0$，电感起负载作用，即储存能量，将电路中的电能转化为电感线圈的磁场能量；当 i 正值减小时，

$p<0$，则起电源作用，即释放能量，将线圈中的磁场能量释放并回送至电路系统。

在 t 时刻，电感元件储存或释放的磁场能量

$$W_{\mathrm{m}}=\int_0^t p\,\mathrm{d}t=\int_0^t ui\,\mathrm{d}t=\int_0^i Li\,\mathrm{d}i=\frac{1}{2}Li^2 \tag{1.6.8}$$

式（1.6.8）表明：①电感储存或释放能量的大小与电流有关。当电流增大时，电感将电能

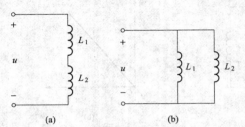

图 1.6.3　电感的串、并联

（a）电感的串联；（b）电感的并联

转化、储存为磁场能；反之，当电流减小时，将磁场能量释放并还原为电能，回送至电路系统。理想电感元件作为储能元件，自身并不消耗能量。②电感存储或释放能量的大小等于瞬时功率对时间的定积分，这也证明了电感能量的储存和释放不能突变。

（3）电感的连接。如图 1.6.3 所示，为无互感存在的两个电感线圈的串、并联电路，等效电感的计算方法为

$$串联：L=L_1+L_2 \qquad 并联：\frac{1}{L}=\frac{1}{L_1}+\frac{1}{L_2}$$

2. 电容元件

如图 1.6.4（a）所示，电容器由绝缘体或电介质（如空气、云母、绝缘纸、塑料薄膜、陶瓷等）隔离开的两个导体构成，可以存放电荷，并以电场能的形式储存能量。在工程技术应用中，电容器多用于滤波、隔直、交流耦合与旁路，以及与电感元件组成振荡回路等。

当忽略实体电容器的漏电电阻、引线电感等因素时，可理想化为只具有储存电场能量特性的理想电容元件。电容器两个极板间的电荷量与电压的比值，称为电容器的电容量（简称电容），反映了电容器储存电荷的能力，记作 C，即

$$C=\frac{q}{u} \tag{1.6.9}$$

式中：C 的单位是法〔拉〕（F）。因单位法〔拉〕太大，工程上多采用微法（μF）或皮法（pF），换算关系为 $1\,\mu\mathrm{F}=10^{-6}\mathrm{F}$，$1\mathrm{pF}=10^{-12}\mathrm{F}$。若 C 为常数，称之为线性电容；若 C 不是常数，则为非线性电容。本书只讨论线性电容元件，电路及特性曲线如图 1.6.4（b）、（c）所示。

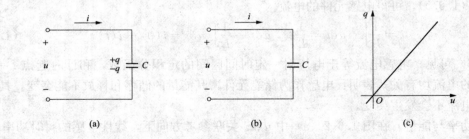

图 1.6.4　线性电容电路及其特性曲线

（a）电容元件；（b）线性电容电路；（c）线性电容的特性曲线

常用电容器的分类及图形符号如图 1.6.5 所示。

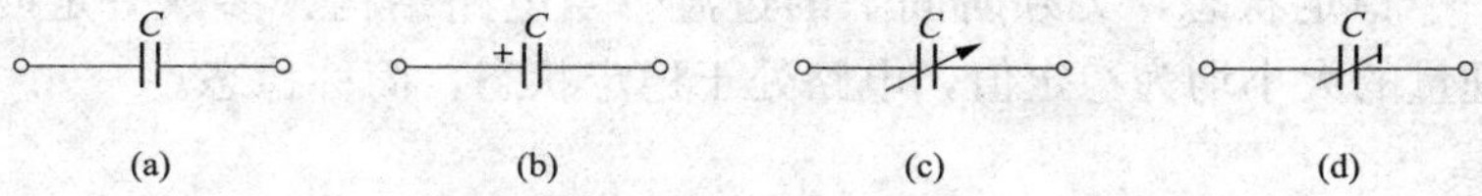

图 1.6.5　电容器的图形符号

(a) 固定电容器；(b) 电解电容器；(c) 可变电容器；(d) 微调电容器

(1) 电压与电流的关系。当电容器极板上的电荷量发生变化时，两端的电压随之变化，电荷定向移动形成电流。在电压、电流为关联参考方向下，由电流的概念可得

$$i = \frac{\mathrm{d}q}{\mathrm{d}t} = C\frac{\mathrm{d}u}{\mathrm{d}t} \tag{1.6.10}$$

式 (1.6.10) 表明：①电容的电流与其电压对时间的变化率成正比。只有当电容元件两端的电压发生变化时，才有电流通过；当电容两端的电压不变（即直流稳态）时，电流 i 为零，视为开路，可见电容元件具有"通交流、隔直流"的作用。②电容两端的电压不能跃变。如果电压跃变，则产生无穷大的电流，显然是不可能的。

由式 (1.6.10)，可以计算电容器的电压，即

$$u = \frac{1}{C}\int_{-\infty}^{t} i\,\mathrm{d}t = \frac{1}{C}\int_{-\infty}^{0} i\,\mathrm{d}t + \frac{1}{C}\int_{0}^{t} i\,\mathrm{d}t = u(0) + u(t) \tag{1.6.11}$$

式 (1.6.11) 可见，电容器能量的储存和释放不能跃变，表现为电容器的电压不会发生跃变。

(2) 功率与能量。在 u、i 关联参考方向下，线性电容元件储存或释放能量的瞬时功率为

$$p = ui = Cu\frac{\mathrm{d}u}{\mathrm{d}t} \tag{1.6.12}$$

根据电源和负载的判断方法，当 u 正值增大时，$p > 0$，它起负载作用而充电，即储存能量；当 u 正值较小时，$p < 0$，则起电源作用而放电，释放能量。

在 t 时刻，电容元件储存或释放的电场能量

$$W_{\mathrm{e}} = \int_{0}^{t} p\,\mathrm{d}t = \int_{0}^{t} ui\,\mathrm{d}t = \int_{0}^{u} Cu\,\mathrm{d}u = \frac{1}{2}Cu^2 \tag{1.6.13}$$

式 (1.6.13) 表明：①电容元件储存或释放的电场能量与其两端的电压有关。当电压增大时，电容元件将电能转换为电场能，即充电过程；当电压减小时，释放电场能量还原为电能，即放电过程。在充、放电过程中，电容自身并不消耗能量，因此它是一种储能元件。②储存和释放能量的大小等于瞬时功率对时间的定积分，说明能量的储存和释放不能跃变。

在工程中选用电容器时，电容量大小应合适，还要注意提供额定电压。如果实际工作电压过高，介质可能被击穿而损坏电容器。

(3) 电容的连接。如图 1.6.6 所示为电容器的串联和并联电路。等效电容的计算方法为

$$\text{串联：} \frac{1}{C} = \frac{1}{C_1} + \frac{1}{C_2} \qquad \text{并联：} C = C_1 + C_2$$

1.6.2　暂态过程及其成因

前几节所述电路的明显特点是不含储能元件，称之为稳态电路，即使某一瞬间电路出现开关接通与分断、电路改接、参数或电源突变等现象（统称为换路）时，电路由一个稳定状

态瞬间变为另一个稳定状态,无须时间上的过渡。当电路结构、参数一定时,若电压、电流、功率等物理量的大小均为稳定值,电路处于稳定状态,简称稳态。

1. 暂态过程

如图 1.6.7 所示,无源元件包括两类:一类为耗能元件(电阻元件),包括白炽灯 EL_1、EL_2、EL_3、电阻 R;另一类为储能元件电感 L、电容 C。假设换路前,即开关 S 开路时,电路已经处于一种稳定状态,电感 L、电容 C 未有能量的存储,白炽灯 EL_1、EL_2 和 EL_3 均不亮。当换路后,即开关 S 闭合,在直流电源 U_S 的作用下,白炽灯 EL_1 由暗逐渐变亮,最后亮度稳定;白炽灯 EL_2 在开关闭合的瞬间闪亮了一下,随时间逐渐暗下去,直至熄灭;白炽灯 EL_3 立即变亮,并且亮度不变。可见,在开关 S 闭合的瞬间,含有电感、电容元件的支路由原稳定状态进入了变动过程,最终又达到另一个新的稳定状态,电路经历了一个过渡过程。因为过渡过程所经历的时间往往是短暂的,故称暂态过程,简称暂态或瞬态。

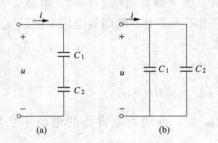

图 1.6.6 电容的串、并联
(a) 电容的串联;(b) 电容的并联

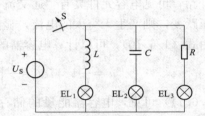

图 1.6.7 电路中的暂态过程

2. 暂态过程的成因

由图 1.6.7 示例可见,暂态过程的成因有两个:内因是电路中含有储能元件;外因是由换路现象的产生诱发而起。当发生换路时,在一定时间内会导致能量的重新分配,从而产生暂态过程,暂态过程的形成须具备内因、外因两个条件。

如图 1.6.8 所示,电路的暂态过程及其成因分析如下:

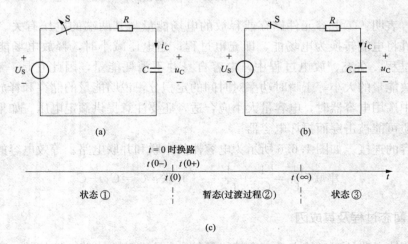

图 1.6.8 电路的暂态举例
(a) 换路前;(b) 换路后;(c) 电路状态划分

（1）换路前的瞬间。如图 1.6.8（a）所示，假定在 $t=0$ 的瞬间换路，记作 $t(0)$。并假设 $t=0_-$ 表示换路前电路状态的终了时刻（在数值上等于 0，表示 t 由负值趋于 0），记作 $t(0_-)$；此时的响应称为换路前的终了值，记作 $f(0_-)$。若换路前电路已处于稳定状态，且电容器存储的电荷为零，则电容器的电荷量、电流和电压响应均为零，电路处于状态①，并对应一种能量状态。即

$$q(0_-)=0, \quad i_C(0_-)=0\text{A}, \quad u_C(0_-)=0\text{V}$$

（2）暂态过程。设 $t=0_+$ 表示换路后的初始瞬间（在数值上也等于 0，表示 t 由正值趋于 0），记作 $t(0_+)$；此时的响应称为初始值，记作 $f(0_+)$。从 $t=0_+$ 瞬间起始，电路进入了能量重新分配的过渡过程，电容器开始充电，电荷量、充电电流、电压等均以其初始值为起点而处于动态变化中，并伴随能量的动态变化，即过渡过程②（暂态），直至电容器的电压为 U_S、电流为 0。设换路后电容器电压的初始值为 $U_C(0_+)$。

$$q \uparrow_{q(0+)} \rightarrow u_C \uparrow_{u_C(0+)} \rightarrow u_C \uparrow^{U_S}$$

$$i_C \downarrow_{i_C(0+)} = \frac{U_S - u_C \uparrow_{u_C(0+)}}{R} \rightarrow i_C \downarrow = \frac{U_S - u_C \uparrow^{U_S}}{R} = 0$$

（3）最终，当电容器充电至 $u_C=U_S$ 时，充电完毕，电容器的电荷量、电压和电流等均达到终了值，过渡过程（暂态）结束，电路转而处于一种新的状态③，即稳定状态，并对应着另一种特定的能量状态。设 $t=\infty$ 为暂态结束的终了瞬间，记作 $t(\infty)$；响应的终了值记作 $f(\infty)$。

$$u_C(\infty)=U_S, \quad i_C(\infty)=\frac{U_S-u_C(\infty)}{R}=0$$

综上所述，暂态过程及其成因可归纳为如图 1.6.9 所示的示意图。从整个暂态过程的阶段性来看，分别对应着两个时间点、三个状态、三个值。即：在 $t=0$ 的瞬间换路，截至换

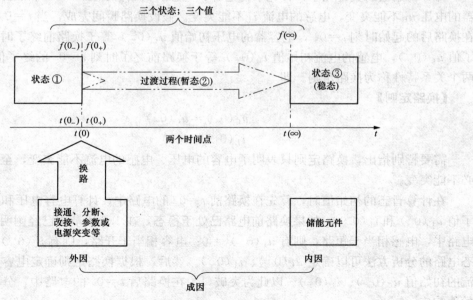

图 1.6.9　暂态成因分析的示意图

路前的瞬间 $t=0_-$，电路处于状态①，响应的终了值为 $f(0_-)$；在换路后的瞬间 $t=0_+$，电路的响应以初始值 $f(0_+)$ 作为数值起点开始进入暂态，至过渡过程终了结束的瞬间 $t=\infty$，电路响应达到其新的终了值 $f(\infty)$，暂态②结束转而进入状态③（稳态），电路响应维持其终了值不变，即稳态值 $f(\infty)$。

1.6.3 一阶电路的暂态分析

在电路的暂态分析中，只含有一个储能元件和电阻元件的电路（或可以等效为一个储能元件和电阻元件的电路）称为一阶电路，响应之间的关系为一阶常微分方程。一阶电路分一阶 RC 电路和一阶 RL 电路。本节主要分析一阶暂态电路，包括初始值、稳态值和暂态过程的变化规律，并归纳总结"三要素分析法"。

一、暂态响应

换路以后，在电源激励或储能元件作用下所产生的电压、电流，称为暂态响应。暂态响应分为三类：

（1）零输入响应，是指电路无电源激励，只由储能元件已经储存的能量所引起的响应。

（2）零状态响应，是指在换路时储能元件尚未储存能量，只由电源激励产生的响应。

（3）全响应，是指由储能元件已经储存的能量和电源激励共同产生的响应。

根据叠加定理可见，全响应为零输入响应和零状态响应的叠加。

二、电路的暂态分析

若要全面了解暂态过程，在进行暂态分析时，需要计算换路后起始瞬间 $t=0_+$ 的初始值 $f(0_+)$、暂态终了瞬间 $t=\infty$ 的终了值（稳态值）$f(\infty)$，并探求 $t=0_+$ 至 $t=\infty$ 之间过渡过程的变动规律。

1. 初始值的计算

计算初始值的关键在于，首先求得电容、电感的初始值。在 1.6.1 节中已经阐明，电容器的电压 u_C 不能突变，电感的电流 i_L 不能突变。假设换路瞬间完成，当 $t=0$ 换路时，那么在换路后的起始时刻 $t=0_+$，电容器的电压初始值 $u_C(0_+)$ 等于换路前终了时刻 $t=0_-$ 的终了值 $u_C(0_-)$，电感的电流初始值 $i_L(0_+)$ 等于换路前终了时刻 $t=0_-$ 的终了值 $i_L(0_-)$，这两个关系特性称为换路定则。即

【换路定则】

$$u_C(0_+)=u_C(0_-) \tag{1.6.14}$$

$$i_L(0_+)=i_L(0_-) \tag{1.6.15}$$

需要特别指出，换路定则只表明了电容的电压、电感的电流不能突变，至于其他响应未必不能突变。

在计算暂态的初始值时，首先在换路前 $t=0_-$ 的电路中，计算电容电压和电感电流的终了值 $u_C(0_-)$ 和 $i_L(0_-)$。如果换路前电路已处于稳态，在 1.6.1 节中已经阐明，在直流稳态电路中，电感相当于短路，则有 $u_L(0_-)=0$；电容相当于开路，则有 $i_C(0_-)=0$，根据稳态电路的分析方法可以确定 $u_C(0_-)$、$i_L(0_-)$。然后，根据换路定则确定电容电压和电感电流的初始值 $u_C(0_+)$、$i_L(0_+)$。以此为突破口，在换路后 $t=0_+$ 的电路中，分析计算其他初始值响应。

【例 1.6.1】 如图 1.6.10 （a）所示，已知 $U_S=12V$，$R_1=R_3=3\Omega$，$R_2=6\Omega$。开关 S

闭合前电路已达稳态，$t=0$ 时换路，将开关 S 闭合。试分析计算：初始值 $u_C(0_+)$、$i_L(0_+)$、$i_C(0_+)$、$u_L(0_+)$ 和 $u_{R_2}(0_+)$。

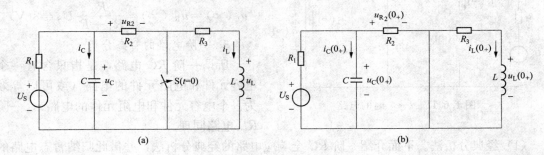

图 1.6.10　［例 1.6.1］图
(a) 原电路；(b) $t=0_+$ 时的电路

解　如图 1.6.10 (a) 所示，在换路前的 $t=0_-$ 时刻，开关 S 尚处于开路状态。因为电路已达稳态，则电容视为开路、电感视为短路。所以

$$u_L(0_-)=0\ ;\ i_C(0_-)=0$$

$$i_L(0_-)=\frac{U_S}{R_1+R_2+R_3}=\frac{12}{3+6+3}=1(\text{A})$$

$$u_C(0_-)=\frac{R_2+R_3}{R_1+R_2+R_3}U_S=\frac{6+3}{3+6+3}\times12=9(\text{V})$$

换路时开关 S 闭合，在换路后 $t=0_+$ 的电路如图 1.6.10 (b) 所示。根据换路定则，有

$$i_L(0_+)=i_L(0_-)=1(\text{A})$$

$$u_C(0_+)=u_C(0_-)=9(\text{V})$$

利用电路的相关分析方法，可以求出其他初始值响应。C、R_2 为并联关系，则

$$u_{R_2}(0_+)=u_C(0_+)=9(\text{V})$$

由基尔霍夫定律，得

$$i_C(0_+)=\frac{U_S-u_C(0_+)}{R_1}-\frac{u_{R_2}(0_+)}{R_2}=\frac{12-9}{3}-\frac{9}{6}=-0.5(\text{A})$$

$$u_L(0_+)=-i_L(0_+)R_3=-1\times3=-3(\text{V})$$

需要说明，根据开关元件的开、合状态及箭头的指向，可以判断换路的方式。

2. 稳态值的计算

在暂态过程结束终了的瞬间 $t=\infty$，电路达到新的稳态，可以根据稳态电路的分析方法计算稳态值响应 $f(\infty)$。同样，在直流稳态电路中，电感相当于短路，则有 $u_L(\infty)=0$；电容相当于开路，则有 $i_C(\infty)=0$；然后以此为突破口，分析计算其他稳态值。

【例 1.6.2】　在［例 1.6.1］中，试分析计算：换路后暂态终了结束时的稳态值 $u_C(\infty)$、$i_L(\infty)$、$i_C(\infty)$、$u_L(\infty)$ 和 $u_{R_2}(\infty)$。

解　在暂态过程结束的瞬间 $t=\infty$，电路达到新的稳态，则电容视为开路，电感视为短路。所以

$$u_L(\infty)=0\ ;\ i_C(\infty)=0$$

图 1.6.1 (a) 可等效为图 1.6.11 示电路。由基尔霍夫电压定律，可得

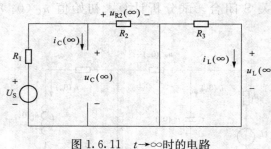

图 1.6.11　$t \to \infty$ 时的电路

$$i_L(\infty) = -\frac{u_L(\infty)}{R_3} = 0(A)$$

$$u_C(\infty) = u_{R2}(\infty) = \frac{R_2}{R_1 + R_2} U_S = 8(V)$$

3. 一阶电路的暂态分析

所谓一阶 RC 电路，是指只含有一个电容元件和电阻元件的电路（或可以等效为一个电容元件和电阻元件的电路）；一阶 RL 电路同理。

（1）经典分析法。下面介绍一阶 RC 全响应电路的经典分析法，并借此归纳暂态电路的"三要素分析法"。

如图 1.6.12（a）所示，换路前开关 S 合在"1"处，电路已处于稳态，显然电容器 C 已经充电存储能量，并且 $u_C(0_-) = U_0$。假设 $t=0$ 时换路，将开关 S 合向"2"处，$t=0_+$ 瞬间开关 S 已然闭合于位置"2"，新接入了电源激励 U_S。根据暂态响应的概念及分类，可以判定本例为一阶 RC 电路的全响应，下面分析计算暂态响应 u_C、i_C。

根据换路定则，得

$$u_C(0_+) = u_C(0_-) = U_0$$

换路后，在 $t=0_+$ 至 $t=\infty$ 的暂态变动过程中，电容器的电压由初始值 $u_C(0_+) = U_0$ 逐渐变化至稳态值 $u_C(\infty)$，并且

$$u_C(\infty) = U_S$$

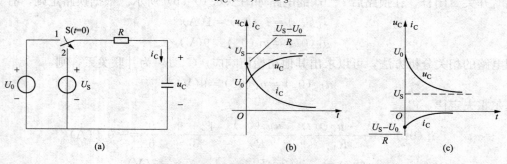

图 1.6.12　RC 电路的全响应

（a）RC 电路的全响应电路；（b）$U_S > U_0$；（c）$U_S < U_0$

在换路后（$t \geqslant 0$）的电路中，根据 KVL 可得

$$Ri_C + u_C = U_S$$

将 $i_C = C\dfrac{\mathrm{d}u_C}{\mathrm{d}t}$ 代入上式，得

$$RC\frac{\mathrm{d}u_C}{\mathrm{d}t} + u_C = U_S \tag{1.6.16}$$

式（1.6.16）为一阶非齐次常微分方程，它的通解为对应齐次方程的通解加上任一特解，取 $t=\infty$ 时的稳态值 $u_C(\infty) = U_S$，则

$$u_C = A\mathrm{e}^{pt} + U_S \tag{1.6.17}$$

式中：A 称为积分常数，p 称为特征根。将初始条件 $t=0_+$ 时的 $u_\mathrm{C}(0_+)=U_0$ 代入式（1.6.17），可得积分常数

$$A=(U_0-U_\mathrm{S}) \tag{1.6.18}$$

将式（1.6.17）代入式（1.6.16），得

$$p=-\frac{1}{RC} \tag{1.6.19}$$

式中：令 $\tau=RC$，称为 RC 电路的时间常数，若电阻 R 的单位为欧姆（Ω），电容 C 的单位为法拉（F），则时间常数 τ 的单位为秒（s）。τ 反映、决定了暂态过程进行的快慢速率，τ 越大，暂态过渡过程进行得越慢；反之亦然。

将式（1.6.18）、式（1.6.19）代入式（1.6.17），得

$$u_\mathrm{C}=U_\mathrm{S}+(U_0-U_\mathrm{S})\mathrm{e}^{-\frac{t}{\tau}} \tag{1.6.20}$$

又 $i_\mathrm{C}=C\dfrac{\mathrm{d}u_\mathrm{C}}{\mathrm{d}t}$，则

$$i_\mathrm{C}=-\frac{U_0-U_\mathrm{S}}{R}\mathrm{e}^{-\frac{t}{\tau}}=\frac{U_\mathrm{S}-U_0}{R}\mathrm{e}^{-\frac{t}{\tau}} \tag{1.6.21}$$

u_C、i_C 随时间的变化曲线如图 1.6.12（b）、（c）所示。图 1.6.12（b）可见，若 $U_0<U_\mathrm{S}$，在换路后，电容的电压 u_C 由初始值 $u_\mathrm{C}(0_+)=U_0$ 为数值起点，随时间按指数规律充电，并趋于 U_S；图 1.6.12（c）可见，若 $U_0>U_\mathrm{S}$，在换路后，电容器电容的电压 u_C 由初始值 $u_\mathrm{C}(0_+)=U_0$ 为数值起点，随时间按指数规律放电，并趋于 U_S。其中，电容充、放电的速率取决于时间常数 τ。

由式（1.6.21）发现，从理论上来说，只有 $t\to\infty$ 时，$i_\mathrm{C}(\infty)=0$，暂态过程才告结束。换路后的起始瞬间 $t=0_+$，将 $t=0$ 代入式（1.6.21），可得 i_C 的初始值

$$i_\mathrm{C}(0_+)=\frac{U_\mathrm{S}-U_0}{R}$$

结合图 1.6.12（b），电容器的充电电压由 $U_0\to U_\mathrm{S}$；充电电流由 $i_\mathrm{C}(0_+)\to i_\mathrm{C}(\infty)=0$，并逼近 0。其中，时间常数 τ 对于暂态过程的影响如表 1.6.1 所示。从表 1.6.1 中不难看出，经过 3τ 时，电容电流 i_C 已减弱为初始值 $i_\mathrm{C}(0_+)$ 的 5％；经过 5τ 时，电容电流 i_C 已减弱为初始值 $i_\mathrm{C}(0_+)$ 的 1％以下。通常在工程实践中，当经过 $t=(3\sim5)\tau$ 时，过渡过程视为结束，达到稳态。

表 1.6.1　　　　　　　　　　　　　电容电流 i_C 随时间的演变趋势

t	0	τ	2τ	3τ	4τ	5τ	$\cdots$	∞
i_C	$i_\mathrm{C}(0_+)$	$0.368i_\mathrm{C}(0_+)$	$0.135i_\mathrm{C}(0_+)$	$0.05i_\mathrm{C}(0_+)$	$0.018i_\mathrm{C}(0_+)$	$0.007i_\mathrm{C}(0_+)$	$\cdots$	0

综上所述，在本例中若 $U_0=0$，则为一阶 RC 电路的零状态响应；若 $U_\mathrm{S}=0$，则为一阶 RC 电路的零输入响应。

（2）三要素分析法。在图 1.6.12 示例的暂态电路中，由于电容器的电压初始值 $u_\mathrm{C}(0_+)=U_0$，暂态终了值（稳态值）$u_\mathrm{C}(\infty)=U_\mathrm{S}$，故式（1.6.20）的电压响应还可转换为

$$u_\mathrm{C}=u_\mathrm{C}(\infty)+[u_\mathrm{C}(0_+)-u_\mathrm{C}(\infty)]\mathrm{e}^{-\frac{t}{\tau}} \tag{1.6.22}$$

再者，式（1.6.21）可以等效转换为

$$i_C = 0 + \left(\frac{U_s - U_0}{R} - 0 \right) e^{-\frac{t}{\tau}} \tag{1.6.23}$$

对电容器的电流响应 i_C 而言，由于初始值 $i_C(0_+) = \dfrac{U_s - U_0}{R}$，暂态终了值（稳态值）$i_C(\infty) = 0$。所以，式（1.6.23）可以转换为

$$i_C = i_C(\infty) + [i_C(0_+) - i_C(\infty)] e^{-\frac{t}{\tau}} \tag{1.6.24}$$

综上所述，式（1.6.22）、式（1.6.24）的 u_C、i_C 响应具有类似的形式。以此类推并经验证，任何一阶暂态响应均可归纳为含有"三要素"的通式（1.6.25），并引申出"三要素分析法"。

【三要素分析法】

$$f(t) = f(\infty) + [f(0_+) - f(\infty)] e^{-\frac{t}{\tau}} \tag{1.6.25}$$

式（1.6.25）中：$f(t)$ 为待求暂态响应；$f(0_+)$ 为待求暂态响应的初始值；$f(\infty)$ 为暂态结束时待求响应的终了值（稳态值）；τ 是电路的时间常数。其中，将 $f(\infty)$、$f(0_+)$ 和 τ 称为一阶线性电路的三要素。只要求出三个要素，代入式（1.6.25）中，即可求出待求暂态响应，故称"三要素分析法"。需要指出：

1）式（1.6.25）同样适用于一阶 RL 线性电路，但时间常数 $\tau = L/R$。

2）关于时间常数 τ。在含有多个电阻元件的复杂一阶暂态电路中，时间常数 $\tau = RC$ 或 $\tau = L/R$ 的 "R" 是一个等效电阻，电阻 "R" 可以比照戴维宁定理中等效电源内阻的求法。即：在换路后的电路中，将储能元件 C 或 L 端子以外的电路视为有源（或无源）二端网络，有源二段网络除去电源（将电动势短路，理想电流源开路）后，变成了无源二端网络，求其等效电阻 "R"，即时间常数 $\tau = RC$ 及 $\tau = L/R$ 中的 "R"。

【例 1.6.3】 在图 1.6.12（a）电路中，已知：$U_0 = 10\text{V}$，$U_s = 5\text{V}$，$R = 5\text{k}\Omega$，$C = 20\mu\text{F}$。开关合在 1 端时，电路已处于稳态；$t = 0$ 时换路，将开关由 1 端改合至 2 端，试分析计算：

（1）用三要素法求换路后的响应 u_C 及 i_C；

（2）换路后 u_C 达到 7V 时所需要的时间。

解　（1）由一阶暂态响应的通式 $f(t) = f(\infty) + [(f(0_+) - f(\infty)] e^{-\frac{t}{\tau}}$，可得 u_C 响应为

$$u_C = u_C(\infty) + [u_C(0_+) - u_C(\infty)] e^{-\frac{t}{\tau}}$$

三要素分别为：

初始值 $u_C(0_+) = u_C(0_-) = U_0$；

稳态值 $u_C(\infty) = U_s$；

时间常数 $\tau = RC = 5 \times 10^3 \times 20 \times 10^{-6} = 0.1(\text{s})$。则

$$u_C = U_s + (U_0 - U_s) e^{-\frac{t}{\tau}} = 5 + (10 - 5) e^{-\frac{t}{0.1}} = 5 + 5e^{-10t}(\text{V}) \tag{1.6.26}$$

$$i_C = C \frac{\mathrm{d}u_C}{\mathrm{d}t} = 20 \times 10^{-6} \times (-50 e^{-10t}) = e^{-10t}(\text{mA})$$

（2）当 $u_C = 7\text{V}$ 时，根据式（1.6.26），有 $5 + 5e^{-10t} = 7$。

$$t = -0.1\ln\frac{2}{5} = 0.09(\text{s})$$

可见，需要 0.09s 的时间 u_C 由 10V 降低到 7V。

【例 1.6.4】　如图 1.6.13（a）所示，已知：$U_{S1}=4V$，$U_{S2}=8V$，$R_1=2k\Omega$，$R_2=3k\Omega$，$R_3=6k\Omega$，$C=10\mu F$。换路前开关在 a 端，电路已经稳定；$t=0$ 时换路，将开关合到 b 端。试用三要素分析法，计算响应 u_C、i_1、i_2 和 i_3。

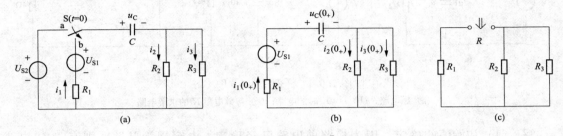

图 1.6.13　[例 1.6.4] 图

（a）原电路；（b）$t=0_+$ 时的电路；（c）等效电阻的求解电路

解　（1）初始值的确定。换路前开关 S 合在 a 端，并且电路已经稳定，电容视为开路，则 $u_C(0_-)=U_{S2}=8（V）$。由换路定则，得

$$u_C(0_+)=u_C(0_-)=8（V）$$

如图 1.6.13（b）所示，换路后开关 S 合在 b 端，由基尔霍夫电压定律，得

$$i_1(0_+)=\frac{U_{S1}-u_C(0_+)}{R_1+R_2\mathbin{/\mkern-5mu/}R_3}=\frac{4-8}{2+3\mathbin{/\mkern-5mu/}6}=-1（mA）$$

根据分流关系，得

$$i_2(0_+)=\frac{R_3}{R_2+R_3}i_1(0_+)\approx-0.667（mA）$$

$$i_3(0_+)=\frac{R_2}{R_2+R_3}i_1(0_+)\approx-0.333（mA）$$

（2）稳态值的确定。在 $t=\infty$ 时暂态结束进入新的稳态，电容又视为开路。有

$$u_C(\infty)=U_{S1}=4（V）$$

$$i_1(\infty)=i_2(\infty)=i_3(\infty)=0（A）$$

（3）时间常数 τ 的确定。换路后，电容 C 两个端子以外的电路视为有源二端网络，除去电源（将电动势短路）后，如图 1.6.18（c）所示，从网络端口看进去的等效电阻

$$R=R_1+R_2\mathbin{/\mkern-5mu/}R_3=4（k\Omega）$$

$$\tau=RC=4\times10^3\times10\times10^{-6}=0.04（s）$$

（4）根据式（1.6.25），各响应分别为

$$u_C(t)=u_C(\infty)+[u_C(0_+)-u_C(\infty)]e^{-\frac{t}{\tau}}=4+(8-4)e^{-\frac{t}{0.04}}=4+4e^{-\frac{t}{0.04}}（V）$$

$$i_1(t)=i_1(\infty)+[i_1(0_+)-i_1(\infty)]e^{-\frac{t}{\tau}}=-e^{-\frac{t}{0.04}}（mA）$$

$$i_2(t)=i_2(0_+)e^{-\frac{t}{\tau}}=-0.667e^{-\frac{t}{0.04}}（mA）$$

$$i_3(t)=i_3(0_+)e^{-\frac{t}{\tau}}=-0.333e^{-\frac{t}{0.04}}（mA）$$

【例 1.6.5】　如图 1.6.14（a）所示，换路前电路已处于稳态；$t=0$ 时换路，开关 S 断开，试用三要素分析法求 u_C、i_C 及 i。

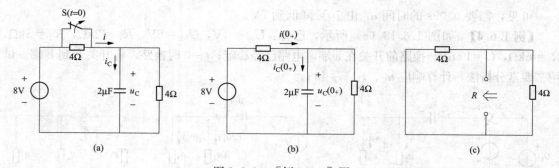

图 1.6.14　［例 1.6.5］图
(a) 原电路；(b) $t=0_+$ 时的电路；(c) 等效电阻 R 的求解电路

解　(1) 初始值的确定。因为换路前电路已经稳定，电容视为开路，则有 $u_C(0_-)=8V$。由换路定则，得

$$u_C(0_+)=u_C(0_-)=8V$$

换路后的电路如图 1.6.14（b）所示，由基尔霍夫定律得

$$i(0_+)=i_C(0_+)+\frac{u_C(0_+)}{4}$$

$$8=4i(0_+)+u_C(0_+)$$

解得　　　　　　　　　　$i_C(0_+)=-2(A)，\quad i(0_+)=0(A)$

(2) 稳态值的确定。在图 1.6.14（b）中，暂态结束的瞬间 $t=\infty$，电容又视为开路，有

$$i_C(\infty)=0A$$

$$u_C(\infty)=\frac{4}{4+4}\times 8=4(V)$$

由基尔霍夫电压定律，得

$$i(\infty)=\frac{8}{4+4}=1(A)$$

(3) 时间常数的确定。换路后，在电容 C 两端子外的有源二端网络中，"除源"后看进去的等效电阻如图 1.6.14（c）所示，有 $R=4\Omega//4\Omega=2\Omega$。

$$\tau=RC=2\times 2\times 10^{-6}=4\times 10^{-6}(s)$$

(4) 根据式 (1.6.25)，各响应分别为

$$u_C(t)=4+(8-4)e^{-\frac{t}{4\times 10^{-6}}}=4+4e^{-2.5\times 10^5 t}(V)$$

$$i_C(t)=-2e^{-2.5\times 10^5 t}(A)$$

$$i(t)=1-e^{-2.5\times 10^5 t}(A)$$

【例 1.6.6】　如图 1.6.15（a）所示，换路前开关处于开路状态，电路已为稳态；$t=0$ 时将开关 S 闭合。试用三要素分析法，求换路后的 i_L、u_L。

解　(1) 确定初始值 $i_L(0_+)$、$u_L(0_+)$。换路前电路已为稳态，电感 L 视为短路，则 $i_L(0_-)=\frac{100}{100}=1(A)$。由换路定则，得

$$i_L(0_+)=i_L(0_-)=1A$$

换路后 $t(0_+)$ 时的电路如图 1.6.15（b）所示。由基尔霍夫 KVL、KCL 定律，得

$$\begin{cases} i_1(0_+) + i_2(0_+) = 1 \\ 100 - 100i_1(0_+) + 50i_2(0_+) - 50 = 0 \end{cases}$$

解得
$$i_1(0_+) \approx 0.67(\text{A}), \quad i_2(0_+) = 0.33(\text{A})$$
$$u_L(0_+) = 50 - 50i_2(0_+) = 33.5(\text{V})$$

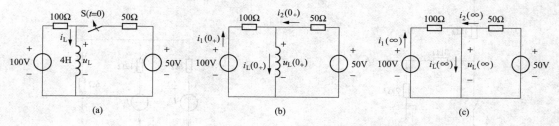

图 1.6.15　[例 1.6.6] 图

(a) 原电路；(b) $t(0_+)$ 时的电路；(c) $t(\infty)$ 时的电路

（2）确定稳态值 $i_L(\infty)$、$u_L(\infty)$。$t = \infty$ 时暂态结束转而进入稳态，如图 1.6.15（c）所示，电感 L 视为短路，$u_L(\infty) = 0$，则

$$i_L(\infty) = i_1(\infty) + i_2(\infty) = \frac{100}{100} + \frac{50}{50} = 2(\text{A})$$

（3）确定时间常数 τ。

$$R = 100\Omega /\!/ 50\Omega \approx 33.3\Omega; \quad \tau = \frac{L}{R} \approx 0.12 \ (\text{s})。$$

（4）根据三要素分析法，各响应分别为

$$i_L = \left[2 + (1 - 2)e^{-\frac{25t}{3}} \right](\text{A})$$
$$u_L = 0 + (33.5 - 0)e^{-\frac{25t}{3}} = 33.5e^{-\frac{25t}{3}} \ (\text{V})$$

或
$$u_L = L\frac{\mathrm{d}i_L}{\mathrm{d}t} \approx 33.3e^{-\frac{25t}{3}} \ (\text{V})$$

习　题　1

1.1.1　简述电力电路和电子电路的组成与作用，二者有什么联系和区别？

1.1.2　如图 1.01 所示，图中电流、电压的方向均为参考方向，已知：$I_1 = -4\text{A}$，$I_2 = 6\text{A}$，$I_3 = 10\text{A}$，$U_1 = 140\text{V}$，$U_2 = -90\text{V}$，$U_3 = 60\text{V}$，$U_4 = -80\text{V}$，$U_5 = 30\text{V}$。试判断哪些元件是电源？哪些是负载？

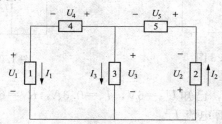

图 1.01　习题 1.1.2 图

1.1.3　如图 1.02 所示，在开关 S 断开、闭合两种情况下，分别计算 A 点的电位 V_A。

1.1.4　如图 1.03 所示，已知 $U_S=24V$，$I_S=1A$，试用实际电压源与实际电流源等效变换的方法，计算电流 I。

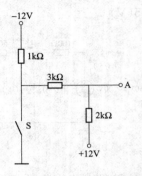

图 1.02　习题 1.1.3 图

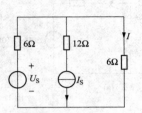

图 1.03　习题 1.1.4 图

1.2.1　如图 1.04 所示，已知 $U_S=5V$，$I_1=1A$，计算电流 I_2、I_3。

1.2.2　如图 1.05 所示，已知 $I_S=1mA$，$R_1=5k\Omega$，$R_2=R_3=10k\Omega$，计算：A 点的电位 V_A，支路电流 I_1、I_2。

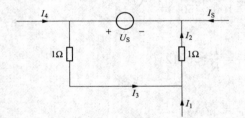

图 1.04　习题 1.2.1 图

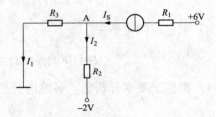

图 1.05　习题 1.2.2 图

1.2.3　如图 1.06 所示，已知：$I_{S1}=0.1A$，$I_{S2}=0.2A$，$R_1=20\Omega$，$R_2=10\Omega$。试分析计算：电流源 I_{S1}、I_{S2} 的端电压和功率；并判断 I_{S1}、I_{S2} 分别起电源作用，还是起负载作用？

1.3.1　如图 1.07 所示，试用支路电流法计算电流 I_1、I_2、I_3。

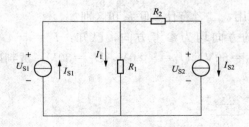

图 1.06　习题 1.2.3 图

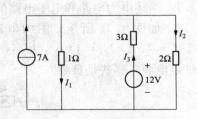

图 1.07　习题 1.3.1 图

1.4.1　如图 1.08 所示，已知 $U_S=6V$，$I_S=0.3A$，$R_1=60\Omega$，$R_2=40\Omega$，$R_3=30\Omega$，$R_4=20\Omega$。试用叠加定理计算电流 I_2。

1.4.2　如图 1.09 所示，试用叠加定理求电流 I_1、I_2、I_3。

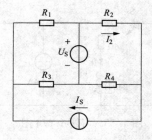

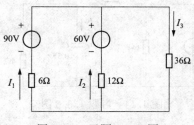

图 1.08　习题 1.4.1 图　　　　　　　　　图 1.09　习题 1.4.2 图

1.5.1　如图 1.10 所示，已知 $R_1=8\Omega$，$R_2=5\Omega$，$R_3=4\Omega$，$R_4=6\Omega$，$R_5=12\Omega$。试用戴维宁定理计算电流 I_3。

1.5.2　如图 1.11 所示，分别用戴维宁定理和诺顿定理计算电流 I。

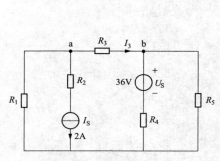

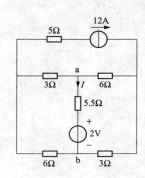

图 1.10　习题 1.5.1 图　　　　　　　　图 1.11　习题 1.5.2 图

1.6.1　如图 1.12 所示，已知：$U_S=12V$，$R_1=R_2=10k\Omega$，$R_3=2k\Omega$，$C=1\,\mu F$。换路前开关闭合，电路已处于稳态；$t=0$ 时换路将开关分断。试求换路后的初始值 $u_C(0_+)$、$i_C(0_+)$ 和 $u_{R_1}(0_+)$。

1.6.2　如图 1.13 所示，开关 S 在 a 点时，电路已处于稳态；$t=0$ 时换路，S 由 a 合向 b。试用三要素分析法计算暂态响应 $u_C(t)$，并画出 $u_C(t)$ 随时间变化的曲线。

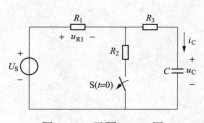

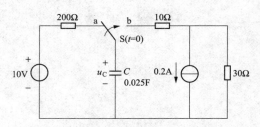

图 1.12　习题 1.6.1 图　　　　　　　　图 1.13　习题 1.6.2 图

1.6.3　如图 1.14 所示，换路前电路已处于稳态，$t=0$ 时换路，将开关 S 闭合。试分析计算：换路后的 $u_C(t)$、$i_C(t)$，并画出它们随时间变化的曲线。

1.6.4　如图 1.15 所示，换路前开关 S 为闭合状态，电路已是稳态；在 $t=0$ 时开关 S 分断。试用三要素法求暂态响应 i_L、u_L。

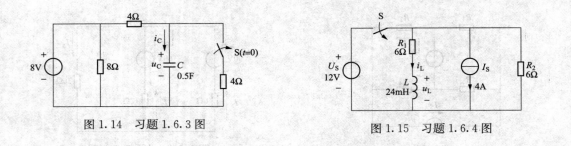

图 1.14　习题 1.6.3 图　　　　　　　　图 1.15　习题 1.6.4 图

第 2 章　电力供用电基础

电能作为清洁的二次能源，诸如水力发电、风能发电、太阳能光伏发电、核能发电等，对于减少环境污染、实现低碳经济，尤其当下在全球应对气候变迁的背景下，意义更为深远。

电力系统是由发电厂、变电站与配电所、电力线路和电能用户组成的一个整体，具有供电可靠、变压方便、容量足够大、便于联网和远距离传输等优点。以三相正弦交流电路（三相电路）为主体，组成一个国家的不同区域或跨国、跨区电网，是当今实现电气与自动化、智能化以及移动互联网的基础设施。其中，我们日常生活与办公场所的用电，为三相电路中的一相。

电力供配电系统是电力系统的电能用户，实现电能的供应、控制与分配。电能用户又称电力负荷，是所有消耗电能的用电设备或用电单位的统称，按照行业，可分为工业用户、农业用户、市政与商业用户、居民用户等。电力供配电的基本要求：①供用电安全；②供电可靠；③优质供电；④运行经济。

本章介绍电力供用电基础，包括：正弦交流电及其基本概念；正弦交流电路、三相电路的分析及其工程应用；电力系统与电气安全等内容。通过本章的学习，旨在使非电类的工程技术人员了解供用电的基础知识，既服务于工程与生产，又指导日常生活用电。

2.1　正 弦 交 流 电

大小、方向均随时间周期性变化的电流、电压或电动势，统称为交流电。正弦交流电是指随时间按正弦函数变化的交流电。目前，生产与日常家居、办公场所使用的交流电源，绝大多数为正弦交流电，习惯上称之为交流电。

2.1.1　发电原理

由电磁学相关电磁感应、电磁转换的理论得知，当导体切割磁场的磁感线时，内部会产生感应电动势。

如图 2.1.1 所示，为正弦交流发电机的结构示意图，主要结构由定子、转子组成。磁铁为固定结构，称为定子，产生磁场；转子由线圈（一般为铁心线圈，也称绕组）、滑环等组成，外部动力拖动转子旋转，使绕组导体切割磁感线并产生感应电动势，将其他

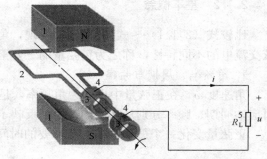

图 2.1.1　正弦交流发电机的结构示意图

1—磁铁；2—线圈；3—滑环；4—电刷；5—电阻性负载

能量转换成了电能。经由贴在滑环上的电刷，将发电机产生的电能输送到外电路的用电设备（即负载）。

如图 2.1.2 所示，为正弦交流发电机的发电原理示意图，假设发电机一个绕组的匝数为 N，轴向长度为 l；在计时起点 $t=0$ 时，绕组的初始位置为 ψ 角，即刻起以角速度（角频率）ω 沿逆时针方向匀速旋转，线速度 v 的大小为 V。当运行至某时刻 t，绕组的线速度与磁感线的垂直分量为 $V\sin(\omega t+\psi)$。那么，绕组所产生的感应电动势

$$e=2NBlV\sin(\omega t+\psi)=E_{\mathrm{m}}\sin(\omega t+\psi) \tag{2.1.1}$$

式中：$E_{\mathrm{m}}=2NBlV$，称为最大值（或幅值）。显然，e 是随时间 t 按正弦规律变化的交流电动势，曲线如图 2.1.2（b）所示。

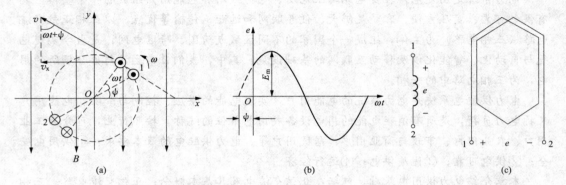

图 2.1.2 正弦交流电的发电原理示意图
（a）发电原理图；（b）正弦交流电动势；（c）绕组

在图 2.1.1 中，设发电机绕组的内阻为 R_{S}，发电机等效为电动势 e 与 R_{S} 串联的电压源模型，e、i、u 之间为关联方向，则发电机的输出电流、输出电压分别为

$$i=\frac{e}{R_{\mathrm{S}}+R_{\mathrm{L}}}=\frac{E_{\mathrm{m}}}{R_{\mathrm{S}}+R_{\mathrm{L}}}\sin(\omega t+\psi)=I_{\mathrm{m}}\sin(\omega t+\psi) \tag{2.1.2}$$

$$u=R_{\mathrm{L}}i=R_{\mathrm{L}}I_{\mathrm{m}}\sin(\omega t+\psi)=U_{\mathrm{m}}\sin(\omega t+\psi) \tag{2.1.3}$$

可见，上述电动势 e、电流 i 和电压 u 均为正弦交流电，也称正弦量。发电机绕组通常由铜线绕成，如图 2.1.2（c）为交流发电机的绕组示意图。

2.1.2 基本概念

比较式（2.1.1）～式（2.1.3）发现，角频率、最大值（幅值）和初相位全面反映了正弦交流电的不同特性，称之为正弦量的三要素。

1. 角频率、周期与频率

角速度 ω，在正弦量中也称为角频率，是指正弦量在单位时间内所变化的角度。与之相对应，周期、频率分别从不同的侧面，反映了正弦交流电或正弦量的变化速率。

正弦量变化一个循环（2π）所需要的时间，称为周期，用 T 表示，则

$$T=\frac{2\pi}{\omega} \tag{2.1.4}$$

式中：T 单位为秒（s）；ω 单位为弧度/秒（rad/s）。

正弦量在单位时间（1s）内所变化的周期数称为频率，用 f 表示，则

$$f = \frac{1}{T} = \frac{\omega}{2\pi} \qquad (2.1.5)$$

式中：f 单位为赫〔兹〕（Hz）或千赫（kHz）。显然

$$\omega = \frac{2\pi}{T} = 2\pi f \qquad (2.1.6)$$

　　我国与欧洲等大多数国家，电网交流电的工业标准频率（简称工频）为 50Hz，周期为 0.02s；只有少数的国家如美国、日本等为 60Hz。另外，在无线电广播、通信、工业等领域，分别使用不同频率范围的正弦交流信号。

　　2. 瞬时值、最大值与有效值

　　正弦量随时间 t 而变化的数值称为瞬时值，用小写字母 u、i、e 分别表示电压、电流、电动势的瞬时值。

　　在正弦量的一个周期内，所出现瞬时值的最大数值，称为最大值（或幅值），反映了正弦量变化的大小范围。最大值（幅值）用大写字母加下标 m 表示，U_m、I_m、E_m 分别表示电压、电流、电动势的最大值（幅值）。

　　前述可见，瞬时值与最大值均不足以均衡计量正弦量的大小。因此，需要寻求一个合适的计量方法。如图 2.1.3 所示，直流电流 I、正弦电流 $i = I_m \sin(\omega t + \psi)$ 分别流经同一电阻 R，若在相等时间（一般取正弦量的一个周期）内，二者所产生的热量相等，那么将直流电流 I 称为正弦电流 i 的有效值，即

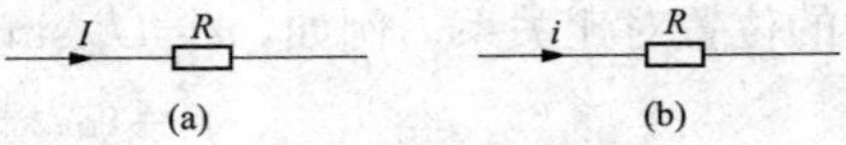

图 2.1.3　有效值的计算
（a）直流电流；（b）正弦交流电流

$$I^2 R T = \int_0^T i^2 R \, \mathrm{d}t \qquad (2.1.7)$$

将式（2.1.2）代入式（2.1.7），可得正弦电流 i 的有效值

$$
\begin{aligned}
I &= \sqrt{\frac{1}{T} \int_0^T i^2 \, \mathrm{d}t} \\
&= \sqrt{\frac{1}{T} \int_0^T I_m^2 \sin^2(\omega t + \psi) \, \mathrm{d}t} = I_m \sqrt{\frac{1}{T} \int_0^T \frac{1 - \cos 2(\omega t + \psi)}{2} \, \mathrm{d}t} = \frac{I_m}{\sqrt{2}} \qquad (2.1.8)
\end{aligned}
$$

显然，正弦电流 i 的有效值 I 是均方根值，也是根据电流热效应确定的，可以客观、均衡计量正弦电流 i 的大小。以此类推，分别用 U、E 表示电压、电动势的有效值，则

$$U = \frac{U_m}{\sqrt{2}} \qquad (2.1.9)$$

$$E = \frac{E_m}{\sqrt{2}} \qquad (2.1.10)$$

　　需要指出，我们通常所指的交流电压、电流的大小，交流电压表、电流表的测量值，电气设备铭牌（或手册）所列明电压、电流的额定值，若非特别说明，均指有效值。

　　3. 初相位、相位与相位差

　　初相位、相位与相位差分别反映了正弦量的初始位置、变化进程和进程的对比关系。

　　图 2.1.2（a）、（b）及式（2.1.2）～式（2.1.3）中，在计时起点 $t = 0$ 时的初始位置 ψ 称为初相位，或初相角，简称初相，即 $\psi = (\omega t + \psi)|_{t=0}$，通常选取 $-\pi \leqslant \psi \leqslant +\pi$ 中的某一角度，可正可负。如图 2.1.4 为正弦量的初相位，在平面直角坐标系中，观察初始零值

与计时起点在横轴上的相对位置，当初始零值在坐标原点的左侧，初相位 $\psi>0°$；在原点右侧，初相位 $\psi<0°$。当初始零值刚好与坐标原点重合时，初相位 $\psi=0°$。

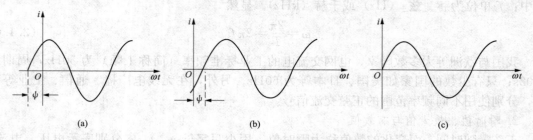

图 2.1.4　正弦量的初相位

(a) $\psi>0°$；(b) $\psi<0°$；(c) $\psi=0°$

$(\omega t+\psi)$ 称为相位，反映了正弦量的变化进程，据以确定某时刻 t 正弦量所处的位置，进而确定大小与方向。两个同频率正弦量的相位之差，称为相位差，反映了两个正弦量进程中的位置对比关系。例如，$u=U_\mathrm{m}\sin(\omega t+\psi_\mathrm{u})$，$i=I_\mathrm{m}\sin(\omega t+\psi_\mathrm{i})$，则 u 相对于 i 的相位差

$$\varphi=(\omega t+\psi_\mathrm{u})-(\omega t+\psi_\mathrm{i})=\psi_\mathrm{u}-\psi_\mathrm{i} \tag{2.1.11}$$

可见，同频率正弦量的相位之差，等于它们的初相位之差，并有

(1) 若 $0°<\varphi<180°$，则称 u 比 i 超前 φ 角，或 i 比 u 滞后 φ 角。

(2) 若 $\varphi=0°$，则称 u、i 同相。

(3) 若 $-180°<\varphi<0°$，则称 u 比 i 滞后 φ 角，或 i 比 u 超前 φ 角。

(4) 若 $\varphi=\pm180°$，则称 u、i 反相。

需要指出，只有同频率的正弦量，比较它们的相位关系才有意义。

2.2　正弦交流电路的分析

电力系统从发电、输电到用电三个环节，是基于正弦交流电的三相电路，也称工频电路。在生产与工程中，多采用三相电路；日常办公和生活采用三相电路中的一相，又称单相电路。本节以单相正弦交流电路为研究对象，包括单一元件电路和复杂电路，从工程需要的角度出发，分析电路的电压与电流关系、功率等内容。其中，"相量分析法"作为分析正弦量的重要数学方法，在很大程度上减少了分析过程中的运算量。当然，所介绍的一些分析方法，也适用于非工频正弦电路。

2.2.1　正弦量的相量分析法

复杂正弦交流电路中的电压、电流与功率的分析计算，如果采用三角函数，公式繁多，运算量大，过程复杂并容易出错。为此，引入正弦量的相量表示法，用复数的形式表示正弦量，进而演进为"相量分析法"。

一、复数

复平面又称高斯平面，横轴以 ±1 为单位，称为实轴；纵轴以 $\pm\mathrm{j}$ 为单位，称为虚轴，其中 $\mathrm{j}=\sqrt{-1}$ 是复数的虚数单位。复平面如图 2.2.1 所示，复数 $A=a+\mathrm{j}b$，在复平面中有

一个点 $A(a, jb)$ 与之对应，还可由原点指向 A 点的矢量（向量，或有向线段）$\overline{OA}$ 与之对应。其中：①a 称为复数 A 的实部，是 A 点的横坐标，即有向线段 $\overline{OA}$ 在实轴上的投影；b 称为复数 A 的虚部，是 A 点的纵坐标，即有向线段 $\overline{OA}$ 在虚轴上的投影。②复数的大小为有向线段的长度，称为复数的模，记为 $|A|$，$|A|=\sqrt{a^2+b^2}$。③有向线段 $\overline{OA}$ 在复平面中的位置可用辐角 ψ 表示，即有向线段 $\overline{OA}$ 与实轴正方向的夹角，$\psi=\arctan\dfrac{b}{a}$。

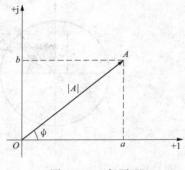

图 2.2.1　复平面

复数一般有四种表达式，即

$$A = a + jb \qquad\qquad \text{代数式} \qquad\qquad (2.2.1)$$
$$= |A|(\cos\psi + j\sin\psi) \quad \text{三角式} \qquad (2.2.2)$$
$$= |A|\angle\psi \qquad\qquad \text{极坐标式} \qquad (2.2.3)$$
$$= |A|e^{j\psi} \qquad\qquad \text{指数式} \qquad\quad (2.2.4)$$

其中，将"欧拉公式"$\cos\psi=\dfrac{e^{j\psi}+e^{-j\psi}}{2}$，$\sin\psi=\dfrac{e^{j\psi}-e^{-j\psi}}{2j}$，代入式（2.2.2）可得指数式（2.2.4）。

需要指出，在复数的加减乘除四则运算中，加减运算通常采用式（2.2.1）或式（2.2.2）的形式；而乘除运算，常采用式（2.2.3）或式（2.2.4）的形式。熟练掌握复数四种表达式的相互转换及其四则运算，会为正弦电路的分析带来很大便利。

【例 2.2.1】　已知复数 $A=20\angle-60°$，$B=8.66+j5$。计算：$A+B$，$A-B$，AB，$\dfrac{A}{B}$。

解
$$A = 20\angle-60° = 10 - j17.32$$
$$B = 8.66 + j5 = 10\angle30°$$
$$A+B = (10 - j17.32) + (8.66 + j5) = 18.66 - j12.32$$
$$A-B = (10 - j17.32) - (8.66 + j5) = 1.34 - j22.32$$
$$AB = (20\angle-60°) \times (10\angle30°) = 200\angle-30°$$
$$\frac{A}{B} = \frac{20\angle-60°}{10\angle30°} = 2\angle-90° = -j2$$

二、正弦量的相量表示法

1. 相量

如图 2.2.2 所示，复平面内的有向线段 $\overline{OA}$（矢量），长度为 $|A|$，以角速度（角频率）ω 沿逆时针方向匀速旋转。在计时起点 $t=0$ 时，$\overline{OA}$ 与实轴正方向的夹角为 ψ（初相位）。那么，$\overline{OA}$ 在虚轴的投影为时间的正弦函数，即

$$y = |A|\sin(\omega t + \psi) \qquad\qquad (2.2.5)$$

可见，$\overline{OA}$ 旋转时的初始位置 ψ、角速度 ω 与长度 $|A|$，分别对应正弦量的三要素。若 ω 已知，即可确定正弦量在任意时刻 t 的进程（$\omega t+\psi$）和取值。

显然，正弦量可以用复平面中的有向线段（或复数）表示。用于表示正弦量的复数（有向线段）称为相量，在复平面中是一个固定矢量，反映并表达了正弦量的特征要素，二者为"表示或表达"的关系，而非相等。进而，可用矢量或复数的运算方法，即通过相量分析法，

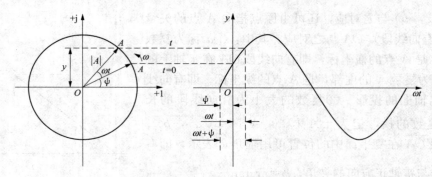

图 2.2.2　复平面中的旋转矢量

进行正弦量和正弦电路的分析计算。

2. 正弦量的相量表示

从表征正弦量大小的要素来看，正弦量有两种相量表示方法，最大值相量和有效值相量。其中，模等于正弦量最大值的相量，称为最大值相量；模等于正弦量有效值的相量，称为有效值相量。在此指出，为区别于复数、矢量，在相关物理量的字母上方加小圆点"·"表示相量，如 $\dot{I}$、$\dot{U}$、$\dot{U}_{\mathrm{m}}$ 等。例如，已知电流

$$i = I_{\mathrm{m}}\sin(\omega t + \psi)$$

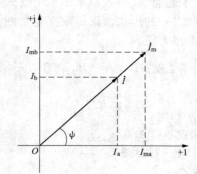

图 2.2.3　电流的最大值相量
　　　　　与有效值相量

（1）最大值相量。如图 2.2.3 所示，最大值相量 $\dot{I}_{\mathrm{m}}$ 对应有向线段 $\dot{I}_{\mathrm{m}}$，辐角 ψ 为 i 的初相位；模，即有向线段的长度，为 i 的幅值 I_{m}。则

$$\begin{aligned}
\dot{I}_{\mathrm{m}} &= I_{\mathrm{ma}} + \mathrm{j}I_{\mathrm{mb}} \\
&= I_{\mathrm{m}}(\cos\psi + \mathrm{j}\sin\psi) \\
&= I_{\mathrm{m}}\angle\psi \\
&= I_{\mathrm{m}}\mathrm{e}^{\mathrm{j}\psi}
\end{aligned}$$

$$(2.2.6)$$

（2）有效值相量。如图 2.2.3 所示，有效值相量 $\dot{I}$ 对应有向线段 $\dot{I}$，辐角 ψ 与最大值相量 $\dot{I}_{\mathrm{m}}$ 相同，即初始位置不变；但是模为有效值 I，即最大值 I_{m} 的 $1/\sqrt{2}$。则

$$\begin{aligned}
\dot{I} &= I_{\mathrm{a}} + \mathrm{j}I_{\mathrm{b}} \\
&= I(\cos\psi + \mathrm{j}\sin\psi) \\
&= I\angle\psi \\
&= I\mathrm{e}^{\mathrm{j}\psi}
\end{aligned}$$

$$(2.2.7)$$

同理，$e = E_{\mathrm{m}}\sin(\omega t + \psi)$、$u = U_{\mathrm{m}}\sin(\omega t + \psi)$ 的有效值相量分别为 $\dot{E}$、$\dot{U}$，不再赘述。需要指出，正弦电路的分析，大多采用有效值相量。显然，相量（复数）运算的结果，也可以转换为对应的正弦量，从而规避了正弦交流电路的繁琐运算。

三、相量分析法

鉴于正弦量的相量表示，并结合第 1 章相关电路的分析法，正弦电路多采用相量分析

法，包括相量（复数）运算法、相量图法。

1. 参考相量

若比较几个同频率正弦量的相位关系或进行相关运算，通常令某相量的辐角 $\psi=0$，或者以辐角 $\psi=0$ 的相量，即实轴正方向作为参照位置，据此确定其他相量的辐角或位置。因此，将 $\psi=0$ 的相量称为参考相量，在画相量图时，可以省略坐标轴。

2. 关于 $\pm j$

虚数单位 $\pm j$ 的相量形式分别为

$$j=\cos 90°+j\sin 90°=1\angle 90°$$

$$-j=\cos(-90°)+j\sin(-90°)=1\angle-90°$$

假设电流相量 $\dot{I}=I\angle\psi$，那么

$$j\dot{I}=1\angle 90°\times I\angle\psi=I\angle(\psi+90°) \tag{2.2.8}$$

$$-j\dot{I}=1\angle-90°\times I\angle\psi=I\angle(\psi-90°) \tag{2.2.9}$$

$\dot{I}$、$j\dot{I}$ 与 $-j\dot{I}$ 的相量图如图 2.2.4 所示，发现 $j\dot{I}$ 只是将相量 $\dot{I}$（有向线段）沿逆时针方向旋转了 $90°$，$-j\dot{I}$ 只将相量 $\dot{I}$ 沿顺时针方向旋转了 $90°$，旋转后的相量与原相量 $\dot{I}$ 的模相同。因此，$\pm j$ 称为旋转 $90°$的算子或因子。

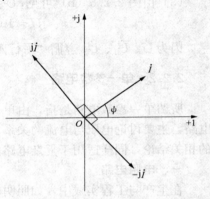

图 2.2.4　$j\dot{I}$ 与 $-j\dot{I}$ 的相量图

【例 2.2.2】　如图 2.2.5（a）所示，已知 $u_1=8\sqrt{2}\sin(\omega t+60°)\text{V}$，$u_2=6\sqrt{2}\sin(\omega t-30°)\text{V}$。试分析计算：

（1）通过相量（复数）运算法，求电压 u。

（2）画出相量图，通过相量图法求电压 u。

（3）表达式 $U=U_1+U_2$ 是否成立？为什么？

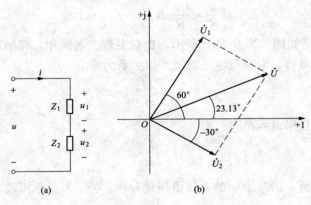

图 2.2.5　[例 2.2.2] 图

(a) 电路图；(b) 相量图

解　（1）在图 2.2.5（a）中，由 KVL 得

$$u=u_1+u_2$$

所以 $$\dot{U}=\dot{U}_1+\dot{U}_2$$

首先，将 u_1、u_2 分别用有效值相量表示，通过"相量（复数）运算法"，有

$$\dot{U}_1=8\angle 60°=8(\cos 60°+\mathrm{j}\sin 60°)=4+\mathrm{j}4\sqrt{3}\,(\mathrm{V})$$

$$\dot{U}_2=6\angle-30°=6[\cos(-30°)+\mathrm{j}\sin(-30°)]=3\sqrt{3}-\mathrm{j}3(\mathrm{V})$$

则 $$\dot{U}=\dot{U}_1+\dot{U}_2=(4+\mathrm{j}4\sqrt{3})+(3\sqrt{3}-\mathrm{j}3)=10\angle 23.13°(\mathrm{V})$$

然后，将 $\dot{U}$ 转化为电压 u 的瞬时值表达式为

$$u=10\sqrt{2}\,\sin(\omega t+23.13°)\mathrm{V}$$

（2）相量图如图 2.2.5（b）所示，因为 $\dot{U}=\dot{U}_1+\dot{U}_2$，按照矢量运算的平行四边形法则，以 $\dot{U}_1$、$\dot{U}_2$ 为邻边作平行四边形，经过相关计算后，可得 $\dot{U}=10\angle 23.13°$（V），进而转化为 u 的瞬时值表达式。

（3）由图 2.2.5（b）可见，U、U_1 和 U_2 分别为三角形三个边的长度。显然

$$U=10\neq U_1+U_2=8+6=14(\mathrm{V})$$

因为 $\dot{U}$、$\dot{U}_1$、$\dot{U}_2$ 遵循"平行四边形法则"的矢量算法，并非代数运算。

2.2.2 单一参数电路

所谓单一参数电路是指，由单一理想无源元件组成的正弦电路，包括电阻、电感和电容电路，主要讨论电压与电流的关系、功率的分析计算等内容。特别指出，单一参数交流电路的相关结论，同样适用于复杂电路中的相应元件。

一、电阻电路

在生产与工程实践中，如照明光源、电阻炉等视为理想电阻元件模型。

1. 电压与电流的关系

电阻电路如图 2.2.6（a）所示，u 与 i 为关联方向。设电压 $u=U_m\sin\omega t$，则瞬时电流

$$i=\frac{u}{R}=\frac{U_m}{R}\sin\omega t=I_m\sin\omega t \tag{2.2.10}$$

电压 u、电流 i 的波形如图 2.2.6（b）所示，比较发现二者同相，频率相等。

由式（2.2.10）可得，电流与电压的最大值关系为

$$I_m=\frac{U_m}{R} \tag{2.2.11}$$

那么，电流与电压的有效值关系为

$$I=\frac{U}{R} \tag{2.2.12}$$

下面进行相量分析。以电压 u 的有效值相量 $\dot{U}=\angle 0°$ 作为参考相量，电流 i 的有效值相量 $\dot{I}=I\angle 0°$，相量图如图 2.2.6（c）所示。则

$$\frac{\dot{U}}{\dot{I}}=\frac{U\angle 0°}{I\angle 0°}=\frac{U}{I}\angle 0°=R\angle 0°=R=Z$$

在正弦电路的相量分析中，因为采用复数的原因，通常把电压相量 $\dot{U}$ 与电流相量 $\dot{I}$ 的

比值，称为复阻抗，简称阻抗，记作 Z，单位为欧姆（Ω）。显然，电阻元件的阻抗 $Z=R$，则相量关系式

$$\dot{I} = \frac{\dot{U}}{R} \text{ 或 } \dot{U} = R\dot{I} \tag{2.2.13}$$

可见相量式反映了电压与电流的两个关系，大小关系和相位关系。

2. 功率

（1）瞬时功率。

电阻的瞬时功率

$$p = ui = U_{\mathrm{m}}I_{\mathrm{m}}\sin^2 \omega t = \sqrt{2}U\sqrt{2}I\sin^2 \omega t = 2UI\sin^2 \omega t \geqslant 0 \tag{2.2.14}$$

其中，$p \geqslant 0$ 表明电阻作为耗能元件消耗电能，瞬时功率 p 的曲线如图 2.2.6（b）所示。

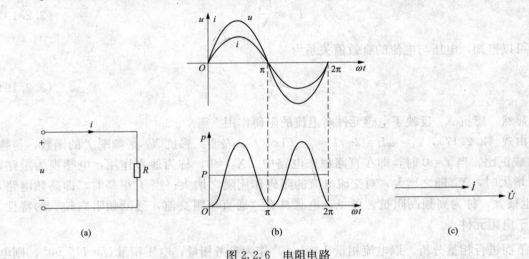

图 2.2.6 电阻电路

(a) 电路图；(b) 电压、电流和瞬时功率的波形；(c) 相量图

（2）有功功率。

瞬时功率 p 不足以全面均衡计量交流电的功率水平，为此引入平均功率的概念。瞬时功率在一个周期内的平均值称为平均功率，在工程上又称有功功率，是指消耗的功率。

由图 2.2.6（b）、式（2.2.14）可得，有功功率（平均功率）

$$P = \frac{1}{T}\int_0^T p\,\mathrm{d}t = \frac{1}{T}\int_0^T 2UI\sin^2 \omega t\,\mathrm{d}t = \frac{UI}{T}\int_0^T (1 - \cos 2\omega t)\,\mathrm{d}t = UI$$

并有

$$P = UI = \frac{U^2}{R} = RI^2 \tag{2.2.15}$$

式中：U 单位为伏［特］（V）；I 单位为安［培］（A）；P 单位为瓦［特］（W）。

二、电感电路

电磁铁、变压器、电动机等电气设备的绕组是含有铁心的非线性电感线圈，此处只讨论不含铁心的理想电感电路。

1. 电压与电流的关系

电感电路如图 2.2.7（a）所示，u 与 i 为关联方向。设电流 $i = I_m \sin\omega t$，则瞬时电压

$$u = L\frac{\mathrm{d}i}{\mathrm{d}t} = \omega L I_m \cos\omega t = \omega L I_m \sin(\omega t + 90°) = U_m \sin(\omega t + 90°) \tag{2.2.16}$$

比较 u、i 可见，电感的电压比电流超前 $90°$，或电流比电压滞后 $90°$；频率相等。u、i 的波形如图 2.2.7（b）所示。

由式（2.2.16），可得 $U_m = \omega L I_m$。令

$$X_L = \omega L = 2\pi f L \tag{2.2.17}$$

式中：X_L 称为感抗，其中 L 的单位为亨［利］（H），f 的单位为赫［兹］（Hz），X_L 的单位为欧［姆］（Ω）。那么对于电感而言，电压与电流的最大值关系为

$$I_m = \frac{U_m}{X_L} \tag{2.2.18}$$

可以推知，电压与电流的有效值关系为

$$I = \frac{U}{X_L} \tag{2.2.19}$$

显然，感抗 X_L 反映了电感元件对电流的阻碍作用。

由式（2.2.17），$X_L = \omega L = 2\pi f L = g(f) \propto f$，表明：感抗 X_L 是频率 f 的函数，与频率 f 成正比。当 $f = 0$ 时，即在直路稳态电路中，$X_L = 0$，称为通直作用，电感视为短路；当 f 增大时，X_L 随之增大，对交流电流的阻碍作用随之增大；当 f 很高时，即高频电路，X_L 也很大，称为高频高阻抗。可见，电感具有"通直流阻交流，通低频阻高频"的特性，有别于电阻元件。

下面进行相量分析。以电流相量 $\dot{I} = I\angle0°$ 作为参考相量；电压相量 $\dot{U} = U\angle90°$。则电压、电流的相量关系为

$$\frac{\dot{U}}{\dot{I}} = \frac{U\angle90°}{I\angle0°} = \frac{U}{I}\angle90° = X_L\angle90° = \mathrm{j}X_L = Z$$

可见电感元件的阻抗 $Z = \mathrm{j}X_L$，单位为欧［姆］（Ω）。电压与电流的相量关系为

$$\dot{U} = \mathrm{j}X_L\dot{I} \tag{2.2.20}$$

或

$$\dot{I} = -\mathrm{j}\frac{\dot{U}}{X_L} \tag{2.2.21}$$

相量图如图 2.2.7（c）所示，并结合式（2.2.20）、式（2.2.21）可见，电感电路 $\dot{U}$、$\dot{I}$ 的相量关系式反映了电压与电流的两个关系：①大小关系，即相量 $\dot{U}$ 与 $\dot{I}$ 的模之间的关系，$U = X_L I$ 或 $I = \frac{U}{X_L}$。②相位关系，式（2.2.20）中的 j 表示电压超前于电流 $90°$；式（2.2.21）中的 $-\mathrm{j}$ 表示电流滞后于电压 $90°$。

2. 功率

（1）瞬时功率。

$$p = ui = U_m I_m \sin\omega t \cos\omega t = UI \sin2\omega t \qquad (2.2.22)$$

式中可见，电感的瞬时功率 p 有正有负，函数曲线如图 2.2.7（b）所示。根据电源与负载的判断方法可知：当 $p>0$ 时，电感将电能转化为磁场能，储存在电感中；当 $p<0$ 时，电感释放能量，将磁场能转化为电能，回送至电路系统。储存与释放的能量相等，表明理想电感元件本身并不消耗能量，仅为储能元件。

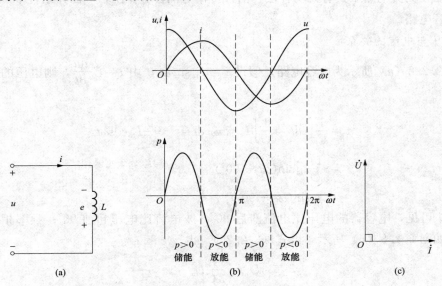

图 2.2.7 电感电路

（a）电路图；（b）电压、电流和瞬时功率的波形；（c）相量图

（2）有功功率。有功功率等于平均功率，则

$$P = \frac{1}{T}\int_0^T p\,\mathrm{d}t = \frac{1}{T}\int_0^T UI \sin2\omega t\,\mathrm{d}t = 0 \qquad (2.2.23)$$

式中可见，有功功率等于零，这与理想电感元件作为储能元件而不消耗能量的结论一致。

（3）无功功率。

虽然电感自身并不消耗能量，但有能量的储存与释放，与电源或电感外电路进行着能量的互换。为了表示电感储、放能量的规模和速率，引入无功功率 Q，用瞬时功率的最大值表示，即

$$Q = UI = \frac{U^2}{X_L} = X_L I^2 \qquad (2.2.24)$$

式中：U 的单位为伏［特］（V）；I 的单位为安［培］（A）；Q 的单位为乏（var）。

【例 2.2.3】 有一理想电感元件 $L=0.5\mathrm{H}$，①接在 220V 的工频交流电源上；②改接在 220V、$f=1000\mathrm{Hz}$ 的正弦交流电源上。试分别计算电流及无功功率的大小。

解 ① $\qquad X_L = 2\pi fL = 2\pi \times 50 \times 0.5 \approx 157(\Omega)$

$$I = \frac{U}{X_L} = \frac{220}{157} \approx 1.4(\mathrm{A})$$

$$Q = UI = 220 \times 1.4 = 308(\text{var})$$

②
$$X_\mathrm{L} = 2\pi f L = 2\pi \times 1000 \times 0.5 = 3140(\Omega)$$

$$I = \frac{U}{X_\mathrm{L}} = \frac{220}{3140} \approx 0.07(\text{A})$$

$$Q = UI = 220 \times 0.07 = 15.4(\text{var})$$

三、电容电路

电容器在交流电路中具有无功补偿、信号传输与耦合等作用，下面介绍含单一理想电容元件的电容电路。

1. 电压与电流的关系

如图 2.2.8（a）所示为电容电路，假设 $i = I_\mathrm{m}\sin\omega t$，由 $i = C\dfrac{\mathrm{d}u}{\mathrm{d}t}$，则电压的瞬时值表达式为

$$
\begin{aligned}
u &= \frac{1}{C}\int i\,\mathrm{d}t = \frac{1}{C}\int I_\mathrm{m}\sin\omega t\,\mathrm{d}t = -\frac{1}{\omega C}I_\mathrm{m}\cos\omega t \\
&= \frac{1}{\omega C}I_\mathrm{m}\sin(\omega t - 90°) \\
&= U_\mathrm{m}\sin(\omega t - 90°)
\end{aligned}
\tag{2.2.25}
$$

比较 u 与 i 可见，电容器的电压比电流滞后 $90°$，或电流比电压超前 $90°$；频率相同。u、i 的波形图如图 2.2.8（b）所示。由式（2.2.25），得

$$U_\mathrm{m} = \frac{1}{\omega C}I_\mathrm{m}$$

令
$$X_\mathrm{C} = \frac{1}{\omega C} = \frac{1}{2\pi f C} \tag{2.2.26}$$

式中：X_C 称为容抗，其中 C 的单位为法［拉］（F），f 的单位为赫［兹］（Hz），X_C 的单位为欧［姆］（Ω）。可见，对电容器而言，电压与电流的最大值关系为

$$I_\mathrm{m} = \frac{U_\mathrm{m}}{X_\mathrm{C}} \tag{2.2.27}$$

那么，有效值关系为

$$I = \frac{U}{X_\mathrm{C}} \tag{2.2.28}$$

式（2.2.28）表明，容抗 X_C 反映了电容器对于电流的阻碍作用。

由式（2.2.26），$X_\mathrm{C} = \dfrac{1}{\omega C} = \dfrac{1}{2\pi f C} = g(f) \propto \dfrac{1}{f}$，可知：容抗 X_C 为频率 f 的函数，并与频率成反比。与电感电路同理分析，电容器具有"通交流隔直流，通高频阻低频"的特性。

下面进行相量分析。以电流相量 $\dot{I} = I\angle 0°$ 作为参考相量，电压相量 $\dot{U} = U\angle -90°$。则

$$\frac{\dot{U}}{\dot{I}} = \frac{U\angle -90°}{I\angle 0°} = \frac{U}{I}\angle -90° = X_\mathrm{C}\angle -90° = -\mathrm{j}X_\mathrm{C} = Z$$

式中可见，电容元件电路的阻抗 $Z = -\mathrm{j}X_\mathrm{C}$，单位为欧［姆］（Ω）。电压与电流的相量关

系为

$$\dot{U}=-jX_C\dot{I} \tag{2.2.29}$$

或

$$\dot{I}=\frac{\dot{U}}{-jX_C}=j\frac{\dot{U}}{X_C} \tag{2.2.30}$$

相量图如图 2.2.8（c）所示，与电阻、电感电路同理分析，电容电路 $\dot{U}$、$\dot{I}$ 的相量式同样反映了电压与电流的两个关系，即大小关系和相位关系。

2. 功率

（1）瞬时功率。电容的瞬时功率

$$p=ui=-U_mI_m\sin\omega t\cos\omega t=-UI\sin2\omega t \tag{2.2.31}$$

瞬时功率 p 的函数曲线如图 2.2.8（b）所示。与电感元件同理分析，理想电容器本身并不消耗能量，仅为储能元件。

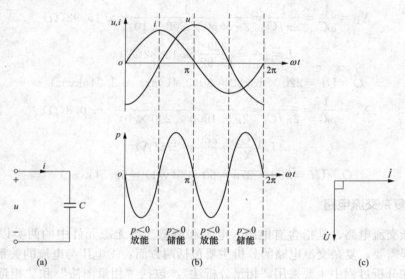

图 2.2.8　电容电路
(a) 电路图；(b) 电压、电流和瞬时功率的波形；(c) 相量图

（2）有功功率。

按平均功率的计算方法可得，有功功率

$$P=\frac{1}{T}\int_0^T p\,dt=\frac{1}{T}\int_0^T(-UI\sin2\omega t)dt=0 \tag{2.2.32}$$

式中，有功功率等于零，这与理想电容作为储能元件而不消耗能量的结论一致。

（3）无功功率。

电容器作为储能元件，与电感电路同理分析，无功功率为

$$Q=UI=\frac{U^2}{X_C}=X_CI^2 \tag{2.2.33}$$

式中：U 的单位为伏［特］（V）；I 的单位为安［培］（A）；Q 的单位为乏（var）。

比较前述电感、电容电路，图 2.2.7（b）与图 2.2.8（b），以及式（2.2.22）与式（2.2.31）发现，虽然电感、电容通过了相同的电流，瞬时功率却是"一正一负"，其中电感

的瞬时功率 $p_{\text{L}}=+UI\sin2\omega t$ ，而电容的瞬时功率 $p_{\text{C}}=-UI\sin2\omega t$ 。即：当 $p_{\text{L}}>0$ 时，$p_{\text{C}}<0$；反之亦然。这表明，若电路中同时含有电感、电容元件，它们储存与释放能量的进程正好相反。

因此，若电路中同时含有电感和电容元件，一般取电感的无功功率 $Q_{\text{L}}=+U_{\text{L}}I_{\text{L}}$ ，电容的无功功率 $Q_{\text{C}}=-U_{\text{C}}I_{\text{C}}$ ，以区别二者能量交换的进程差异。总的无功功率

$$Q=Q_{\text{L}}+Q_{\text{C}}=+U_{\text{L}}I_{\text{L}}-U_{\text{C}}I_{\text{C}} \tag{2.2.34}$$

诚然，如果电路中只有电感或电容，在计算 Q_{L} 或 Q_{C} 时，无须区分它们的正负。

【例 2.2.4】　有一 $200\mu\text{F}$ 的电容器，额定电压为 220V。

（1）接在 220V 的工频交流电路中；

（2）接在 220V、频率 1000Hz 的交流电路中。

试分别计算：电容的电流及无功功率的大小。

解　（1）

$$X_{\text{C}}=\frac{1}{\omega C}=\frac{1}{2\pi fC}=\frac{1}{2\pi\times50\times200\times10^{-6}}\approx15.92(\Omega)$$

$$I=\frac{U}{X_{\text{C}}}=\frac{220}{15.92}\approx13.82(\text{A})$$

$$Q=UI=220\times13.82=3040.4(\text{var})\approx3.04(\text{kvar})$$

（2）

$$X_{\text{C}}=\frac{1}{\omega C}=\frac{1}{2\pi fC}=\frac{1}{2\pi\times1000\times200\times10^{-6}}\approx0.8(\Omega)$$

$$I=\frac{U}{X_{\text{C}}}=\frac{220}{0.8}=275(\text{A})$$

$$Q=UI=220\times275=60\,500(\text{var})=60.5(\text{kvar})$$

2.2.3　复杂交流电路

所谓复杂交流电路，是指含有电阻、电容和电感三类无源元件中的两类以上的正弦电路。基于工程需要，复杂交流电路的分析主要包括两方面：①电压与电流的关系；②功率及功率关系。在分析过程中主要采用"相量分析法"，包括"相量图法"和"相量（复数）运算法"，往往二者交叉并用。

一、电压与电流的关系

由前述单一参数电路的相量分析可知，阻抗作为电压相量与电流相量的中间变量，是分析电压与电流关系的关键参量。

1. 阻抗

下面举例说明，如何研究电路中的电压与电流关系。如图 2.2.9 所示为 RLC 串联电路，假设 R、L、C 的参数已知，$i=I_{\text{m}}\sin\omega t$ ，试分析计算电路的电压 u 。

在图 2.2.9（a）中标注了电压、电流的瞬时值，由基尔霍夫电压定律（KVL），可得

$$u=u_{\text{R}}+u_{\text{C}}+u_{\text{L}} \tag{2.2.35}$$

根据单一参数电路的结论，代入上式，最终可以求出 $u=U_{\text{m}}\sin(\omega t+\varphi)$ 。但是，运算过程繁琐，并容易出

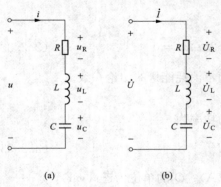

(a)　　　　　(b)

图 2.2.9　RLC 串联电路
(a) 瞬时值；(b) 相量

错，尤其是更为复杂的电路。下面，通过"相量分析法"进行研究讨论。

（1）相量图法。基于式（2.2.35）中的各个电压均为正弦量，可以转换为相量式（2.2.36）。另外，在图 2.2.9（b）中，标注的是电压、电流相量，由 KVL 也可得

$$\dot{U} = \dot{U}_R + \dot{U}_C + \dot{U}_L \tag{2.2.36}$$

首先，画相量图。相量图如图 2.2.10（a）所示，作图的过程如下：以电流 i 的有效值相量 $\dot{I} = I\angle 0°$ 作为参考相量，根据电阻、电感和电容的电压与电流间的相位关系，分别作电压相量，即 $\dot{U}_R$ 与 $\dot{I}$ 同相，$\dot{U}_L$ 比 $\dot{I}$ 超前 $90°$，$\dot{U}_C$ 比 $\dot{I}$ 滞后 $90°$。至于各相量的有向线段长度，由各元件的电压有效值确定，即

$$\left.\begin{array}{l} U_R = RI \\ U_L = X_L I \\ U_C = X_C I \end{array}\right\} \tag{2.2.37}$$

其中，$I = I_m/\sqrt{2}$。若 $X_L > X_C$，则 $U_L > U_C$。

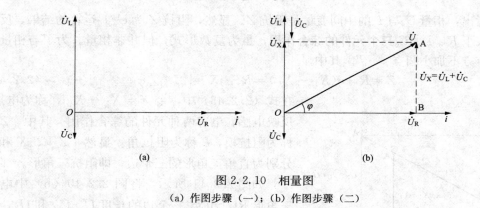

图 2.2.10　相量图
(a) 作图步骤（一）；(b) 作图步骤（二）

然后，求电压相量 $\dot{U}$。在图 2.2.10（b）中，根据矢量运算的平行四边形或三角形法则，作相量（矢量）加法，求得电压相量 $\dot{U}$。由图中可见，$\dot{U}_L$ 与 $\dot{U}_C$ 反相，作相量加法，并令 $\dot{U}_X = \dot{U}_C + \dot{U}_L$，称为电抗的电压；再由 $\dot{U}_R$、$\dot{U}_X$ 作为两个邻边作平行四边形（或三角形），对角线即总电压相量 $\dot{U}$。显然，由 $\dot{U}_R$、$\dot{U}_X$、$\dot{U}$ 组成一个直角三角形 Rt△AOB，称为电压三角形。则

$$U = \sqrt{U_R^2 + (U_L - U_C)^2} = \sqrt{U_R^2 + U_X^2} \tag{2.2.38}$$

式中：$U_X = U_L - U_C$。

$$\varphi = \psi_u - \psi_i = \arctan \frac{U_L - U_C}{U_R} = \arctan \frac{U_X}{U_R} \tag{2.2.39}$$

所以

$$\dot{U} = U\angle\varphi$$

（2）相量运算法。

将式（2.2.13）、式（2.2.20）、式（2.2.29）综合为

$$\left.\begin{aligned}\dot{U}_{R}&=R\dot{I}\\ \dot{U}_{C}&=-jX_{C}\dot{I}\\ \dot{U}_{L}&=jX_{L}\dot{I}\end{aligned}\right\}\tag{2.2.40}$$

代入式（2.2.35），则

$$\begin{aligned}\dot{U}&=\dot{U}_{R}+\dot{U}_{C}+\dot{U}_{L}=R\dot{I}-jX_{C}\dot{I}+jX_{L}\dot{I}\\ &=\dot{I}[R+j(X_{L}-X_{C})]=\dot{I}Z\end{aligned}\tag{2.2.41}$$

前述已经说明，将某元件或电路的电压相量与电流相量的比值，定义为复阻抗，简称阻抗，记为 Z。即

$$\dot{U}=Z\dot{I}\quad 或\ Z=\frac{\dot{U}}{\dot{I}}\tag{2.2.42}$$

在此强调指出，相量 $\dot{U}$ 与 $\dot{I}$ 的中间变量是阻抗 Z。显然，阻抗 Z 为 $\dot{U}/\dot{I}$ 运算的结果，反映了相量形式下 R、L、C 三个元件的综合作用，虽为复数形式，但并非相量。为了与相量区分，Z 的上方不加小圆点“·”。其中

$$Z=R+j(X_{L}-X_{C})=R+jX=|Z|\angle\varphi\tag{2.2.43}$$

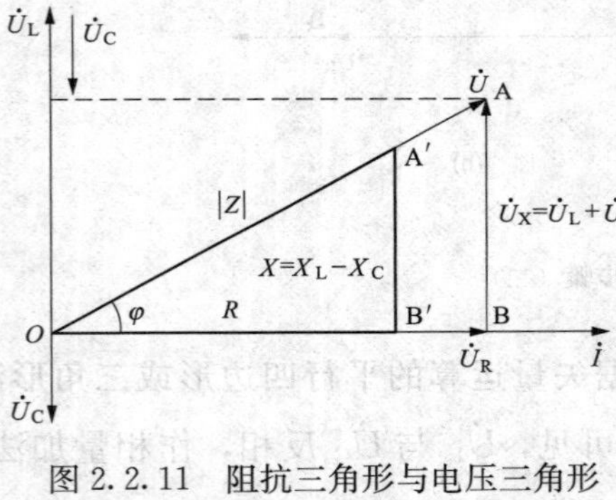

图 2.2.11 阻抗三角形与电压三角形

在式（2.2.43）中，令 $X=X_{L}-X_{C}$，称为电抗，反映电感、电容两种元件的综合作用。其中 $|Z|$ 称为阻抗模，φ 称为阻抗角。显然 $|Z|$、X 和 R 分别为直角三角形的三个边，即阻抗三角形。

如图 2.2.11 所示，将图 2.2.10（b）中电压三角形 Rt$\triangle AOB$ 三个边的长度 U、U_{R} 和 U_{X}，分别除以电流有效值 I，得到一个新的直角三角形 Rt$\triangle A'OB'$，称为阻抗三角形。显然二者互为相似直角三角形。则有

$$|Z|=\sqrt{R^{2}+(X_{L}-X_{C})^{2}}=\sqrt{R^{2}+X^{2}}=\frac{U}{I}\tag{2.2.44}$$

$$\varphi=\arctan\frac{X_{L}-X_{C}}{R}=\arctan\frac{\omega L-1/\omega C}{R}=\arctan\frac{X}{R}=\psi_{u}-\psi_{i}\tag{2.2.45}$$

需要特别指出，式（2.2.43）虽然由上述 RLC 串联电路推导而来，实为阻抗的一般表达式，即：无论单一参数电路、部分电路或者整个电路，均视为阻抗，阻抗形式为式（2.2.43）或其特例。例如，单一参数电路的阻抗只是式（2.2.43）的一个特例，电阻、电感和电容电路的阻抗分别为 R、jX_{L} 和 $-jX_{C}$。再次指出，阻抗也有复数的四种表达式，根据加减乘除不同的运算，需要转换为方便运算的形式。

综上所述，在电路参数、电源频率 f（或角频率 w）一定时，阻抗 Z、阻抗模 $|Z|$、阻抗角 φ 已然是确定的，阻抗角 φ 决定了电路的性质。进一步来讲，电路中电压与电流的大小关系取决于 $|Z|$，相位关系 $\varphi=\psi_{u}-\psi_{i}$ 取决于阻抗角 φ，二者是电路自身参数和性质

的外在反映。

在求出 $\dot{U}=U\angle\varphi$ 以后，可得 $u=U_m\sin(\omega t+\varphi)=\sqrt{2}U\sin(\omega t+\varphi)$。

2. 阻抗连接

在复杂交流电路中，元器件多，结构复杂。在分析时，往往需要计算电路的总等效阻抗。

（1）阻抗串联。如图 2.2.12 所示，为 Z_1、Z_2 两个阻抗的串联电路。下面，分析计算电路的总等效阻抗 Z。假设

$$Z_1=R_1+j(X_{L1}-X_{C1})=R_1+jX_1=|Z_1|\angle\varphi_1$$

$$Z_2=R_2+j(X_{L2}-X_{C2})=R_2+jX_2=|Z_2|\angle\varphi_2$$

由基尔霍夫电压定律（KVL），得

$$\dot{U}=\dot{U}_1+\dot{U}_2$$

两边除以电流 $\dot{I}$，得

$$\frac{\dot{U}}{\dot{I}}=\frac{\dot{U}_1}{\dot{I}}+\frac{\dot{U}_2}{\dot{I}}$$

那么，总等效阻抗

$$Z=Z_1+Z_2=(R_1+R_2)+j(X_1+X_2) \tag{2.2.46}$$

同理，当多个阻抗串联时，电路的总等效阻抗

$$Z=\sum Z_i=\sum R_i+j\sum X_i \tag{2.2.47}$$

特别指出，因为总的等效阻抗模 $|Z|=\sqrt{(\sum R_i)^2+(\sum X_i)^2}$。一般情况下 $|Z|\neq\sum|Z_i|$，请读者自行分析其中的原因，并研究 $|Z|=\sum|Z_i|$ 的条件。

【例 2.2.5】　如图 2.2.12 所示，在电压为 220V 的工频交流电路中，阻抗 $Z_1=(40+j120)\Omega$、$Z_2=(20-j40)\Omega$ 串联。试分析计算：电路的总等效阻抗，电流相量 $\dot{I}$，Z_1、Z_2 的电压相量 $\dot{U}_1$、$\dot{U}_2$，并画出相量图。

解　$Z=Z_1+Z_2=(R_1+R_2)+j(X_1+X_2)=(40+20)+j(120-40)=100\angle53.13°(\Omega)$

设电压相量 $\dot{U}$ 为参考相量，则 $\dot{U}=220\angle0°V$。所以

$$\dot{I}=\frac{\dot{U}}{Z}=\frac{220\angle0°}{100\angle53.13°}=2.2\angle-53.13°(A)$$

$$\dot{U}_1=\dot{I}Z_1=2.2\angle-53.13°\times(40+j120)\approx2.2\angle-53.13°\times126.5\angle71.57°$$

$$=278.3\angle18.44°(V)$$

$$\dot{U}_2=\dot{I}Z_2=2.2\angle-53.13°\times(20-j40)\approx2.2\angle0°\times44.7\angle-63.43°$$

$$=98.34\angle-116.56°(V)$$

其中 $\dot{U}=\dot{U}_1+\dot{U}_2$，相量图如图 2.2.13 所示。

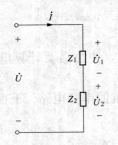

图 2.2.12 阻抗串联电路

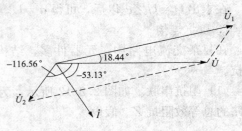

图 2.2.13 相量图

（2）阻抗并联。如图 2.2.14 所示，为 Z_1、Z_2 并联电路。下面，讨论电路总等效阻抗 Z 的计算方法。

假设

$$Z_1=R_1+j(X_{L1}-X_{C1})=R_1+jX_1=|Z_1|\angle\varphi_1$$
$$Z_2=R_2+j(X_{L2}-X_{C2})=R_2+jX_2=|Z_2|\angle\varphi_2$$

由基尔霍夫电流定律（KCL），得

$$\dot{I}=\dot{I}_1+\dot{I}_2$$

两边除以 $\dot{U}$，则电路的总等效阻抗计算方法为

$$\frac{1}{Z}=\frac{1}{Z_1}+\frac{1}{Z_2} \tag{2.2.48}$$

同理，多个阻抗并联时，电路总等效阻抗的算法为

$$\frac{1}{Z}=\sum\frac{1}{Z_i} \tag{2.2.49}$$

特别指出，在一般情况下，$\dfrac{1}{|Z|}\neq\sum\dfrac{1}{|Z_i|}$。请读者自行分析原因，并研究讨论使得 $\dfrac{1}{|Z|}=\sum\dfrac{1}{|Z_i|}$ 的条件。

【例 2.2.6】 将［例 2.2.5］中的 $Z_1=(40+j120)\Omega$、$Z_2=(20-j40)\Omega$ 两个阻抗并联，接入电压 220V 的工频交流电路中，试分析计算：Z_1、Z_2 的电流及总电流相量，并画出相量图。

解 选电压相量为参考相量，则 $\dot{U}=U\angle0°\text{V}$，所以

$$\dot{I}_1=\frac{\dot{U}}{Z_1}=\frac{220\angle0°}{40+j120}=\frac{220\angle0°}{126.5\angle71.57°}=1.74\angle-71.57°(\text{A})$$

$$\dot{I}_2=\frac{\dot{U}}{Z_2}=\frac{220\angle0°}{20-j40}=\frac{220\angle0°}{44.7\angle-63.43°}=4.92\angle63.43°(\text{A})$$

$$\dot{I}=\dot{I}_1+\dot{I}_2=1.74\angle-71.57°+4.92\angle63.43°$$
$$=0.55-j1.65+2.2+j4.4$$
$$=2.75+j2.75=3.89\angle45°(\text{A})$$

其中 $\dot{I}=\dot{I}_1+\dot{I}_2$，相量图如图 2.2.15 所示。

二、功率

交流电路中的功率包括瞬时功率、有功功率、无功功率和视在功率。

1. 瞬时功率

如图 2.2.16 所示，为正弦交流电路的简化描述。电路阻抗 $Z = |Z| \angle \varphi$，电压与电流的相位差也为 φ，则瞬时功率

$$p = ui = U_m I_m \sin(\omega t + \varphi) \sin\omega t$$
$$= \underbrace{UI\cos\varphi}_{\text{有功分量}} - \underbrace{UI\cos(2\omega t + \varphi)}_{\text{无功分量}} \qquad (2.2.50)$$

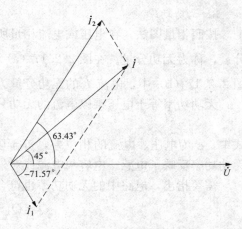

图 2.2.15 相量图

式中可见，瞬时功率分解为两个分量：

（1）有功分量，即 $UI\cos\varphi \geq 0$，为电路所消耗的功率；

（2）无功分量，即 $UI\cos(2\omega t + \varphi)$，有正有负、平均值为 0，为电感、电容与电源交换能量的规模和速率。

无论以电压或电流相量为参考相量，从电压或电流的角度看，如图 2.2.17 所示，将电压或电流相量分别分解为互相垂直的两个分量，即有功分量和无功分量。下面，通过电压或电流相量的分解，探讨有功功率、无功功率和视在功率的一般算法。

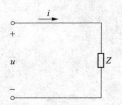

图 2.2.16 正弦交流电路

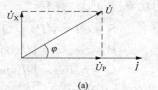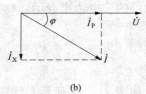

（a） （b）

图 2.2.17 有功分量与无功分量

（a）电压的有功和无功分量；（b）电流的有功和无功分量

2. 有功功率

根据平均功率的计算方法，有功功率

$$P = \frac{1}{T}\int_0^T p \, dt = \frac{1}{T}\int_0^T \left[UI\cos\varphi - UI\cos(2\omega t + \varphi)\right]dt = UI\cos\varphi \qquad (2.2.51)$$

按照相量图法，电压或电流相量可以分解为相互垂直的两个分量，其中电压、电流同相的那个分量，称为有功分量。在图 2.2.17（a）中，电压 $\dot{U}$ 的有功分量为 $\dot{U}_P$，则 $U_P = U\cos\varphi$；在图 2.2.17（b）中，电流 $\dot{I}$ 的有功分量为 $\dot{I}_P$，则 $I_P = I\cos\varphi$。

有功功率等于电压乘以电流的有功分量，或电流乘以电压的有功分量。故有功功率为

$$P = UI\cos\varphi \qquad (2.2.52)$$

式中：φ 为电压、电流的相位差，等于阻抗角。可见，与式（2.2.50）的结论一致。在含有理想元件 R、L、C 的正弦电路中，唯有电阻消耗能量，有功功率反映电路消耗电能的水平。

需要指出，电路中的有功功率符合"功率守恒"关系，即总的有功功率为

$$P = P_1 + P_2 + \cdots = \sum P_i \qquad (2.2.53)$$

3. 无功功率

按照相量图法，在电压或电流相量所分解出的两个垂直分量中，电压与电流垂直的那个分量，称为无功分量。在图 2.2.17 （a） 中，电压 $\dot{U}$ 的无功分量为 $\dot{U}_X$，则 $U_X = U\sin\varphi$；在图 2.2.17 （b） 中，电流 $\dot{I}$ 的无功分量为 $\dot{I}_X$，则 $I_X = I\sin\varphi$。

无功功率等于电压乘以电流的无功分量，或者电流乘以电压的无功分量，故无功功率为

$$Q = UI\sin\varphi \tag{2.2.54}$$

式中：φ 为电压、电流的相位差，等于阻抗角。在含有理想元件 R、L、C 的正弦电路中，无功功率反映了电感、电容与电源或对外能量交换的速率与规模。

需要指出，电路中的无功功率也符合"功率守恒"关系，即总的无功功率

$$Q = Q_1 + Q_2 + \cdots = \sum Q_i \tag{2.2.55}$$

4. 视在功率

在交流电路中，电源所提供的能量未必被全部消耗，还包括电感、电容元件与之交换的部分。正是基于此，将电压与电流有效值的乘积，称为视在功率，记作 S，用以表示电源设备的容量，也是电源可能提供的最大有功功率，即

$$S = UI \tag{2.2.56}$$

式中：S 的单位为伏安 （VA） 或千伏安 （kVA）。

由式 （2.2.52）、式 （2.2.54） 和式 （2.2.56） 不难看出，S、P、Q 的关系可以用直角三角形的三个边来表示，称为功率三角形，并有

$$S = UI = \sqrt{P^2 + Q^2} \tag{2.2.57}$$

$$P = S\cos\varphi = UI\cos\varphi \tag{2.2.58}$$

$$Q = S\sin\varphi = UI\sin\varphi \tag{2.2.59}$$

如图 2.2.18 所示，将图 2.2.11 中电压三角形 Rt△AOB 三个边的长度 U、U_R 和 U_X 分别乘以电流有效值 I，可得功率三角形 Rt△A″OB″，其中 S、P、Q 为三个边。显然，电压△AOB、阻抗△A′OB′ 和功率△A″OB″ 互为相似直角三角形。

复杂交流电路的总视在功率为

$$S = \sqrt{\left(\sum P_i\right)^2 + \left(\sum Q_i\right)^2} \tag{2.2.60}$$

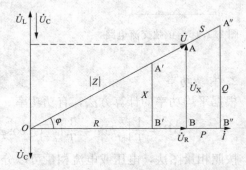

图 2.2.18　阻抗三角形、电压三角形和功率三角形

特别指出，视在功率 S 不符合"功率守恒"规律。一般情况下，$S \neq S_1 + S_2 + \cdots = \sum S_i$，请读者自行分析其中的原因。

5. 功率因数

由式 （2.2.58），可得

$$\lambda = \cos\varphi = \frac{P}{S} \tag{2.2.61}$$

式中：$\cos\varphi$ 称为功率因数，记作 λ；φ 称为功率因数角。功率因数 λ 反映了有功功率 P 所占

视在功率 S 的比率。当电源设备的容量 S 一定时，按照直角三角形分解为有功功率 P、无功功率 Q 两个分量，其中功率因数角 φ 决定了视在功率的分配关系，从而决定了电路或电气设备的能源利用率。由于功率三角形、阻抗三角形为相似直角三角形，则有

$$\varphi = \arccos \frac{P}{S}$$

$$= \arctan \frac{X_L - X_C}{R} = \arctan \frac{\omega L - 1/\omega C}{R} \tag{2.2.62}$$

上式表明，功率因数角取决于阻抗角 φ 的大小，即电路自身的参数和性质决定了功率因数的大小。进一步来讲，功率因数的大小及电路的能源利用率，只是电路自身性质的外在反映。

【例 2.2.7】　如图 2.2.19（a）所示，为 RL 串联电路。当电路加直流电压 $U_D = 36\mathrm{V}$ 时，电流 $I_D = 6\mathrm{A}$；当电路加工频交流电压 $U_A = 220\mathrm{V}$ 时，电流 $I_A = 22\mathrm{A}$。试分析计算：

（1）求电感 L；

（2）若以电流相量为参考相量，求电压相量 $\dot{U}$，并画出相量图；

（3）求电路的有功功率、无功功率、视在功率及功率因数。

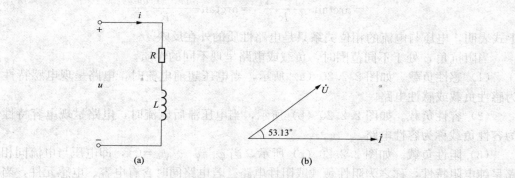

图 2.2.19　[例 2.2.7] 的图

(a) RL 串联电路；(b) 相量图

解　（1）在直流电路中，电感 L 相当于短路，则

$$R = \frac{U_D}{I_D} = \frac{36}{6} = 6(\Omega)$$

在交流电路中，电路的等效阻抗 $Z = R + \mathrm{j}X_L = |Z| \angle \varphi$，其中 $|Z| = \sqrt{R^2 + X_L^2}$，则

$$|Z| = \frac{U_A}{I_A} = \frac{220}{22} = 10(\Omega)$$

$$X_L = \sqrt{|Z|^2 - R^2} = \sqrt{10^2 - 6^2} = 8(\Omega)$$

由 $X_L = 2\pi f L$，得

$$L = \frac{X_L}{2\pi f} = \frac{8}{2\pi \times 50} = 0.025(\mathrm{H})$$

（2）电路的阻抗角 $\varphi = \arctan \frac{X_L}{R} = \arctan \frac{8}{6} = \arctan 1.33 = 53.13°$，则

$$Z = 10 \angle 53.13°(\Omega)$$

若以电流相量为参考相量，则 $\dot{I}=22\angle 0°\text{A}$。所以

$$\dot{U}=Z\dot{I}=10\angle 53.13°\times 22\angle 0°=220\angle 53.13°(\text{V})$$

相量图如图 2.2.19（b）所示。

（3）电路的有功功率、无功功率、视在功率及功率因数分别为

$$S=UI=22\times 220=4840(\text{VA})$$

$$P=S\cos\varphi=4840\times\cos 53.13°=4840\times 0.6=2904(\text{W})$$

$$Q=S\sin\varphi=4840\times\sin 53.13°=4840\times 0.8=3872(\text{var})$$

$$\cos\varphi=\cos 53.13°=\frac{P}{S}=\frac{R}{|Z|}=0.6$$

三、电路性质

在含有 R、L、C 两种以上元件的正弦交流电路中，当电路参数、电源频率一定时，电压与电流的相位差决定于电路阻抗的阻抗角，即

$$\varphi=\psi_\text{u}-\psi_\text{i}$$
$$=\arctan\frac{X_\text{L}-X_\text{C}}{R}=\arctan\frac{\omega L-1/\omega C}{R} \qquad (2.2.63)$$

上式表明，电压与电流的相位关系只是电路性质的外在反映。

当阻抗角 φ 处于不同范围时，负载或电路呈现不同的性质。

（1）感性负载。如图 2.2.20（a）所示，当电压超前电流时，电路呈现电感特性，称之为感性负载或感性电路。

（2）容性负载。如图 2.2.20（b）所示，当电压滞后电流时，电路呈现电容特性，称之为容性负载称为容性电路。

（3）阻性负载。如图 2.2.20（c）所示，当 $\varphi=\psi_\text{u}-\psi_\text{i}=0°$，即电压与电流同相时，电路呈纯电阻特性，称之为阻性负载或阻性电路。若电路同时含有电容、电感元件，当电源频率、电路参数符合一定条件时，电路总电压与总电流的相位相同，整个电路呈电阻性，称为谐振现象。

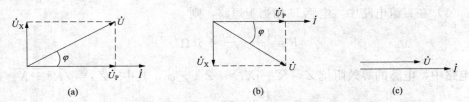

图 2.2.20 电路性质的分类图例
（a）感性负载或电路；（b）容性负载或电路；（c）阻性负载或电路

当谐振时，由于 $\varphi=0$，$\cos\varphi=1$，$|Q_L|=|Q_C|$，总的无功功率 $Q=Q_L+Q_C=|Q_L|-|Q_C|=0$。可见谐振的实质是，电容与电感恰好实现等量的能量交换，完全相互补偿。电路的谐振程度，通常用品质因数 Q_f 描述，是指电感或电容无功功率的绝对值与电路有功功率之比，即

$$Q_\text{f}=\frac{|Q_L|}{P}=\frac{|Q_C|}{P} \qquad (2.2.64)$$

式中：Q_f 并无无量纲，可以高达数百。谐振现象作为正弦稳态电路的一个特定状态，在工程中有其现实意义，广泛应用于电工技术、无线电广播和通信技术等领域，如高频加热、广播发送与接收设备等；另外，也有其危害性的一面，应当避免。

按照电路结构，谐振分为串联谐振和并联谐振。由电路阻抗的一般形式 $Z = R + j(X_L - X_C)$ 可知，无论串联或者并联谐振，谐振条件均为

$$X_L = X_C \tag{2.2.65}$$

令谐振频率为 f_0（角频率 ω_0），则 $\omega_0 L = \dfrac{1}{\omega_0 C}$，或者 $2\pi f_0 L = \dfrac{1}{2\pi f_0 C}$。所以，谐振频率为

$$\omega_0 = \frac{1}{\sqrt{LC}} \tag{2.2.66}$$

或

$$f_0 = \frac{1}{2\pi\sqrt{LC}} \tag{2.2.67}$$

需要指出：①串联谐振可能在电感、电容器上产生高电压，又称电压谐振。在电力系统中，串联谐振所产生的高压可能击穿电容器或电感的绝缘层，以至于发生安全事故，应当避免电压谐振及接近于电压谐振的产生。而在无线电工程中，通过提高谐振的品质因数 Q_f，可以使接收到的微弱信号获得较大的幅度，如收音机的调谐器、电视机的高频头等。②并联谐振可能在电感、电容上产生大电流，又称电流谐振。因为过电流，有可能使元器件或设备损毁。因此，在工程中应力求趋利避害。

2.3　功率因数的提高

一、提高功率因数的意义

功率因数 λ 有其技术和经济意义。功率因数越低，无功功率的占比越大，电力系统的能源利用率也就越低。综合来看，提高功率因数的意义主要有以下几个方面：

（1）提高电源设备容量的利用率。当电源设备的容量 S 一定时，$\lambda = \cos\varphi$ 越高，输出的有功功率 P 及其占比越大。例如，当 $S_N = 1000\text{kVA}$ 时，如果 $\lambda = 0.5$，则 $P = 500\text{kW}$；若 $\lambda = 0.9$，则 $P = 900\text{kW}$。

（2）降低传输线路的电压损失、功率损耗。由 $P = S\cos\varphi = UI\cos\varphi$，则线路电流

$$I = \frac{P}{U\cos\varphi} \tag{2.3.1}$$

如果 P、U 一定，则传输线路的电压损失

$$\Delta U = rI = r\,\frac{P}{U}\,\frac{1}{\cos\varphi} \tag{2.3.2}$$

式中，r 为传输线路的总等效电阻。传输线路的功率损耗

$$\Delta P = rI^2 = r\left(\frac{P}{U\cos\varphi}\right)^2 = r\,\frac{P^2}{U^2}\,\frac{1}{\cos^2\varphi} \tag{2.3.3}$$

式（2.3.1）~ 式（2.3.3）中可见，$\cos\varphi$ 越高，I 越小，传输线路的电压损失、功率损耗越小，这是电力系统采用高压输送电的原因所在。显然，功率因数的提高，既提高了电网的运行效率，也有利于减少火力发电的废气污染及碳排放，对于减缓气候变迁有其重要意义。

二、造成功率因数低的主要原因

（1）大马拉小车。如电动机在空载或轻载运行时，功率因数较低。

（2）电力电路中的电感性负载较多，无功功率占比偏大。例如，生产与生活中的机电设备、家用电器广泛使用电动机、变压器和其他感性器件，如机床、洗衣机、电冰箱、空调、电风扇、带镇流器的日光灯等，电网中的很多负载属于电感性负载。

三、提高功率因数的方法

提高功率因数的方法主要有两个，一是提高用电设备自身的功率因数；二是用其他设备或元器件进行无功补偿。在此，只讨论感性负载的电容无功补偿。

有一感性负载，模型化为 R、L 串联电路，如图 2.3.1（a）所示。设 $\dot{U}=U\angle 0°$ 为参考相量，相量图如图 2.3.1（b）所示，由 $P=UI_1\cos\varphi_1$，得

$$I_1=\frac{P}{U\cos\varphi_1} \tag{2.3.4}$$

感性负载的阻抗 $Z_1=R+jX_L$，其功率因数为

$$\cos\varphi_1=\frac{R}{|Z_1|}=\frac{R}{\sqrt{R^2+(X_L)^2}} \tag{2.3.5}$$

如图 2.3.2（a），在感性负载两端并联适当大小的电容器，由于电感、电容器充放电的进程相反，二者之间会有能量交换，进而它们与电源交换的能量有所减少，功率因数从而提高，通常称为无功补偿。在工程实践中，无功补偿应用广泛。电路的总电流变为

$$\dot{I}=\dot{I}_1+\dot{I}_c$$

相量图如图 2.3.2（b）所示。按照平行四边形法则作相量加法后，$\dot{I}$ 滞后于电压 $\dot{U}$ 的角度为 φ。若使 $I_c<I_1\sin\varphi_1$，有 $\varphi<\varphi_1$，则 $\cos\varphi>\cos\varphi_1$，显然功率因数提高了。可见，只要电容 C 大小适当，即可通过无功补偿的方法提高功率因数。

同时发现，并联电容器以后，感性负载自身的电流 $\dot{I}_1$、功率因数 $\cos\varphi_1$ 和有功功率 P 并未改变，只是整个电路的功率因数比感性负载的原功率因数有所提高。如此，相对电源设备或电网而言，能源的利用效率得到了提高。

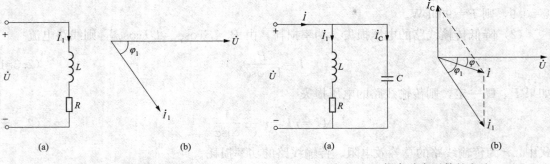

(a)　　　　　　　(b)　　　　　　　　　　(a)　　　　　　　(b)

图 2.3.1　感性负载　　　　　　　　图 2.3.2　提高功率因数的方法

（a）电路图；（b）相量图　　　　　　（a）电路图；（b）相量图

下面推导，当功率因数由 $\cos\varphi_1$ 提高到 $\cos\varphi$ 时，需要并联多大电容器的计算方法。在图 2.3.2（b）中，有

$$I_C = I_1 \sin\varphi_1 - I \sin\varphi \qquad (2.3.6)$$

因为并联电容前后的有功功率 P 并未变化，则

$$I = \frac{P}{U\cos\varphi} \qquad (2.3.7)$$

将式 (2.3.4)、式 (2.3.7) 中的 I_1、I 代入式 (2.3.6)，得

$$I_C = \frac{P}{U\cos\varphi_1}\sin\varphi_1 - \frac{P}{U\cos\varphi}\sin\varphi = \frac{P}{U}(\tan\varphi_1 - \tan\varphi) \qquad (2.3.8)$$

又 $I_C = \dfrac{U}{X_C} = \omega CU$，代入式 (2.3.7)，得

$$C = \frac{P}{\omega U^2}(\tan\varphi_1 - \tan\varphi) \qquad (2.3.9)$$

【例 2.3.1】　在工频 220V 的交流电路中有一感性负载，有功功率为 5kW，功率因数为 $\cos\varphi_1 = 0.6$。如将功率因数提高到 $\cos\varphi = 0.9$，需并联多大的电容器？

解　$\cos\varphi_1 = 0.6$，则 $\varphi_1 = 53°$；$\cos\varphi = 0.9$，则 $\varphi = 25.8°$

所以　$C = \dfrac{P}{\omega U^2}(\tan\varphi_1 - \tan\varphi) = \dfrac{5000}{314 \times 220^2}(\tan 53° - \tan 25.8°) = 2.8 \times 10^{-4}\,(\text{F})$

2.4　三相供用电电路

供电系统在发电、输电与用电等环节采用三相正弦交流电路，又称三相电路。至于我们日常使用的单相交流电，只是三相电路中的一相。本节主要介绍三相电路的基本分析计算，旨在了解三相供用电方式、用电方法。

2.4.1　三相电源

三相同步交流发电机产生三相交流电动势，即三相电源。另外，对于用电户或负载而言，由变电站、配电所中三相变压器输出的三相电压，也称为三相电源。

一、三相交流发电机

如图 2.4.1 (a) 所示，为三相同步交流发电机的结构示意图，主体结构为定子和转子。

发电机的静止部分称为定子，主要由定子铁心、定子绕组组成。定子铁心的作用是形成磁路，将硅钢片冲压为圆环结构，内圆均匀开槽，叠压而成。铁心槽内嵌装的三个线圈，形状、尺寸、匝数和绕法相同，位置互差 120°，分别用 L1L1′、L2L2′、L3L3′ 表示，称为三相绕组。其中，L1、L2、L3 称为首端，L1′、L2′、L3′ 称为末端。如图 2.4.1 (b) 所示，为定子绕组示意图。

发电机的旋转部分称为转子，主要由转子铁心和转子绕组构成。转子铁心的作用也是形成磁路；转子绕组为直流励磁线圈，接入直流电流从而产生一个两极磁场，所形成的磁通经由定子铁心闭合。转子由原动机拖动，沿顺时针方向以角速度 ω 匀速旋转，形成旋转磁场。

二、三相电源

当旋转磁场以角速度 ω 沿顺时针方向匀速旋转时，切割三相定子绕组的轴向导线，分别产生正弦交流电动势 e_1、e_2、e_3，方向由末端指向首端，如图 2.4.1 所示。可见，三相电动势的幅值相等、频率相同、相位互差 120°，称为三相对称电动势，即三相对称电源，简称

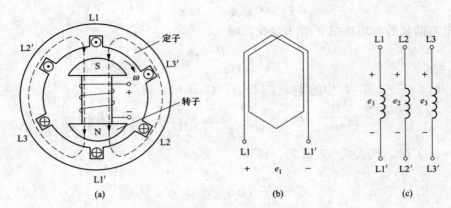

图 2.4.1 三相同步交流发电机

（a）结构示意图；（b）绕组示意图；（c）三相电动势

三相电源。假设 e_1 的初相为 0，则瞬时值表达式分别为

$$
\left.
\begin{aligned}
e_1 &= E_m \sin\omega t \\
e_2 &= E_m \sin(\omega t - 120°) \\
e_3 &= E_m \sin(\omega t - 240°) = E_m \sin(\omega t + 120°)
\end{aligned}
\right\}
\tag{2.4.1}
$$

以 $\dot{E}_1 = E\angle 0°$ 作为参考相量，则相量式分别为

$$
\left.
\begin{aligned}
\dot{E}_1 &= E\angle 0° \\
\dot{E}_2 &= E\angle -120° \\
\dot{E}_3 &= E\angle -240° = E\angle 120°
\end{aligned}
\right\}
\tag{2.4.2}
$$

三相对称电动势的曲线和相量图，如图 2.4.2 所示，有

$$
\dot{E}_1 + \dot{E}_2 + \dot{E}_3 = 0 \tag{2.4.3}
$$

$$
e_1 + e_2 + e_3 = 0 \tag{2.4.4}
$$

可见，三相对称电动势的相量和、瞬时值之和均为 0。显然，从图 2.4.2 也可以发现三相电动势的对称形态。

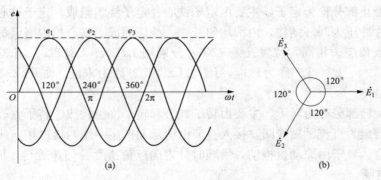

图 2.4.2 三相对称电动势

（a）曲线图；（b）相量图

在运行中，三相交流电出现正幅值（或相应零值）的轮流顺序称为相序。在图 2.4.2 (a) 中，达到正幅值（或相应零值）的顺序，从原点起算，依次由超前相到滞后相的先后次序为 $e_1 \rightarrow e_2 \rightarrow e_3 \rightarrow e_1 \rightarrow e_2 \rightarrow e_3 \cdots \cdots$。例如，其中的三相一组 "$e_1 \rightarrow e_2 \rightarrow e_3$"，称为顺相序或正相序；若本组中的任意两相互换位置，则为逆相序。一般无特殊说明，指顺相序。

三相电源是一个相互关联的电源系统，若分别独立运行，则失去了"三相"的意义之所在。在电力电网中，发电、输电、变配电和用电，有其独特的三相连接方式，分为星形（Y）、三角形（△）两种方式。

（1）星形连接。如图 2.4.3 所示，将三相绕组的末端连接在一起，称为中性点或零点，记作 N；从三个首端 L1、L2、L3 及中性点 N 向外引出四根供电导线，称之为星形（Y）连接。在供电方式或体制上，称为三相四线制；而只从三个首端 L1、L2、L3 向外引出三根供电导线，则为三相三线制。

从三相绕组的三个首端引出的导线 L1、L2、L3，称为相线或端线，俗称火线；从中性点引出的导线 N，称为中性线，俗称零线。

1）相电压与线电压。在图 2.4.3 中，三相电源每相绕组首端与末端之间的电压，也即传输线路上，L1、L2、L3 中的每根相线与中性线 N 之间的电压，称为相电压，分别用 $\dot{U}_1$、$\dot{U}_2$、$\dot{U}_3$ 表示；有效值分别为 U_1、U_2、U_3，或一般地表示为 U_p。两个绕组的首端之间，或传输线路的两根相线之间的电压，称为线电压，L1～L2、L2～L3、L3～L1 的电压分别用 $\dot{U}_{12}$、$\dot{U}_{23}$、$\dot{U}_{31}$ 表示；有效值分别为 U_{12}、U_{23}、U_{31}，或一般表示为 U_L。

在图 2.4.3 中，由基尔霍夫电压定律（KVL）得，相电压与对应绕组电动势的关系分别为

$$\left.\begin{array}{l} \dot{U}_1 = \dot{E}_1 \\ \dot{U}_2 = \dot{E}_2 \\ \dot{U}_3 = \dot{E}_3 \end{array}\right\} \tag{2.4.5}$$

可见，相电压 $\dot{U}_1$、$\dot{U}_2$、$\dot{U}_3$ 也是三相对称电压。以 $\dot{U}_1$ 为参考相量，画相电压的相量图，如图 2.4.4 所示。

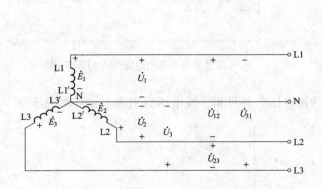

图 2.4.3 三相电源的星形连接

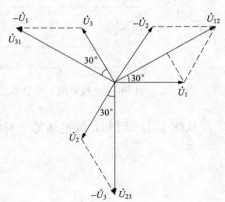

图 2.4.4 相电压、线电压相量图

由基尔霍夫电压定律（KVL）可得相、线电压的关系分别为

$$\left.\begin{array}{l}\dot{U}_{12}=\dot{U}_1-\dot{U}_2\\\dot{U}_{23}=\dot{U}_2-\dot{U}_3\\\dot{U}_{31}=\dot{U}_3-\dot{U}_1\end{array}\right\}\qquad(2.4.6)$$

又 $\dot{U}_{12}=\dot{U}_1-\dot{U}_2=\dot{U}_1+(-\dot{U}_2)$，反向延长 $\dot{U}_2$、长度相等，即 $-\dot{U}_2$。按照平行四边形法则，可得 $\dot{U}_{12}$。有

$$U_{12}=2\times U_1\cos30°=\sqrt{3}U_1$$

并且 $\dot{U}_{12}$ 比 $\dot{U}_1$ 超前 $30°$，相量关系为 $\dot{U}_{12}=\sqrt{3}\dot{U}_1\angle30°$。同理，可以作出 $\dot{U}_{23}$、$\dot{U}_{31}$ 的相量图。可见，在星形（Y）连接中，线电压的大小为相电压的 $\sqrt{3}$ 倍，即

$$U_{\mathrm{YL}}=\sqrt{3}U_{\mathrm{YP}}\qquad(2.4.7)$$

线电压比相关相电压的超前相还超前 $30°$。显然，三个线电压 $\dot{U}_{12}$、$\dot{U}_{23}$、$\dot{U}_{31}$ 也是三相对称电压。

综上所述，三相四线制的供电方式可以输出两种电压，相电压与线电压。在我国电力供配电系统中，用户一级的电压等级有 380V/220V，即线电压 380V，相电压 220V，其中 $380\approx220\sqrt{3}$。

2）相电流、线电流和中性线电流。如图 2.4.5 所示，流经三相电源每相绕组的电流，称为相电流，分别为 $\dot{I}_1$、$\dot{I}_2$、$\dot{I}_3$；流经每根相线的电流称为线电流，分别为 $\dot{I}_{\mathrm{L1}}$、$\dot{I}_{\mathrm{L2}}$、$\dot{I}_{\mathrm{L3}}$；流经中性线的电流称为中性线电流，记作 $\dot{I}_{\mathrm{N}}$。显然，相、线电流分别对应相等。

（2）三角形连接。如图 2.4.6 所示，将电源三相绕组的首尾顺次连接，然后从三个首端 L1、L2、L3 向外引出三根供电导线，称为三相电源的三角形（△）连接，为三相三线制供电方式（体制）。

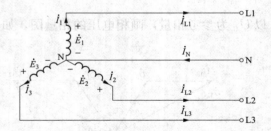

图 2.4.5　相电流、线电流、中性线电流

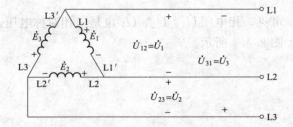

图 2.4.6　三相电源的三角形连接

从图 2.4.6 可知，线电压等于对应的相电压，并且相、线电压分别为三相对称电压。

$$\left.\begin{array}{l}\dot{U}_{12}=\dot{U}_1\\[4pt]\dot{U}_{23}=\dot{U}_2\\[4pt]\dot{U}_{31}=\dot{U}_3\end{array}\right\}\qquad(2.4.8)$$

可见，三角形（△）连接方式只能输出一种电压，即线电压。

2.4.2　三相负载

由三相电源供电的负载称为三相负载，如图 2.4.7 所示。三相负载分为两类，一类是必须采用三相电源供电才能正常工作的负载，如三相交流电动机，某些大功率的三相电气设备等，其特点是三相负载的阻抗相等，称为对称三相负载，即

$$Z = Z_1 = Z_2 = Z_3 = R + j(X_L - X_C) = |Z| \angle \varphi \tag{2.4.9}$$

另一类负载像家用电器、照明灯具等单相负载，单相电源供电即可正常工作，如图 2.4.7 中的负载 Z_1、Z_2、Z_3。在电力设计中，三相电路的负载要尽量均衡地分配，而运行中也难以做到三相对称，称为不对称三相负载。

三相负载也有星形（Y）、三角形（△）两种连接方式。在正常情况下，三相电源总是输出三相对称电压。下面分析电压与电流的关系。

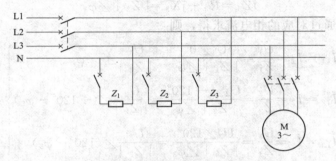

图 2.4.7　三相负载组成的三相电路

一、星形连接

1. 一般性三相负载的星形连接

如图 2.4.8 所示，Z_1、Z_2、Z_3 为一般性负载，未必是对称三相负载，星形（Y）连接。负载 Z_1、Z_2、Z_3 上的电压，也即负载相电压，分别等于电源相电压 $\dot{U}_1$、$\dot{U}_2$、$\dot{U}_3$。显然，三相负载的电压为三相对称电压。

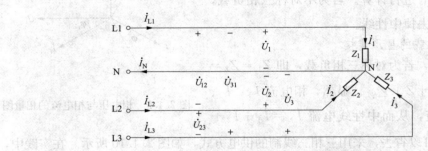

图 2.4.8　一般性三相负载的星形连接

流过三相负载的电流 $\dot{I}_1$、$\dot{I}_2$、$\dot{I}_3$，称为负载相电流；线电流 $\dot{I}_{L1}$、$\dot{I}_{L2}$、$\dot{I}_{L3}$ 的方向由电源指向负载。其中，线电流等于对应的相电流，即

$$\left.\begin{array}{l}\dot{I}_{L1}=\dot{I}_1\\[4pt]\dot{I}_{L2}=\dot{I}_2\\[4pt]\dot{I}_{L2}=\dot{I}_3\end{array}\right\}\qquad(2.4.10)$$

三相电路可视为由三个单相电路组成，分别对每一相单独分析计算。假设以 $\dot{U}_1$ 为参考相量，则三相电压为

$$\left\{\begin{array}{l}\dot{U}_1=U_1\angle 0^\circ\\[4pt]\dot{U}_2=U_2\angle-120^\circ\\[4pt]\dot{U}_3=U_3\angle 120^\circ\end{array}\right.$$

又设三相负载分别为

$$\left\{\begin{array}{l}Z_1=R_1+jX_1=\mid Z_1\mid\angle\varphi_1\\[4pt]Z_2=R_2+jX_2=\mid Z_2\mid\angle\varphi_2\\[4pt]Z_3=R_3+jX_3=\mid Z_3\mid\angle\varphi_3\end{array}\right.$$

显然，线电流需要通过对应的相电流求得，则

$$\left.\begin{array}{l}\dot{I}_{L1}=\dot{I}_1=\dfrac{\dot{U}_1}{Z_1}=\dfrac{U_1\angle 0^\circ}{\mid Z_1\mid\angle\varphi_1}=\dfrac{U_1}{\mid Z_1\mid}\angle-\varphi_1\\[10pt]\dot{I}_{L2}=\dot{I}_2=\dfrac{\dot{U}_2}{Z_2}=\dfrac{U_2\angle-120^\circ}{\mid Z_2\mid\angle\varphi_2}=\dfrac{U_2}{\mid Z_2\mid}\angle(-120^\circ-\varphi_2)\\[10pt]\dot{I}_{L3}=\dot{I}_3=\dfrac{\dot{U}_3}{Z_3}=\dfrac{U_3\angle 120^\circ}{\mid Z_3\mid\angle\varphi_3}=\dfrac{U_3}{\mid Z_3\mid}\angle(120^\circ-\varphi_3)\end{array}\right\}\qquad(2.4.11)$$

需要指出，对每相负载而言，电压与其电流的相位差等于阻抗角。如果只需要计算相、线电流的大小，即有效值，则更为简化，请读者自行列明。

相电压、相电流的相量图如图 2.4.9 所示。在负载中性点 N'，由基尔霍夫电流定律（KCL）可得，中性线电流为

$$\dot{I}_N=\dot{I}_1+\dot{I}_2+\dot{I}_3\qquad(2.4.12)$$

中性线电流 $\dot{I}_N$ 的计算，可以按照"相量图法"或"相量（复数）运算法"进行计算。若为不对称三相负载，通常 $\dot{I}_N\neq 0$，不得去掉中性线。

2. 对称三相负载的星形连接

在图 2.4.8 中，若为对称三相负载，即 $Z_1=Z_2=Z_3=Z=R+jX=\mid Z\mid\angle\varphi$。显然，相电流 $\dot{I}_1$、$\dot{I}_2$、$\dot{I}_3$ 为三相对称电流，从而中性线电流 $\dot{I}_N=\dot{I}_1+\dot{I}_2+$

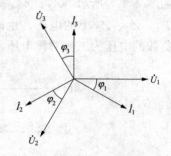

图 2.4.9　相电压与相电流的相量图

$\dot{I}_3=0$，则中性线可以省去，采用三相三线制的供电方式，如图 2.4.10 所示。在实践中，三相负载越接近于对称，中性线电流越小，中性线的截面可以越小，以至于小于相线的截面，既安全又经济。

在对称三相负载下，只需计算一相负载的电流，另外两相的电流根据三相对称关系直接写出。例如，计算 Z_1 的电流

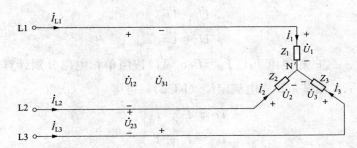

图 2.4.10　对称三相负载的星形连接

$$\dot{I}_{L1} = \dot{I}_1 = \frac{\dot{U}_1}{Z_1} = \frac{\dot{U}_1}{Z} = \frac{U_1 \angle 0°}{|Z| \angle \varphi} = \frac{U_1}{|Z|} \angle -\varphi = \frac{U_P}{|Z|} \angle -\varphi$$

则有
$$\dot{I}_{L2} = \dot{I}_2 = \frac{U_P}{|Z|} \angle -\varphi - 120°$$

$$\dot{I}_{L3} = \dot{I}_3 = \frac{U_P}{|Z|} \angle -\varphi + 120°$$

其中
$$\varphi_1 = \varphi_2 = \varphi_3 = \varphi = \arctan \frac{X}{R} = \arctan \frac{X_L - X_C}{R}$$

如果只需要计算相、线电流的大小，即有效值，则更为简化，请读者自行练习。

3. 中性线的作用

在图 2.4.8 中，若忽略线路的电压损失，当有中性线时，则电源中性点 N 与负载中性点 N′ 为等电位，即 $U_{NN'} = 0$；电源首端与负载首端也为等电位。从而三相负载的电压为三相对称电压，通常等于额定电压，得以正常工作。

对于不对称三相负载而言，中性线电流一般不等于零。当中性线上有一定电阻或无中性线时，电源中性点 N 与负载中性点 N′ 之间的电压 $U_{NN'} \neq 0$。显然，负载相电压不再等于电源相电压，而是中性线电压 $\dot{U}_{NN'}$ 分别与电源电压 $\dot{U}_1$、$\dot{U}_2$、$\dot{U}_3$ 的叠加，其结果是，负载相电压不再对称，偏离了额定电压，进而影响负载的正常工作，或者造成事故。

例如，三相四线制电路如图 2.4.11 所示，不对称三相负载为电阻性负载（如白炽灯），额定相电压为 220V，$Z_1 = 50\Omega$，$Z_2 = Z_3 = 100\Omega$。请读者自行讨论：忽略供电线路的电压损失不计，当 S1 闭合（有中性线），或 S 断开（无中性线）时，在负载出现短路或断路的情况下，分别计算三相负载的相电压。根据计算结果，进而归纳总结中性线的作用。

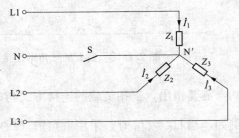

图 2.4.11　三相负载的星形连接

二、三角形连接

如图 2.4.12 所示，三相负载 Z_1、Z_2、Z_3 按三角形（△）方式连接。若忽略供电线路的电压损失不计，负载相电压分别等于对应的电源线电压，即无论负载是否三相对称，均获得三相对称电压，且相、线电压对应相等，即

$$\dot{U}_1 = \dot{U}_{12}$$

$$\dot{U}_2 = \dot{U}_{23}$$
$$\dot{U}_3 = \dot{U}_{31}$$

负载 Z_1、Z_2、Z_3 的相电流 $\dot{I}_1$、$\dot{I}_2$、$\dot{I}_3$，可以按照单相电路分别计算；供电线路的线电流 $\dot{I}_{L1}$、$\dot{I}_{L2}$、$\dot{I}_{L3}$，由基尔霍夫电流定律（KCL），可得

$$\left. \begin{aligned} \dot{I}_{L1} &= \dot{I}_1 - \dot{I}_3 \\ \dot{I}_{L2} &= \dot{I}_2 - \dot{I}_1 \\ \dot{I}_{L3} &= \dot{I}_3 - \dot{I}_2 \end{aligned} \right\} \tag{2.4.13}$$

然后，根据相量法分别求出，在此不再赘述。

下面，重点讨论对称三相负载的三角形（△）连接。$Z_1 = Z_2 = Z_3 = Z = R + jX = |Z| \angle \varphi$，又三相电压对称，则相电流 $\dot{I}_1$、$\dot{I}_2$、$\dot{I}_3$ 也对称，相量图如图 2.4.13 所示。

由式（2.4.12）中，$\dot{I}_{L1} = \dot{I}_1 - \dot{I}_3 = \dot{I}_1 + (-\dot{I}_3)$，反向延长 $\dot{I}_3$ 至等长度，即 $-\dot{I}_3$。按照平行四边形法则，可得线电流 $\dot{I}_{L1}$，有

$$\dot{I}_{L1} = 2 \times I_1 \cos 30° = \sqrt{3} I_1$$

并且 $\dot{I}_{L1}$ 比 $\dot{I}_1$ 滞后 30°。同理，可以作出 $\dot{I}_{L2}$、$\dot{I}_{L3}$ 的相量图，如图 2.4.13 所示。可见，在对称三相负载的三角形（△）连接中，线电流等于相电流的 $\sqrt{3}$ 倍，即

$$I_{\triangle L} = \sqrt{3} I_{\triangle P} \tag{2.4.14}$$

且比相关相电流的滞后相还滞后 30°。显然，线电流 $\dot{I}_{L1}$、$\dot{I}_{L2}$、$\dot{I}_{L3}$ 也为三相对称电流。

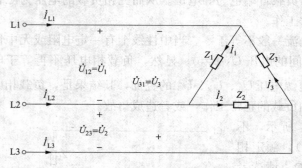

图 2.4.12　负载的三角形连接

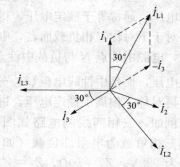

图 2.4.13　相量图

需要指出，三相负载的连接方式与电源连接方式无关，而取决于负载的额定相电压 U_N。例如，当 $U_N = U_L$ 时，采用三角形（△）连接；当 $U_N = \dfrac{U_L}{\sqrt{3}}$ 时，采用星形（Y）连接。如果负载为对称三相负载，三相电路称为对称三相电路。

2.4.3　三相功率

基于工程需要，三相电路的功率分析计算包括：有功功率、无功功率、视在功率及功率因数。

一、一般性三相电路的功率

在计算三相电路的功率时，无论三相负载对称与否，也无论星形（Y）或三角形（△）连接，首先计算各相负载的功率，然后计算三相总功率。每相负载的有功功率分别为

$$\left.\begin{array}{l} P_1 = U_P I_1 \cos\varphi_1 \\ P_2 = U_P I_2 \cos\varphi_2 \\ P_3 = U_P I_3 \cos\varphi_3 \end{array}\right\} \tag{2.4.15}$$

每相负载的无功功率分别为

$$\left.\begin{array}{l} Q_1 = U_P I_1 \sin\varphi_1 \\ Q_2 = U_P I_2 \sin\varphi_2 \\ Q_3 = U_P I_3 \sin\varphi_3 \end{array}\right\} \tag{2.4.16}$$

三相总功率分别为

$$P = P_1 + P_2 + P_3; \qquad Q = Q_1 + Q_2 + Q_3; \qquad S = \sqrt{P^2 + Q^2} \tag{2.4.17}$$

需要指出，三相功率 P、Q、S 也是功率三角形（直角三角形）的三个边，则三相电路的功率因数为

$$\lambda = \cos\varphi = \frac{P}{S} \tag{2.4.18}$$

二、对称三相电路的功率

就对称三相负载而言，有 $\varphi_1 = \varphi_2 = \varphi_3 = \varphi_P$。那么，无论星形（Y）或三角形（△）连接，由式（2.4.15）～式（2.4.17）推知，按照相电压、相电流计算时，三相总功率分别为

$$\left.\begin{array}{l} P = 3U_P I_P \cos\varphi_P \\ Q = 3U_P I_P \sin\varphi_P \\ S = 3U_P I_P = \sqrt{P^2 + Q^2} \end{array}\right\} \tag{2.4.19}$$

如果按照线电压、线电流计算，星形（Y）连接时，$U_L = \sqrt{3}\,U_P$，$I_L = I_P$；三角形（△）连接时，$U_L = U_P$，$I_L = \sqrt{3}\,I_P$。所以，三相总功率分别为

$$\left.\begin{array}{l} P = \sqrt{3}\,U_L I_L \cos\varphi_P \\ Q = \sqrt{3}\,U_L I_L \sin\varphi_P \\ S = \sqrt{3}\,U_L I_L = \sqrt{P^2 + Q^2} \end{array}\right\} \tag{2.4.20}$$

需要强调，式（2.4.19）、式（2.4.20）中，功率因数角均为相电压与相电流的相位差 φ_P，也即每相负载的阻抗角。

【例 2.4.1】　三个单相负载 $Z_1 = Z_2 = Z_3 = Z = (8 + j6)\,\Omega$，额定电压为 $U_N = 220V$，接在线电压为 380V 的三相电源上。试分析计算：

（1）三相负载应采用何种接法？画出电路图，并求相电流、线电流及三相功率。

（2）如果接成三角形连接，计算相、线电流及三相功率，并分析有何后果？

解　（1）应采用星形（Y）连接。本例实为对称三相负载，电路图可接成如图 2.4.8，或者图 2.4.10 所示的电路。

$$|Z| = \sqrt{R^2 + X^2} = \sqrt{8^2 + 6^2} = 10(\Omega)$$

$$U_P = \frac{380}{\sqrt{3}} = 220(V), \quad I_P = \frac{U_P}{|Z|} = \frac{220}{10} = 22(A)$$

$$I_L = I_P = 22(A), \quad \varphi = \arctan \frac{X}{R} = \arctan \frac{6}{8} = 36.87°$$

$$S = \sqrt{3} U_L I_L = \sqrt{3} \times 380 \times 22 = 14\ 479.52(VA)$$

$$Q = \sqrt{3} U_L I_L \sin\varphi = S\sin\varphi = 14\ 479.52 \times \sin 36.87° \approx 8687.71(var)$$

$$P = \sqrt{3} U_L I_L \cos\varphi = S\cos\varphi = 14\ 479.52 \times \cos 36.87° \approx 11\ 583.62(W)$$

（2）如果采用三角形（△）连接，则有

$$U_P = U_L = 380V, \quad I_P = \frac{U_P}{|Z|} = \frac{380}{10} = 38(A)$$

$$I_L = \sqrt{3} I_P = \sqrt{3} \times 38 \approx 66(A), \quad \varphi = \arctan \frac{X}{R} = \arctan \frac{6}{8} = 36.87°$$

$$S = \sqrt{3} U_L I_L = \sqrt{3} \times 380 \times 66 = 43\ 438.56(VA)$$

$$P = \sqrt{3} U_L I_L \cos\varphi = S\cos\varphi = 43\ 438.56 \times \cos 36.87° \approx 34\ 750.85(W)$$

$$Q = \sqrt{3} U_L I_L \sin\varphi = S\sin\varphi = 43\ 438.56 \times \sin 36.87° \approx 26\ 063.14(var)$$

可见，三角形连接时，每相负载的相电压、相电流和功率均比额定值大很多，容易造成安全事故。

【例 2.4.2】　在线电压为 380V 的三相电路中，接有一台三相电阻炉，$P_{1N} = 60kW$，$\cos\varphi_1 = 1$；还接有一台三相电动机，$P_{2N} = 30kW$，$\cos\varphi_2 = 0.8$。（注：两台设备均为对称三相负载）

试计算电路的线电流及功率因数的大小。

解　　　　　　　$P = P_1 + P_2 = 60 + 30 = 90$ （kW）

由 $\cos\varphi_1 = 1$，得 $\tan\varphi_1 = 0$；又 $\cos\varphi_2 = 0.8$，得 $\tan\varphi_2 = 0.75$，则

$$Q = Q_1 + Q_2 = P_1 \tan\varphi_1 + P_2 \tan\varphi_2 = 0 + 30 \times 0.75 = 22.5(kvar)$$

$$S = \sqrt{P^2 + Q^2} = \sqrt{90^2 + 22.5^2} \approx 92.77(kVA)$$

$$I_L = \frac{S}{\sqrt{3} U_L} = \frac{92.77 \times 10^3}{\sqrt{3} \times 380} \approx 140.95(A)$$

$$\cos\varphi = \frac{P}{S} = \frac{90}{92.77} \approx 0.97$$

2.5　电力系统与电气安全

2.5.1　电力系统

如图 2.5.1 所示，为电力系统的示意图。将某一区域的发电厂、变电站、电力线路和电能用户组成一个整体，称为电力系统，主要包括发电、输电、用电三个环节。电力系统既能保障供电的可靠性，还可以合理调节域内电厂的运力。电力网也称电网，是指电力系统中除发电厂和电能用户之外的部分。

（1）发电厂。发电厂将一次能源转换为电能，根据不同的一次能源，有火力发电厂、水力发电厂、核能发电厂等；此外，还有风力、太阳能、地热等新能源发电厂。三相同步发电机的额定电压一般为 6.3、10.5、11、13.8、15.75、18、20、22、24、26、27kV 等。

（2）变电站。为了实现电能的远距离输送并将电能分配给用户，需要通过变电站，将发电机的电压进行多次变换。变电站的主要作用是接收电能、变换电压和分配电能。按照任务和性质不同，变电站分升压变电站、降压变电站；按照地位和作用不同，又分为枢纽变电站、地区变电站和用户变电站。而仅用于接收和分配电能的场所称为配电所。

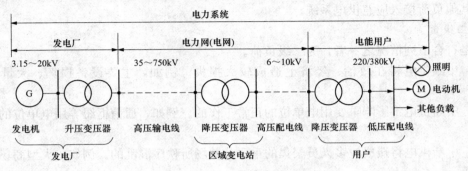

图 2.5.1　电力系统示意图

（3）电力线路。为了输送和分配电能，需要通过电力线路将发电厂、变电站和电能用户连接起来。根据电压等级，通常将 220kV 及以上的电力线路称为输电线路，110kV 及以下的电力线路称为配电线路。

为了降低线路损耗，远距离输电必须采用高压输电。输送距离越远、输送容量越大，要求输电电压越高。目前高压输电分直流、交流两种方式。

交流输电是广泛采用的传统输电方式，一般来说，输电电压 110kV，功率 5×10^5 kW，输送距离为 50～150km；输电电压 220kV，功率 20×10^5 ～ 30×10^5 kW，输送距离为 200～400km；输电电压 500kV，功率 100×10^5 kW，输送距离为 500km。目前也采用直流输电，能耗、无线干扰相对较小，我国已经研发出 ±2400kV 的特高压直流输电技术。

配电线路又可以划分为：高压配电线路（110kV），一般作为城市配电网骨架和特大型企业的供电线路；中压配电线路（35～6kV），为城市主要配网和大中型企业的供电线路；低压配电线路（380/220V），一般为城市和企业的低压配网。

（4）电能用户。所有消耗电能的用电设备或用电单位统称为电能用户，又称电力负荷。

一、电力负荷

在用户使用的各种用电设备中，因为重要程度的差异，对供电可靠性和供电质量的要求也不尽相同。在国家相关规范中，根据电力负荷对供电可靠性的要求，以及中断供电在政治、经济上所造成的损失或影响，将电力负荷划分为 3 级并规定不同的供电要求，既要保证供电质量，防范安全风险，又需降低供电成本。

1. 一级负荷

凡是符合下列情况之一者，为一级负荷。

（1）中断供电将造成人员伤亡。

（2）中断供电将在政治、经济上造成重大损失。例如，重大设备损坏、重大产品报废等。

（3）中断供电将影响具有重大政治、经济意义的用电单位的正常工作。例如，重要交通枢纽、大型体育场馆等。

　　在一级负荷中，如果中断供电将发生中毒、爆炸和火灾等情况，以及特别重要场所不允许中断供电的负荷，应视为特别重要负荷。

　　一级负荷应由两个独立的电源供电，当一个电源发生故障时，另一电源不应同时受到损坏。特别重要的负荷，还需要增设应急电源，如独立于正常电源的发电机组、蓄电池等，并严禁将其他负荷接入应急供电系统。

　　2. 二级负荷

　　凡是符合下列情况之一者，为二级负荷。

　　(1) 中断供电将在政治、经济上造成较大损失。例如，主要设备损坏、大量产品报废等。

　　(2) 中断供电将影响重要用电单位的正常工作的。例如，通信枢纽等用电单位的重要电力负荷。

　　(3) 中断供电将造成较多人员聚集的重要公共场所秩序混乱的。例如，大型商场、大型影剧院等。

　　二级负荷应由两回线路供电，每回线路应承受 100% 的二级负荷，保证不致断电或断电后能够迅速恢复供电。

　　3. 三级负荷

　　凡是不属于一级和二级的负荷，称为三级负荷。若无特别要求，一般采用单回电力线路供电即可。

　　二、供配电系统

　　供配电系统是电力系统的电能用户。在图 2.5.1 中，电能用户接收 6～10kV 的电能，变换为 220/380V 以后，经配电线路分配给用电负荷，即为低压供配电系统的示意图。

　　良好的供配电系统，对于生产和日常生活有着重要的意义，供配电应满足如下基本要求：

　　(1) 安全。在电能供应、分配与使用中，不应发生人身和设备事故。

　　(2) 可靠。即满足用电设备对供电可靠性的要求。

　　(3) 优质。满足用电设备对电压、频率等供电质量的要求。

　　(4) 经济。应尽量做到投资节省、运行节约，减少电能损耗，提高电能利用率。

　　供电电压是指供配电系统从电力系统所取得的电源电压。一般来说，大中型企业常采用 30～110kV 作供电电压，中小型企业常采用 10kV 或 6kV 作供电电压，其中 10kV 最为常见。

　　配电电压是指用户内部向用电设备配电的电压等级。由用户总降压变电站或高压配电所向高压用电设备的配电电压，称为高压配电电压，一般采用 10kV 或 6kV；由车间变电站或建筑物变电站向低压用电设备的配电电压，称为低压配电电压，我国规定低压配电的常用电压等级为 380/220V，但在化工、石油和矿山等行业的一些场所可以采用 660V 的配电电压。

　　下面介绍几种常用的低压配电方式。

　　1. 树干式

　　如图 2.5.2 所示为树干式配电方式，优点是经济节约；缺点是故障范围大，可靠性差。适用于负荷较小，负荷分布比较分散，对供电可靠性要求不高的场所，如小容量的照明负荷。

2. 放射式

如图 2.5.3 所示为放射式配电方式，优点是故障范围小，可靠性高；缺点是线缆的用量大。适用于负荷较大、分布相对集中，对供电可靠性要求较高的场所，如容量较大的动力负荷。

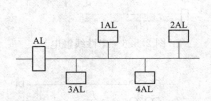

图 2.5.2　树干式配电方式

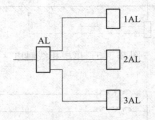

图 2.5.3　放射式配电方式

3. 混合式

如图 2.5.4 所示为混合式配电方式，结合了树干式与放射式配电的优点，既缩小了事故范围，又使工程造价控制在一定范围内，相对经济、安全，是最为常用的配电方式。

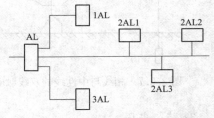

图 2.5.4　混合式配电方式

2.5.2　电气安全与防护

电气安全包括人身和设备安全两个方面，要保障电气从业人员、其他人员和电气设备及其所拖动的机械设备的安全。所以，必须采取有效措施，尽量杜绝事故的发生；一旦发生事故，应当采取应急处理措施。下面，简要介绍触电事故与防护、静电防护、电气防火和防爆等电气安全方面的知识。

一、触电事故

根据人体受伤的方式不同，触电事故分为电击和电伤。所谓电击，是指人体接触到带电体，电流流过人体造成伤害的事故。电伤主要指，因为电流的热效应、化学和机械效应等因素，对人体表面造成的局部伤害。当然，这两种伤害也可能同时发生，其中电击占触电事故的大部分。触电事故分为直接触电、间接触电两类。

1. 直接触电

直接触电是指人体直接触碰到电气设备正常带电的部位所引起的触电事故，分为单线触电和双线触电。在 380V/220V 三相四线制供电系统中，如图 2.5.5、图 2.5.6 所示为单线触电，人踩在地上，人体接触到了一根相线导体或中性线导体。如图 2.5.7、图 2.5.8 所示为双线触电，人体同时接触到一根相线与一根中性线，或同时接触到两根相线。

2. 间接触电

所谓间接触电是指，人体接触到正常不带电，但出现事故时才会带电的部位所发生的触电事故。例如，电气设备的金属机壳，正常是不带电的，当设备线路的绝缘老化或破损时，会向金属机壳漏电或碰壳，倘若人体触及机壳，便有可能触电。

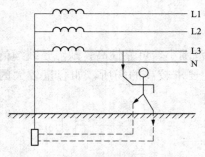

图 2.5.5　单根相线触电

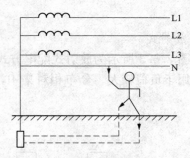

图 2.5.6　中性线触电

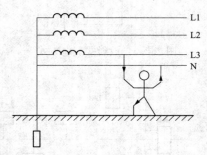

图 2.5.7　相线与中性线的双线触电

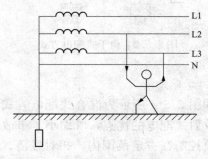

图 2.5.8　两根相线之间的双线触电

3. 跨步电压

如图 2.5.9 所示，当电气设备的绝缘层损坏或线路的一相断裂落地时，落地点的电位即导体电位，则有电流从落地点（或绝缘损坏处）流入大地。如果有人走近附近区域，由于两脚之间的电位不同而出现电位差，称之为跨步电压。如果误入落地点附近，应双脚并拢或单脚跳出危险区。试验表明，在单根导线（导体）落地故障点 20m 远处，跨步电压接近下降为零。

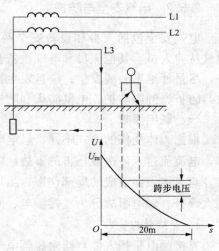

图 2.5.9　跨步电压

二、触电防护

在触电事故中，人体因为电击所受伤害的程度，与通过人体电流的性质、大小、持续时间、路径及人的体重、健康状况等因素密切相关。为此，国家规范规定了安全电流与安全电压。

1. 安全电流

安全电流是指人体触电后，所能摆脱的最大电流。我国规定安全电流为 30mA·s（50Hz 交流），即按照触电时间不超过 1s 计，通过人体的最大允许电流为 30mA。需要指出，所谓安全，与电流大小和持续时间相关。

2. 安全电压

为安全起见，采用特定电源的电压系列称为安全电压。我国规定，工频电压 42、36、24、12、6V 为常用的安全电压等级，应根据使用环境、方式和人员状况等因素区别选用。

例如，手提照明灯、携带式电动工具可采用 42V 或 36V 的额定工作电压；若在工作环境潮湿狭窄的隧道和矿井内，应采用额定电压为 24V 或 12V 的电气设备。另外，须实行电路隔离，如隔离变压器。

需要指出，所谓安全电压，是相对于较高电压等级而言，并非绝对安全。比如，在可能产生爆炸性混合气体的环境中，必须避免产生火花的可能性，安全电压应当降低。

3. 电气装置的系统接地

接地是电气安全的主要措施之一。电气设备与装置的某部分与大地做良好的电气连接，称为接地，埋入地中并直接与土壤接触的金属导体，称为接地体或接地极，如埋地的角钢、钢管等。电气设备需要接地的部分与接地体（极）相连接的金属导体（导线）称为接地线，分为接地干线和支线。接地体与接地线统称为接地装置。在设备正常运行下，接地线不载流，而在故障情况下会通过故障电流。在大地中将若干接地体用接地线相互连接起来的一个整体，称为接地网。

接地分为两大类。①保护性接地，例如，防雷击接地、防静电接地、防电蚀接地和保护接地（防电击接地）。②功能性接地，例如，工作接地是保证电力系统正常工作、运行的接地，还有屏蔽接地、信号接地等。

保护接地是指，短路、绝缘损坏、漏电流过大等使电气设备正常不带电的外露部分异常带电，为防止电击人身及其他事故，将异常电压、泄漏电流接地的安全措施，也称为防电击接地。下面，简要介绍低压配电中的 TN、IT、TT 三种保护接地系统。

（1）TN 系统。在三相四线制供电体制中，电源中性点接地，引出中性线（N）、保护线（PE 线）或保护中性线（PEN），将电气设备的金属外壳与中性线可靠连接并接地，称之为 TN 系统。如果漏电或一相电源碰壳时，相关相线与中性线之间短路或近于短路，则短路保护或过流保护装置即刻动作，迅速切断电源。但若漏电电流较小，不足以使短路或过流保护装置动作时，需要安装漏电保护开关。

根据保护线 PE 的设置方式不同，TN 系统分为 TN-C、TN-S、TN-C-S 三种结构。

1）TN-C 系统。如图 2.5.10 所示，如果 N 线与 PE 线全部合为保护中性线 PEN，称为 TN-C 系统，适用于三相平衡负荷。由于它在工程中少有使用，不再赘述。

2）TN-S 系统。如图 2.5.11 所示，在电气设计与施工中，从配电室的变压器副边始，设有专用 PE 线并与 N 线分开使用，共引出五根线（L1、L2、L3、N、PE），即所谓"三相五线制"。在正常情况下，仅 N 线有不平衡电流，PE 线没有电流、对地亦无电压，相线对地短路、中性线电位偏移均不波及 PE 线的电位，即设备外壳与供电回路为"隔离状态"，即使中性线与相线混淆，仍能保证安全。

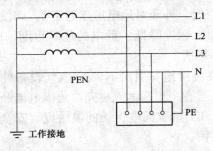

图 2.5.10 TN-C 系统

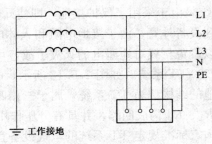

图 2.5.11 TN-S 系统

3) TN-C-S 系统。如图 2.5.12 所示，系统前段 N 线与 PE 线合为 PEN 线，即 TN-C 系统；后段 N 线与 PE 线全部或部分分开，某些设备配有专用 PE 线，配电箱的中性线应重复接地，即 TN-S 系统，整个接地形式称为 TN-C-S 系统。在此指出，应进行等电位电气连接，N 线与 PE 线分开后，不得再次合并。

如图 2.5.13 所示为 TN-C-S 系统中，某配电总箱的配线图示例。在三相四线制进线处，中性线重复接地，经三相开关配出三个照明回路和一个插座回路，照明回路选择普通空气开关，插座回路选择带漏电保护的开关。

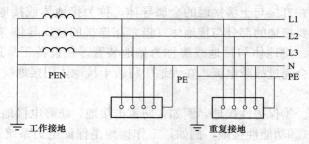

图 2.5.12   TN-C-S 系统

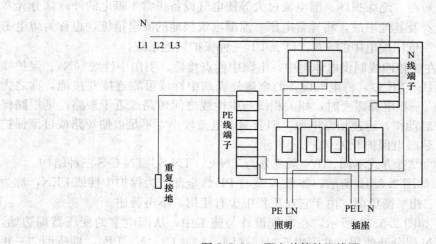

图 2.5.13   配电总箱的配线图

（2）IT 系统。如图 2.5.14 所示，在电源中性点不接地或经 1kΩ 阻抗接地，通常不引出 N 线，属于三相三线制系统，将电气设备的金属外壳经自身的接地装置单独接地，称之为 IT 系统。由于采用了保护接地，即使漏电或一相碰壳时，外壳对地电压接近于 0。即便人体触碰到设备外壳，由于接地电阻和人体电阻并联，很大程度降低了触电的危险程度。IT 系统可以避免相线对地漏电的火灾事故，可用于煤矿等场所。

（3）TT 系统。如图 2.5.15 所示，电源中性点直接接地并引出 N 线，电气设备外壳单独接地的结构称为 TT 系统，属于三相四线制系统。若有一相漏电或碰壳，故障电流经接地电阻 R_0、R_d 构成回路，并具有分压作用。为了提高 TT 系统触电保护的灵敏度、安全可靠性，国家标准规定 TT 系统的电气设备宜采用漏电保护。

需要指出，在同一供电电路中，TN 和 TT 系统不宜同时采用。若全部采用 TN 系统确有困难时，可以部分采用 TT 系统，但 TT 系统的部分应装设故障自动切除装置（含漏电保护），或者经由隔离变压器供电。

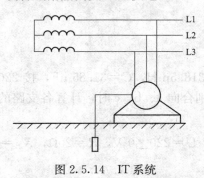

图 2.5.14 IT 系统

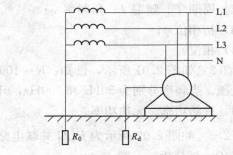

图 2.5.15 TT 系统

三、静电防护

静电，是指在宏观范围内暂时失去平衡的相对静止的正、负电荷。静电不仅影响、危害生产与人身的安全，静电放电产生的火花，还可能造成火灾、爆炸等重大安全事故，如油轮、仓库、某些工厂车间等易燃易爆环境，应加以重视和预防。

1. 静电形成

静电形成的起因主要包括三种因素：①摩擦起电。②破断起电。材料破断之后，在宏观范围内有可能导致正、负电荷的分离，产生静电，如固体粉碎、物体折断、液体分离等。③感应起电。

2. 静电防护

静电的危险性在于不断累积，进而形成了对地或两种异性电荷体之间的高电压，甚至高达数万伏。静电防护的基本方法包括：①限制静电形成。控制工艺过程，如在易燃、易爆等场合，降低液体、气体和粉尘的流速，尽量规避带轮传动等。②防止静电累积。在金属导体之间或输电线路的一定间距，采用等电位连接，并做良好的接地。③控制危险的环境。例如，在易燃易爆的环境中，加强通风。

四、电气防火和防爆

在生产中，引起电气火灾和爆炸的主要原因有：① 电气设备及线路过载运行；②电气设备的通风冷却条件不满足运行要求，引起电器过热；③导体之间接触不良、接触电阻过大，造成局部高温；④电烙铁、电焊机等高温设备使用不当，烤燃了周围易燃物质；⑤电气设备绝缘损坏或相线发生接地故障，引起短路或漏电而造成高温；⑥电气设备或线路因断路引起火花或电弧。

电气防火与防爆的主要措施如下：①合理选用电气设备，包括容量、电压，并根据工作环境选用合适的结构形式，尤其是易燃易爆场所，须选用防爆型电气设备；②定期检修与维护，保持必要的安全间距；③按设备运行要求，保持良好的通风；④装设可靠的接地装置。

习 题 2

2.1.1 已知正弦电流 i 的频率 $f=50\text{Hz}$，初相位 $\varphi=45°$，有效值 $I=10\text{A}$。写出 i 的瞬时值表达式。

2.2.1　已知电压 $u = 220\sqrt{2}\sin(314t - 60°)$ V。试分析计算：

（1）最大值 U_m、有效值 U；

（2）周期 T、频率 f、角频率 ω；

（3）初相位 ψ；

（4）相位。

2.2.2　如图 2.01 所示，已知：$R = 100\Omega$，$L = 318.5$ mH，$C = 31.85$ μF，接 220V 的正弦电压。当频率分别为 50Hz 和 500Hz，开关 S 分别合向 a、b、c 时，计算各支路的电流有效值、有功功率、无功功率。

2.2.3　如图 2.02 所示为 RLC 并联电路，已知：$\dot{U} = 220\angle 0°$V，$R = 20\Omega$，$X_L = 20\Omega$，$X_C = 20\Omega$。试分析：

（1）计算电流相量：支路电流 $\dot{I}_R$、$\dot{I}_L$、$\dot{I}_C$，总电流 $\dot{I}$；

（2）计算：有功功率 P，无功功率 Q，视在功率 S，电路的功率因数 $\cos\varphi$。

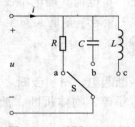

图 2.01　习题 2.2.2 图

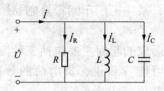

图 2.02　习题 2.2.3

2.2.4　如图 2.03 所示，Z_1 为感性负载，$P_1 = 800$W，$\cos\varphi_1 = 0.6$，接工频 220V 的交流电压。开关 S 闭合后，电路的有功功率增加了 75W，无功功率减少了 300var。试分析计算：开关 S 闭合后，电路的总电流 I 及 Z_2，并判断 Z_2 是感性负载还是容性负载？

2.3.1　RLC 串联电路如图 2.04 所示。已知：$u = 220\sqrt{2}\sin 314t$ V，$R = 60\Omega$，$X_L = 100\Omega$，$X_C = 20\Omega$。试分析计算：

（1）写出电路总阻抗 Z 的表达式，求阻抗模 $|Z|$；计算电流 I。

（2）计算：功率因数 $\cos\varphi$，视在功率 S，有功功率 P，无功功率 Q。

（3）若使电路的功率因数 $\cos\varphi' = 0.9$，其他参数不变，只改变电容器的容量，需将 C 改变为多大？

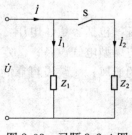

图 2.03　习题 2.2.4 图

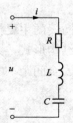

图 2.04　习题 2.3.1 图

2.3.2　有两台单相感性电气设备，并联在工频 220V 的交流电路中。已知：$P_1 = 1$kW，

$\cos\varphi_1 = 0.8$；$P_2 = 2\text{kW}$，$\cos\varphi_2 = 0.6$。试分析计算：

(1) 求总有功功率、总无功功率和总视在功率，电路的总电流，总的功率因数；

(2) 若将电路的功率因数提高到 $\cos\varphi_3 = 0.9$，需并联多大的电容器？

2.3.3　如图 2.05 所示，为日光灯及功率因数提高的电路，$U = 220\text{V}$，$f = 50\text{Hz}$；若开关 S 断开时，灯管 R 的电压 $U_R = 100\text{V}$，电流 $I_1 = 0.4\text{A}$，镇流器的功率 $P_l = 7\text{W}$。试分析计算：

(1) 灯管的电阻 R，镇流器的内阻 R_l 和电感 L；

(2) 灯管的有功功率 P_R、日光灯的总有功功率 P、总有功功率 S、功率因数 $\cos\varphi$；

(3) 若将开关 S 闭合，电路的功率因数提高到 0.95，并联了多大的电容器？计算电路的总电流 I。

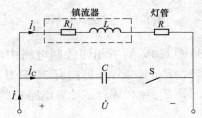

图 2.05　习题 2.3.3 图

2.4.1　对称三相负载 $Z = (60 + \text{j}80)\Omega$，额定相电压 $U_N = 220\text{V}$，接在线电压为 $U_L = 220\text{V}$ 的三相电源上，应选择何种连接方式？并画出电路图。试分析计算：

(1) 线电流 I_L，有功功率 P，无功功率 Q，视在功率 S 及功率因数 $\cos\varphi$。

(2) 若将功率因数提高到 $\cos\varphi_1 = 0.9$，每相负载应并联多大的电容器？

2.4.2　如图 2.06 所示，为 380V/220V 低压供电系统。已知：$\dot{U}_1 = 220\angle 0°\text{V}$，$Z_1 = 100\angle -60°\Omega$，$Z_2 = 100\angle 60°\Omega$；$Z_3 = 50\angle 0°\Omega$。试分析计算：

(1) 相量电流 $\dot{I}_1$、$\dot{I}_2$、$\dot{I}_3$，中性线电流 $\dot{I}_N$；

(2) 各相负载的有功功率 P_1、P_2、P_3，三相电路总的有功功率 P。

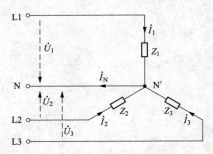

图 2.06　习题 2.4.2 图

2.4.3　在三相四线制电路中，已知：$u_1 = 220\sqrt{2}\sin 314t\,\text{V}$，接有三组白炽灯（注：纯电阻性负载），每只灯的功率为 100W，L1、L2、L3 三相分别为 40、50、60 只，星形接法。试分析计算：线电流 $\dot{I}_{L1}$、$\dot{I}_{L2}$、$\dot{I}_{L3}$，中性线电流 $\dot{I}_N$，电路总的有功功率 P。

2.4.4　如图 2.07 所示，三相电源的线电压 $u_{12} = 380\sqrt{2}\sin(314t + 30°)\text{V}$，接有两个对

称三相负载，$Z_1 = (30 + j40)\Omega$，星形接法；$Z_2 = (40 - j30)\Omega$，三角形接法。试分析计算：

(1) 负载 Z_1、Z_2 的线电流、相电流、有功功率、无功功率、视在功率及功率因数；

(2) 电路总的有功功率、无功功率、视在功率及功率因数，总的线电流。

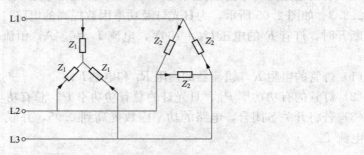

图 2.07　习题 2.4.4 图

2.4.5　如图 2.08 所示 380V/220V 的三相四线制电路中，接有一台三相异步电动机，参数为 $U_{1N} = 380V$，$\cos\varphi_1 = 0.8$，$P_{1N} = 3kW$；另接有 30 只日光灯，每相 10 只，日光灯的参数为 $U_{2N} = 220V$，$\cos\varphi_2 = 0.6$，$P_{2N} = 40W$。试计算电路总的有功功率。

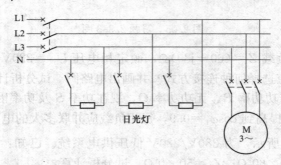

图 2.08　习题 2.4.5 图

第3章 电机传动与拖动基础

电机可以实现能量转换、信号传递与控制等，其理论基础建立在电磁感应和电路理论之上。按照功能，电机分为发电机、变压器、电动机等。在现代工业企业生产、工程与民用生活中，电动机作为电气化系统的动力，应用非常广泛，现代科技与工业的发展离不开电机工业的发展与提高。

所谓电力拖动，是利用电动机作为原动机，拖动各种生产机械或装置按照要求运行，并将电能转换为机械能。随着自动控制和计算机技术的发展，电力拖动系统很容易实现生产过程的自动化和远程操控，从而使生产机械及其性能得到优化配置，大大提高了生产效率，也为工业物联网、人工智能等新兴技术的动力和控制方面提供支撑。

本章引入磁路的基本概念与定律，介绍变压器、电动机等电机的基本原理及应用，简要介绍电力拖动的基础知识。

3.1 磁路的基础知识

在工程实践与应用中，所谓磁路，是指人为形成磁通的通过路径。通常，电气设备采用导磁性能良好的磁性材料做成一定形状的铁心，当绕在铁心上的励磁线圈通电后，电流所产生磁通的绝大部分通过铁心形成磁路。如图3.1.1所示，为常见单相变压器、交流接触器等电气设备的磁路。在图3.1.1（a）中，变压器的铁心磁路为无分支磁路，由同一种磁性材料做成，各段铁心的横截面积相等，称之为均匀磁路；在图3.1.1（b）中，交流接触器的磁通经过铁心和空气隙而闭合，各处的横截面积不完全相等，称之为不均匀磁路。

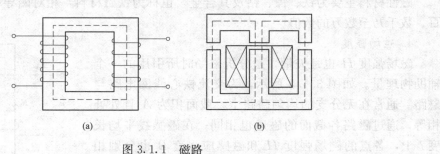

(a)　　　　　　　　　　　(b)

图 3.1.1 磁路
(a) 单相变压器的磁路；(b) 交流接触器的磁路

磁路问题的实质，是局限于一定路径内的磁场问题。因此，有关描述磁场的基本物理量及基本定律同样适用于磁路。

3.1.1 基本物理量与基本定律

1. 磁感应强度

磁感应强度 B 是一个矢量，用来表示磁场内某点的磁场强弱和方向。如果磁场内各点磁感应强度的大小相等、方向相同，称之为匀强磁场。磁感应强度 B 的单位为特［斯拉］（T）。

2. 磁通

假设在磁感应强度为 B 的均匀磁场中，有一个面积为 A 且与磁场方向垂直的平面，磁感应强度 B 的大小与面积 A 的乘积，称为通过该面积的磁通量，简称磁通 Φ，即

$$\Phi = BA \tag{3.1.1}$$

式中：磁通的单位为韦［伯］（Wb）。由式（3.1.1）可得

$$B = \frac{\Phi}{A} \tag{3.1.2}$$

式（3.1.2）可见，磁感应强度的大小可以视为与磁场方向垂直的单位面积所通过的磁通。因此，磁感应强度 B 又称为磁通密度。

3. 磁导率

磁场所通过的物质或材料称为磁场媒质或介质，它们的磁性通常用磁导率描述。

磁导率 μ 是用来反映磁场媒质自身导磁能力或磁性的物理量，μ 的单位是亨［利］每米（H/m）。

自然界的不同物质有着不同的磁导率。根据磁导率 μ 的大小不同，作为磁场媒质的材料分为磁性材料和非磁性材料两类。非磁性材料（如真空、空气、铝和铜等）的磁导率 μ 近似等于真空的磁导率，并且视为常数。根据实验结论，真空磁导率 μ_0 是一个常数，即 $\mu_0 = 4\pi \times 10^{-7}$ H/m。

任意一种物质的磁导率 μ 和真空磁导率 μ_0 的比值，称为该物质的相对磁导率 μ_r，即

$$\mu_r = \frac{\mu}{\mu_0} \tag{3.1.3}$$

通常，非磁性材料的相对磁导率 μ_r 为常数，$\mu_r \approx 1$；磁性材料的 $\mu_r \gg 1$，而且不是常数，例如，硅钢的 $\mu_r \approx 6000 \sim 8000$，坡莫合金的 μ_r 可达 10^5 左右。

磁性材料主要为铁、镍、钴及其合金，也称为铁磁材料，相对磁导率 μ_r 很高，可达数百、数千乃至数万的数值。

4. 磁场强度

磁场强度 H 也是矢量，是分析磁场时所引用的一个辅助物理量。如图 3.1.2 所示，为交流铁心线圈电路与磁路。通常在无分支的均匀磁路中，截面积为 A 且处处相等，通过磁路各截面的磁通也相同；在磁感线平均长度 l 上，各点的磁场强度 H 和磁感应强度 B 也分别相等。其中，磁场强度 H 符合安培环路定律。

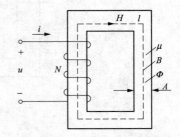

图 3.1.2　交流铁心线圈电路与磁路

【安培环路定律】　磁场强度 H 沿任何闭合磁感线路径 l 的线积分等于其所包围的电流，即

$$\oint H \, \mathrm{d}l = \sum I \tag{3.1.4}$$

可见，安培环路定律反映了磁场强度与产生磁场的电流之间的关系。若磁场分布对称，磁场强度 H 与所选磁感线长度 l 的乘积，等于该磁感线所包围电流的代数和，即

$$Hl = NI \tag{3.1.5}$$

所以
$$H = \frac{NI}{l} \tag{3.1.6}$$

式（3.1.5）中，N 为线圈匝数，磁场强度的单位是安［培］/米（A/m）。可见，磁场强度 H 只反映励磁电流本身所产生磁场的强弱和方向，而与磁感线通过的媒质无关。

在磁路平均长度上各点的磁感应强度为
$$B = \mu H = \mu \frac{NI}{l} \tag{3.1.7}$$

式（3.1.7）表明，磁感应强度 B 的大小与磁场媒质材料相关。

通过截面 A 的磁通 Φ 为
$$\Phi = BA = \mu A \frac{NI}{l} = \frac{NI}{\dfrac{l}{\mu A}} \tag{3.1.8}$$

式（3.1.8）表明磁通 Φ 的大小也与磁场媒质材料相关。其中：令 $F = NI$，称为磁通势，用来产生磁通；令 $R_m = l/\mu A$，称为磁路的磁阻。

【磁路欧姆定律】　在交流铁心线圈电路中，磁通 Φ 与磁通势 F 成正比，与磁阻 R_m 成反比，即
$$\Phi = \frac{F}{R_m} \tag{3.1.9}$$

式（3.1.9）在形式上类似于电路欧姆定律，称之为磁路"欧姆定律"，是分析磁路的基本定律。

3.1.2　磁性材料

为了增强磁场，并将绝大多数的磁感线集束至一定的路径形成磁路，电气设备通常用磁性材料做成铁心。

一、磁性能

磁性材料的性磁性能主要包括高导磁性、磁饱和性和磁滞性。

1. 高导磁性

在外磁场的作用下，磁性材料具有很强的导磁能力，究其原因是内部的特殊结构决定的。如图 3.1.3（a）所示，磁性材料内部天然地存在着许多由分子电流形成的小磁化区，称之为磁畴，每个磁畴相当于一个小磁体。当无外磁场作用时，磁畴的排列杂乱无章，磁场互相抵消，对外不显磁性；如图 3.1.3（b）所示，当有外磁场 H 作用时，各磁畴将逐渐趋向于外磁场的方向排列，从而在内部形成很强的附加磁场，这种现象称为磁性材料被磁化。在强磁化的作用下，磁性材料内部的磁感应强度 B 远大于外围空气隙的磁感应强度。

基于磁性材料具有很强的磁化特性，变压器、电动机和电磁铁等电气设备的线圈都绕在铁心上。因此，线圈通入较小的励磁电流，就可以在铁心内获得较强的磁场。

非磁性材料不具有磁畴结构，因而导磁能力极差。

2. 磁饱和性

磁性材料的磁感应强度 B 随着外磁场强度 H 变化的曲线称为磁化曲线，如图 3.1.4 所示。

结合图 3.1.3 磁性材料磁化的示意图，将图 3.1.4 中的磁化曲线分为三个部分。

（1）在磁化刚开始的 Oa 段，随着外磁场 H 的增强，磁性材料内部趋向排列一致的磁畴数量增加很快，B 与 H 近似成正比关系。

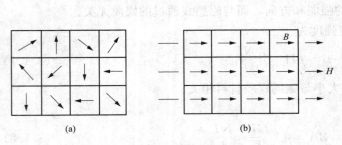

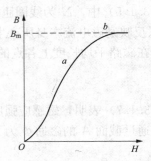

图 3.1.3　磁性材料的磁畴
（a）无外磁场；（b）在外磁场作用下

图 3.1.4　磁化曲线

（2）在 ab 段，当外磁场 H 增强到一定程度后，由于磁性材料内的大部分磁畴已转向外磁场方向，磁感应强度 B 增强变缓。

（3）在 b 点以后，即使再增强外磁场 H，由于磁性材料内部的磁畴基本上全部转向了外磁场方向，磁场媒质的磁性能几乎相当于磁导率很低的空气等非磁性材料，因此内部磁场的增强极为缓慢，达到饱和，磁感应强度 B 达到了饱和值 B_m，这一特性称为磁饱和性。在变压器、电动机和电磁铁等电气设备的铁心中，B 与 H 的工作值通常取在 ab 段，铁心既不会处于饱和状态，又具有较强的磁化磁场。

如图 3.1.5 所示，给出了几种常用磁性材料的基本磁化曲线以供参考。

3. 磁滞性

当磁性材料处于交变磁场的作用下反复磁化时，励磁电流变化一个周期，B 与 H 的变化关系曲线如图 3.1.6 所示。

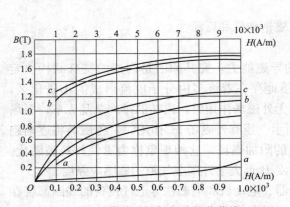

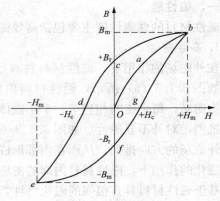

图 3.1.5　常用磁性材料的磁化曲线
a-铸铁；b-铸钢；c-硅钢片

图 3.1.6　磁滞回线

由图 3.1.6 可见，当 H 由零增大到 $+H_m$ 时，B 由零增大到饱和值 B_m，该段磁化曲线称为原始磁化曲线。而后，当 H 由 $+H_m$ 减少时，B 并未沿 bO 段曲线而是沿 bc 段曲线减小；当 H 减少至零时，B 却不为零，此时磁性材料内部仍保持一部分磁性，磁感应强度称

为剩磁 B_r。要消除剩磁使 B 减少到零，必须外加一定大小的反向磁场 H_c，H_c 称为矫顽磁力。由此可见，磁性材料在磁化的过程中，内部磁场感应强度 B 的变化总是滞后于外磁场强度 H 的变化，这一性质称为磁性材料的磁滞性。

若继续反向增大 H，当 H 为 H_m 时，B 也增大至反向饱和值。此后，当 H 值在 H_m 和 $+H_m$ 之间交变时，B 的变化轨迹为 *efgbcde* 的闭合曲线，称为磁滞回线。

磁性材料不同，磁滞回线的形状也不相同，据此将磁性材料分为以下三类：

（1）软磁材料。软磁材料具有较窄的磁滞回线，因而它具有较小的剩磁和很高的磁导率。常用的软磁材料有铸铁、硅钢、坡莫合金及铁氧体等，一般用来制造变压器、电动机和电磁铁等电气设备的铁心。

（2）硬磁材料。硬磁材料具有较宽的磁滞回线，因而剩磁和矫顽磁力都比较大。常用的硬磁材料有碳钢、钴钢及铁镍铝钴合金等，一般用来制造永久磁铁。

（3）矩磁材料。磁滞回线接近矩形，具有较小的矫顽磁力和较大的剩磁。常用的矩磁材料有镁锰铁氧体和部分铁镍合金等，在计算机和控制系统中用作记忆元件、开关元件和逻辑元件。

二、功率损耗

1. 磁滞损耗

在交变外磁场的作用下，磁性材料被反复磁化，磁畴的取向不断变化，从而使磁畴间互相摩擦振动，所产生的功率损耗称为磁滞损耗。磁滞损耗与磁滞回线的面积有关，面积越大，磁滞损耗越大；反之，磁滞损耗越小。

磁滞损耗是变压器、电动机和电磁铁等电气设备铁心发热的原因之一。软磁材料的磁滞损耗比其他磁性材料的要小，因此交流铁心多选用软磁材料，如硅钢等。

2. 涡流损耗

涡流损耗是由铁心中的涡流产生的。当铁心线圈电路的励磁线圈通有交流电流时，所产生的交变磁通穿过铁心。如图 3.1.7 所示，交变磁通在铁心内产生感应电动势，进而在垂直于磁感线方向的截面由内向外形成一层层的环状感应电流，故称涡流，涡流所消耗的电功率称为涡流损耗。

涡流损耗也会造成铁心发热，严重时会影响电气设备的正常工作。如图 3.1.8 所示，为了减小涡流损耗，电气设备的铁心采用彼此绝缘的硅钢片叠成。由于硅钢片具有较高的电阻率，且涡流被限制在较小的截面内流通，因而大大减小了涡流及涡流损耗。

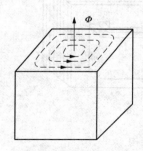

图 3.1.7　整块铁心

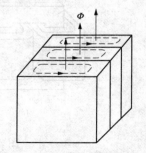

图 3.1.8　硅钢片叠成的铁心

一般来说，涡流对许多电气设备是有害的，但在某些场合加以利用，例如，工业用高频感应电炉，利用涡流的热效应加热冶炼炉内的金属。

涡流损耗和磁滞损耗统称为铁损耗。

3.2 变 压 器

变压器是一种静止的电气设备，可实现同频率交流电（或交流信号）的电压、电流和阻抗变换。

在电力系统中，发电厂发出的交流电能输送到远方的电力用户，为了减小输电线路上的电压损失和功率损耗，输电系统采用高压输电。受制于交流发电机本身绝缘水平的限制，发电机输出的电压等级只有 10.5kV、18kV 等少数几种，因此需要用升压变压器将电压升高，然后进行远距离输送。通常，高压输电线路规定的电压等级有 35、110、220、330kV 和 500kV 等，在用户端，由于用电设备使用的是低电压，使用条件与要求不完全相同，又需用降压变压器将输电线路的高电压变换成适于各种用电设备所需的电压。

变压器的种类很多，按照用途分类有：输变、配电系统用的电力变压器；电子线路用的级间耦合变压器、脉冲变压器；测量仪表中用的仪用互感器；实验室用的自耦调压器；焊接用的电焊变压器等。

3.2.1 单相变压器

一、基本结构

变压器的基本结构主要由闭合的铁心和绕组构成，如图 3.2.1 所示为单相变压器的结构。

铁心是变压器的磁路部分。为了提高磁路的导磁能力、减小铁损耗，变压器的铁心采用 0.35mm 或 0.5mm 厚的硅钢片叠成，每层硅钢片都涂有绝缘漆。按照铁心形式，变压器分为心式和壳式两种。图 3.2.1（a）为心式变压器，绕组绕在两个铁心柱上，电力变压器多采用此形式；图 3.2.1（b）为壳式变压器，绕组绕在中间的铁心柱上，中间心柱通过的磁通约为两侧心柱的两倍，截面积也约为两侧心柱的两倍，小容量单相变压器一般采用此形式。

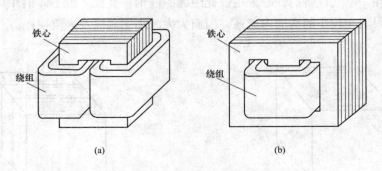

(a)   (b)

图 3.2.1　单相变压器的基本结构
（a）心式变压器；（b）壳式变压器

　　绕组是变压器的电路部分，是由表面绝缘的铜导线绕制成一定形状的线圈。通常电压高的绕组称为高压绕组，电压低的绕组称为低压绕组。中小型变压器多采用圆筒形绕组，低压绕组靠近铁心内侧，高压绕组则绕在低压绕组的外面；并且，高压与低压绕组之间、低压绕组与铁心之间要相互绝缘。

　　由于功率损耗的存在，运行时变压器的铁心和绕组会发热，因此需要冷却散热。小容量变压器多利用空气的流动进行自然冷却。容量较大的变压器多采用油冷式，即把整个铁心和绕组置于一个铁制的油箱内，油箱内盛满绝缘的变压器油，作为绝缘介质与散热媒介。在变压器运行时，铁心和绕组将升温，连带周围的冷却油也随之升温，从而形成油的自然对流，把热量传给油箱壁而散发到空气中。另外，变压器油还可以保护铁心、绕组等不受外界潮湿空气的侵害。

　　目前，更多地使用干式节能电力变压器，制造工艺先进，散热性好，不需要变压器油和油箱，就相同容量的电力变压器而言，大大减小了重量和体积。

二、工作原理

　　最简单的单相变压器由铁心和两个绕组组成。为了画图方便，把两个绕组分别画在两个铁心柱上，如图 3.2.2 所示，其中接电源的绕组称为一次绕组，匝数为 N_1；接负载的绕组称为二次绕组，匝数为 N_2。可见，一、二次绕组在电路上彼此分开、相互绝缘，但它们处于同一磁路中，通过磁通的媒介作用实现电能的传输。

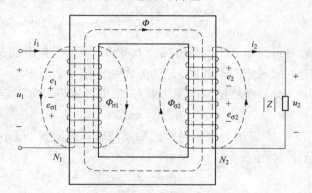

图 3.2.2　变压器带负载运行

1. 电磁关系

　　在图 3.2.2 中，变压器的一次绕组接入单相正弦交流电源，二次绕组接负载 $|Z|$，称为变压器的负载运行。在电源电压 u_1 的作用下，一次绕组的电流为 i_1，由于铁心磁性材料的磁导率远大于空气的磁导率，磁通势 $N_1 i_1$ 所产生磁通的绝大部分经由铁心磁路而闭合，由右手定则可以判断，磁通方向为顺时针方向；进而在二次绕组产生感应电动势，因为二次绕组接有负载 $|Z|$ 而闭合，二次绕组的电流为 i_2，磁通势 $N_2 i_2$ 所产生磁通的绝大部分磁通也通过铁心磁路而闭合，经判断磁通方向同为顺时针方向。可见，铁心磁路中的磁通为一、二次绕组的磁通势（$N_1 i_1 + N_2 i_2$）所产生磁通的同向叠加，是一个合成磁通，称之为主磁通，记作 Φ。另外，一、二次绕组的磁通势 $N_1 i_1$、$N_2 i_2$ 还分别产生漏磁通 $\Phi_{\sigma 1}$、$\Phi_{\sigma 2}$，并有 $\Phi \gg \Phi_{\sigma 1}$，$\Phi \gg \Phi_{\sigma 2}$。其中，Φ、$\Phi_{\sigma 1}$ 和 $\Phi_{\sigma 2}$ 的方向如图 3.2.2 所示。

2. 变换关系

(1) 电压变换。一次绕组的电压 u_1 按正弦规律变化，则电流 i_1、i_2 和主磁通 Φ 视为按正弦规律变化。主磁通 Φ 穿过一、二次绕组分别产生主磁感应电动势 e_1 和 e_2，由右手定则，e_1、e_2 的方向如图 3.2.2 所示。

假定每匝线圈的主磁通为

$$\Phi = \Phi_m \sin\omega t$$

根据电磁感应定律，有

$$e_1 = -N_1 \frac{d\Phi}{dt} = -N_1 \frac{d(\Phi_m \sin\omega t)}{dt} = -N_1 \omega \Phi_m \cos\omega t = N_1 \omega \Phi_m \sin\left(\omega t - \frac{\pi}{2}\right)$$

$$= E_{1m} \sin\left(\omega t - \frac{\pi}{2}\right) \tag{3.2.1}$$

同理

$$e_2 = -N_2 \frac{d\Phi}{dt} = N_2 \omega \Phi_m \sin\left(\omega t - \frac{\pi}{2}\right) = E_{2m} \sin\left(\omega t - \frac{\pi}{2}\right) \tag{3.2.2}$$

由式 (3.2.1)、式 (3.2.2)，e_1 和 e_2 的有效值分别为

$$E_1 = \frac{E_{1m}}{\sqrt{2}} = \frac{N_1 \omega \Phi_m}{\sqrt{2}} = \frac{2\pi f N_1 \Phi_m}{\sqrt{2}} \approx 4.44 f N_1 \Phi_m \tag{3.2.3}$$

$$E_2 = \frac{E_{2m}}{\sqrt{2}} = \frac{N_2 \omega \Phi_m}{\sqrt{2}} = \frac{2\pi f N_2 \Phi_m}{\sqrt{2}} \approx 4.44 f N_2 \Phi_m \tag{3.2.4}$$

再有，一次绕组的漏磁通 $\Phi_{\sigma1}$ 产生漏磁感应电动势 $e_{\sigma1}$。根据电磁感应规律，由楞次定律、右手定则可以判定，漏磁感应电动势 $e_{\sigma1}$ 的方向如图 3.2.2 所示。

在一次绕组电路中，设一次绕组的内阻为 R_1。根据基尔霍夫电压定律，有

$$u_1 + e_1 + e_{\sigma1} = R_1 i_1 \tag{3.2.5}$$

由于 $\Phi \gg \Phi_{\sigma1}$，所以 $e_1 \gg e_{\sigma1}$；又因为绕组通常由铜线绕成，内阻 R_1 很小，电压降 $R_1 i_1$ 也很小，在工程上可略去不计。则

$$u_1 \approx -e_1 \tag{3.2.6}$$

所以

$$U_1 \approx E_1 \approx 4.44 f N_1 \Phi_m \tag{3.2.7}$$

变压器负载运行时，在二次绕组除了主磁通 Φ 产生的主磁感应电动势 e_2 外，漏磁通 $\Phi_{\sigma2}$ 还产生漏磁感应电动势 $e_{\sigma2}$，根据电磁感应规律，由楞次定律、右手定则可以判定，漏磁感应电动势 $e_{\sigma2}$ 的方向如图 3.2.2 所示。设二次绕组的内阻为 R_2，根据基尔霍夫电压定律，有

$$u_2 + R_2 i_2 = e_2 + e_{\sigma2} \tag{3.2.8}$$

由于 $\Phi \gg \Phi_{\sigma2}$，所以 $e_2 \gg e_{\sigma2}$；又因为绕组通常由铜线绕成，内阻 R_2 很小，电压降 $R_2 i_2$ 可略去不计。则

$$u_2 = e_2 \tag{3.2.9}$$

所以

$$U_2 = E_2 \approx 4.44 f N_2 \Phi_m \tag{3.2.10}$$

由式 (3.2.7)、式 (3.2.10) 可得

$$\frac{U_1}{U_2} \approx \frac{E_1}{E_2} = \frac{N_1}{N_2} = k_u \tag{3.2.11}$$

式中：k_u 称为电压比，表明变压器一、二次绕组的电压之比等于它们的匝数比。当 $N_1 >$ N_2 时，$k_u > 1$，则 $U_2 < U_1$，变压器降压；当 $N_1 < N_2$ 时，$k_u < 1$，则 $U_2 > U_1$，变压器升压。可见，变压器具有电压变换作用。

如果变压器空载运行，即二次绕组的负载端开路，设空载输出电压为 u_{20}，有效值为 U_{20}。根据前述分析方法，同理可得

$$\frac{U_1}{U_{20}} \approx \frac{E_1}{E_2} = \frac{N_1}{N_2} = k_u \tag{3.2.12}$$

【例 3.2.1】　有一台变压器，一次绕组接在 3300V 的交流电源上，空载，测得二次绕组的电压为 220V。已知二次绕组的匝数 N_2 为 120 匝，试求：电压比 k_u 和一次绕组匝数 N_1。

解
$$k_u = \frac{N_1}{N_2} = \frac{U_1}{U_{20}} = \frac{3300}{220} = 15$$
$$N_1 = k_u N_2 = 15 \times 120 = 1800（匝）$$

（2）电流变换。如果变压器空载运行时，主磁通只由一次绕组的磁通势 $N_1 i_0$ 产生（注：i_0 为变压器空载时一次绕组的电流）；若负载运行时，主磁通由一、二次绕组的合成磁通势（$N_1 i_1 + N_2 i_2$）所产生。由式（3.2.7）$U_1 \approx E_1 \approx 4.44 f N_1 \Phi_m$ 可知，若 U_1、f 不变，则铁心中每匝线圈主磁通的最大值 Φ_m 视为恒定。则有

$$N_1 i_1 + N_2 i_2 \approx N_1 i_0$$

所以
$$N_1(i_1 - i_0) \approx -N_2 i_2 \tag{3.2.13}$$

通常，相较于变压器接近额定运行下的励磁电流 I_1，空载运行下一次绕组励磁电流的有效值 I_0 很小，并可忽略不计。于是有

$$N_1 i_1 \approx -N_2 i_2$$

则
$$N_1 I_1 \approx N_2 I_2 \tag{3.2.14}$$

由式（3.2.14）可得，一、二次绕组中的电流变换关系为

$$\frac{I_1}{I_2} \approx \frac{N_2}{N_1} = \frac{1}{k_u} = k_i \tag{3.2.15}$$

式中：k_i 称为变压器的电流比，表明变压器一、二次绕组的电流之比近似等于其匝数比的倒数，则 k_i 与 k_u 互为倒数。需要说明，负载越接近于额定负载，按式（3.2.15）计算的结果越准确。

需要指出，当变压器带负载运行时，电源电压 U_1 不变，若负载发生变化，二次绕组的电流 I_2 随着改变，进而一次绕组的电流 I_1 按照电流变换关系随之而变。显而易见，一次绕组电流 I_1 的大小取决于二次绕组的电流 I_2。

（3）阻抗变换。变压器的阻抗变换作用在电子技术中有其重要意义。在电子线路中，为了使负载从信号源获取最大传输功率，要求阻抗匹配，即信号源的内阻抗与其负载阻抗大小相等。但在实际上，二者往往并不相等，利用变压器的阻抗变换作用可以满足阻抗匹配的需要。

如图 3.2.3（a）所示，变压器的二次绕组接有阻抗模为 $|Z|$ 的负载，而由一次绕组往变压器方向看进去的等效阻抗模记作 $|Z'|$，如图 3.2.3（a）、（b）所示。所谓"等效"，是指交流电源输送给变压器一次绕组的电压、电流和功率不变时，相对于交流电源而言，直接接在交流电源的阻抗模 $|Z'|$ 和接在二次绕组的阻抗模 $|Z|$ 是等效的。

由图 3.2.3（a）可得

$$\frac{U_2}{I_2}=|Z|$$

由图 3.2.3（b）可得

$$\frac{U_1}{I_1}=|Z'|$$

根据式（3.2.11）和式（3.2.15），可得

$$\frac{U_1}{I_1}=\frac{\dfrac{N_1}{N_2}U_2}{\dfrac{N_2}{N_1}I_2}=\left(\frac{N_1}{N_2}\right)^2\frac{U_2}{I_2}=k_\mathrm{u}^2\frac{U_2}{I_2}$$

所以
$$|Z'|=k_\mathrm{u}^2|Z| \tag{3.2.16}$$

式（3.2.16）表明，当变压器二次绕组接入阻抗 $|Z|$ 时，相当于在一次绕组电路的两端接入阻抗 $k_\mathrm{u}^2|Z|$，即变压器的阻抗变换作用。

【例 3.2.2】 如图 3.2.4 所示，一次绕组接有信号源，$U_\mathrm{S}=40\mathrm{V}$，内阻 $R_0=400\Omega$；负载电阻为 $R_\mathrm{L}=4\Omega$。试分析计算：

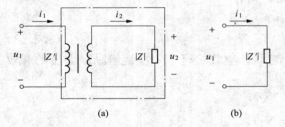

(a)　　　　　(b)

图 3.2.3　变压器的阻抗变换

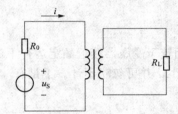

图 3.2.4　[例 3.2.2]图

（1）电压比 k_u 为多大的变压器才能实现阻抗匹配？

（2）不计变压器的损耗，当实现阻抗匹配时，负载获得多大的功率？

（3）若将负载直接接于信号源时，忽略损耗，负载获得多大的功率？

解（1）若要实现阻抗匹配，须满足折算到一次绕组的电阻 $R'_\mathrm{L}=R_0$。根据式（3.2.16），变压器的电压比 k_u 应为

$$k_\mathrm{u}=\sqrt{\frac{R'_\mathrm{L}}{R_\mathrm{L}}}=\sqrt{\frac{R_0}{R_\mathrm{L}}}=\sqrt{\frac{400}{4}}=10$$

（2）阻抗匹配时，$R'_\mathrm{L}=R_0$，则负载获得的功率

$$P_\mathrm{L}=\left(\frac{U_\mathrm{S}}{R_0+R'_\mathrm{L}}\right)^2 R'_\mathrm{L}=\left(\frac{U_\mathrm{S}}{2R_0}\right)^2 R_0=\frac{U_\mathrm{S}^2}{4R_0}=\frac{40^2}{4\times400}=1(\mathrm{W})$$

（3）若将负载直接接于信号源，负载获得的功率为

$$P'_\mathrm{L}=\left(\frac{U_\mathrm{S}}{R_0+R_\mathrm{L}}\right)^2 R_\mathrm{L}=\left(\frac{40}{400+4}\right)^2\times4\approx0.04\,(\mathrm{W})$$

三、外特性

单相变压器的外特性是指，一次绕组外加电压 U_1、负载功率因数 $\cos\varphi_2$（即负载的性质）不变的条件下，二次绕组的电压 U_2 与电流 I_2 的关系 $U_2=f(I_2)$。

对于负载而言，变压器的二次绕组可以看作电源。在一次绕组外加电压 U_1 和负载功率因数 $\cos\varphi_2$ 不变的条件下，当负载增大时，二次绕组的输出电流 I_2 增大，漏阻抗的电压降随之增大；当二次绕组接电阻性或电感性负载时，电压 U_2 将随着电流 I_2 的增大而减小。单相变压器外特性的曲线如图 3.2.5 所示，是 U_2 随着 I_2 的增大而稍微下降的曲线，通常 U_2 随 I_2 的变化越小越好。

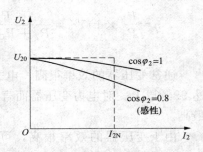

图 3.2.5　单相变压器的外特性

变压器从空载到额定负载运行时，二次绕组的电压变量（$U_{20}-U_2$）占空载电压 U_{20} 的百分比，称为电压调整率 $\Delta U\%$，即

$$\Delta U\% = \frac{U_{20}-U_2}{U_{20}} \times 100\% = \frac{U_{2N}-U_2}{U_{2N}} \times 100\% \tag{3.2.17}$$

式（3.2.17）中，U_{2N} 为二次绕组的额定电压，通常认为 $U_{2N}=U_{20}$。一般地，常用变压器的电压调整率为 3%～5%。

四、功率和效率

第 2 章已经阐明，当变压器作为电源设备或装置、传输信号作为信号源时，视在功率也称为容量，即提供最大可能的有功功率。当单相变压器负载运行时，相关功率关系分析如下：

1. 视在功率（容量）

一次绕组的视在功率为

$$S_1 = U_1 I_1 \tag{3.2.18}$$

二次绕组的视在功率为

$$S_2 = U_2 I_2 \tag{3.2.19}$$

一般来说，当额定运行或接近于额定运行下，忽略功率损耗、漏磁通和一、二次绕组的互感等因素时，视为 $S_1 \approx S_2$。

2. 有功功率

二次绕组实际输出的有功功率

$$P_2 = U_2 I_2 \cos\varphi_2 \tag{3.2.20}$$

式中：φ_2 为 u_2 与 i_2 的相位差。

一次绕组从电源输入的有功功率

$$P_1 = U_1 I_1 \cos\varphi_1 \tag{3.2.21}$$

式中：φ_1 为一次绕组的电压 u_1 与电流 i_1 的相位差。需要指出，若变压器的负载发生变化，P_2 也会有所变化，那么一次绕组从电源输入的有功功率 P_1 随之而变，即 P_1 的大小取决于 P_2。

变压器负载运行时，自身存在功率损耗，因此输入有功功率 P_1 总是大于输出有功功率 P_2，二者之差即功率损耗 ΔP，主要包括铜损耗 P_{Cu} 和铁损耗 P_{Fe}，$\Delta P = P_{Cu}+P_{Fe}$，则

$$P_1 = P_2 + \Delta P = P_2 + P_{Cu} + P_{Fe} \tag{3.2.22}$$

3. 效率

变压器输出的有功功率 P_2 和输入有功功率 P_1 的比值称为变压器的效率，记作 η，即

$$\eta = \frac{P_2}{P_1} \times 100\% = \frac{P_2}{P_2 + P_{\text{Cu}} + P_{\text{Fe}}} \times 100\% = \frac{U_2 I_2 \cos\varphi_2}{U_2 I_2 \cos\varphi_2 + P_{\text{Cu}} + P_{\text{Fe}}} \times 100\%$$

$$(3.2.23)$$

通常变压器的效率很高，电力变压器的效率可达 95% 以上；大容量变压器的效率可达 99% 以上。对电力变压器而言，一般情况下，在负载为额定负载的 50%～75% 时效率最高。

由于变压器的效率很高，可以认为 $P_2 \approx P_1$，由式（3.2.20）、式（3.2.21）可得，$\cos\varphi_1 \approx \cos\varphi_2$。此外，由式（3.2.23）可见，负载的功率因数 $\cos\varphi_2$ 越高，变压器的效率越高，从而可以提高电网的运行效率。

【例 3.2.3】 有一台额定容量为 50kV·A，额定电压为 6600/220V 的单相变压器。若忽略电压调整率和变压器的功率损耗，试分析计算：

（1）接入 440 盏 220V、40W、功率因数为 0.5 的日光灯时，求一、二次绕组的电流；

（2）变压器是否已经满载？若未满载，还能接入多少盏这样的日光灯？

解 （1）二次绕组的电流

$$I_2 = \frac{P_{\text{灯}}}{U_2 \cos\varphi} \times n = \frac{40}{220 \times 0.5} \times 440 = 160(\text{A})$$

一次绕组的电流

$$I_1 = \frac{N_2}{N_1} \times I_2 = \frac{U_{2\text{N}}}{U_{1\text{N}}} \times I_2 = \frac{220}{6600} \times 160 = 5.33(\text{A})$$

（2） $I_{2\text{N}} = S_\text{N}/U_{2\text{N}} = 50\,000/220 = 227.27(\text{A}) > I_2 = 160\text{A}$

可见，变压器尚未满载。还可以接入日光灯的盏数

$$n' = \frac{I_{2\text{N}}}{P_{\text{灯}}/U_{2\text{N}} \cdot \cos\varphi} - n = \frac{227.27}{40/220 \times 0.5} - 440 = 185(\text{盏})$$

*五、绕组的极性

在实际应用中，变压器的一、二次绕组往往做成多个绕组，以获得所需的多种电压数值。有时，还需要通过绕组间的串联或并联适配较高的电压或较大的电流，必须按绕组间的极性关系，进行正确连接。当变压器的两个绕组分别通入电流时，若在磁路中产生的磁通同向，并相互加强，两个电流的流入端（或流出端）称为变压器绕组间的同极性端，又称同名端，标注记号"·"；否则，称为异极性端，又称异名端。

如图 3.2.6（a）所示，变压器的一次绕组有两个绕向、匝数相同的绕组，每个绕组的额定电压为 110V，图中 1 和 3 端、2 和 4 端互为同极性端。当变压器接到 220V 的电源上时，两个绕组必须串联，如图 3.2.6（b）所示，正确串联的方法是把两个绕组的异极性端（如 2 端和 3 端）连在一起，而将剩下的两个端（如 1 端和 4 端）分别接入电源两端；当变压器接到 110V 的电源上，两绕组需要并联，如图 3.2.6（c）所示，正确并联的方法是把两个绕组的同极性端分别连在一起，如 1 和 3 端相连，2 和 4 端相连，然后分别接入电源的两端。

需要注意，变压器绕组的同极性端与绕组的绕向有关。因此，使用变压器时必须根据绕组的实际情况正确连接。否则，如果连接错误，两个绕组的电流在铁心磁路内产生的磁通互相冲抵或抵消，绕组将会流过很大的电流，以至于损坏变压器。

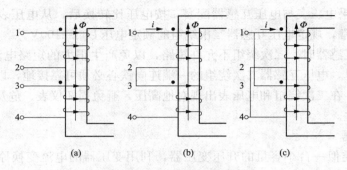

图 3.2.6 变压器绕组的连接

(a) 同极性端；(b) 绕组串联；(c) 绕组并联

3.2.2 特殊变压器

1. 自耦变压器

如图 3.2.7 所示，为单相自耦变压器。与前述双绕组普通变压器的结构有所不同，自耦变压器没有独立的二次绕组，通过中间触头把一次绕组的一部分作为二次绕组。显然，一、二次绕组有电路的直接联系。

单相自耦变压器一、二次绕组处于同一磁路，工作原理和双绕组变压器类似。一、二次绕组间的电压和电流关系分别为

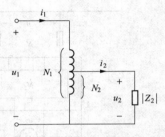

图 3.2.7 单相自耦变压器

$$\frac{U_1}{U_2} = \frac{N_1}{N_2} = k_u \qquad (3.2.24)$$

$$\frac{I_1}{I_2} = \frac{N_2}{N_1} = k_i \qquad (3.2.25)$$

自耦变压器在实验室中广泛应用。实验室中常用的单相自耦变压器具有环形铁心，二次绕组的引出线做成可以沿整个绕组滑动的活动触头，通过转动手柄使触头滑动，改变二次绕组的匝数，从而改变输出电压。自耦变压器也称为自耦调压器，简称调压器。

自耦变压器也可制成三相结构，称为三相自耦变压器。三相自耦变压器的三个绕组通常接成星形，常用于三相调压、三相异步电动机的降压起动设备等。

自耦变压器和普通双绕组变压器相比较，具有结构简单、节省原材料、效率高和调压方便等优点。但是，由于一、二次绕组共用一个绕组，相互间有电路的联系，因此不能作为安全变压器使用。通常，安全变压器采用一、二次绕组无直接电路联系的双绕组变压器。

2. 电压互感器

电压互感器用于扩展交流电压表的量程，即用小量程的交流电压表测量高电压。电压互感器类似一台小容量的降压变压器，一般做成单相双绕组结构，如图 3.2.8 所示。一次绕组的匝数 N_1 较多，并接于待测的高压线路中；二次绕组的匝数 N_2 较少，两端接电压表。由变压器的电压变换关系，即

$$\frac{U_1}{U_2} = \frac{N_1}{N_2} = k_u \quad \text{或 } U_1 = k_u U_2 \qquad (3.2.26)$$

式（3.2.26）中可见，根据电压表的读数 U_2 和电压互感器的电压比 k_u，可算出待测高压线

路的电压 U_1。如果电压表与电压互感器配套，按电压比转换后，从电压表显示的数值可以直接读取 U_1。通常，规定电压互感器二次绕组的额定电压 $U_{2N}=100V$。

在使用电压互感器时，二次绕组不允许短路，以免产生很大的短路电流将变压器烧毁。为了使用安全起见，电压互感器二次绕组的一端连同铁心必须可靠接地，以防一、二次绕组间的绝缘损坏时，在二次绕组和电压表出现对地高压，避免损坏仪表、危及操作人员的人身安全等事故的发生。

　　3. 电流互感器

电流互感器类似一台小容量的升压变压器，利用变压器的电流变换原理，用于扩展交流电流表的量程，即用小量程的交流电流表测量大的交流电流，如图 3.2.9 所示。一次绕组的匝数 N_1 较少，一般只有一匝或几匝，导线较粗，串联到待测的大电流线路中；二次绕组的匝数 N_2 较多，导线较细，两端串联接入交流电流表。变压器的电流变换关系为

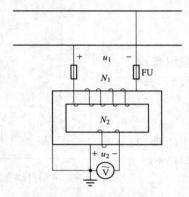

图 3.2.8　电压互感器

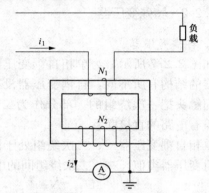

图 3.2.9　电流互感器

$$\frac{I_1}{I_2}=\frac{N_2}{N_1}=k_i \text{ 或 } I_1=k_i I_2 \qquad (3.2.27)$$

式（3.2.27）中可见，根据电流表的读数 I_2 和电流互感器的电流比 k_i，可以算出待测线路的大电流 I_1。如果电流表和电流互感器配套，按电流比转换后，从电流表显示的数值可以直接读取 I_1。通常，规定电流互感器二次绕组的额定电流 $I_{2N}=5A$。

　　需要指出，在使用电流互感器时，二次绕组电路不允许开路。由于电流互感器的一次绕组和待测线路串联，电流仅取决于待测线路中的负载，而与二次绕组的电流 i_2 基本无关，这区别于普通变压器。如果二次绕组开路，则 $i_2=0$，磁通势 $N_2 i_2$ 消失，只有一次绕组的磁通势 $N_1 i_1$ 在铁心内产生磁通，若 I_1 很大，则铁心磁路中的磁通很大，一方面铁损耗增大，铁心发热严重，甚至于过热导致绝缘层融化而短路；另外，在二次绕组的两端可能产生很高的感应电动势，绝缘击穿或严重危及工作人员的人身安全。因此接入或拆除电流表时，必须先将二次绕组两端短路。此外，为了安全起见，电流互感器二次绕组的一端和铁心均须可靠接地，防止由于绕组间绝缘损坏，使一次绕组的电源电压传至二次绕组的电路中，引发事故。

　　随着被测电流的不断提高，上述电磁式电流互感器的铁心容易饱和，从而影响测量精度。为此，在有些场合已经使用光电式电流互感器。

*3.2.3　三相变压器

现代电力系统普遍采用三相供电制，采用三相变压器改变三相交流电压。目前广泛使用三相心式变压器。

如图 3.2.10 所示，三相心式变压器的主体结构由铁心和三相绕组构成。在对称三相负载下，它相当于三个单相变压器。变压器的铁心有三个铁心柱，每个心柱上都绕有一、二次绕组，相当于一个单相变压器。三相高压绕组的始端分别用 U1、V1 和 W1 表示，末端分别用 U2、V2 和 W2 表示，中性点用 N 表示；三相低压绕组的始端分别用 u1、v1 和 w1 表示，末端分别用 u2、v2 和 w2 表示，中性点用 n 表示。三相高、低压绕组可以接成星形（分别用 Y 和 y 表示）或三角形（分别用 D 和 d 表示）。

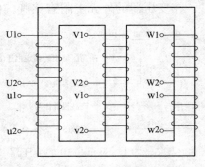

图 3.2.10　三相变压器的结构

根据三相电源的线电压和一次绕组额定电压的大小，三相变压器绕组常采用四种连接方式：星形—星形（有中性线）Yyn；星形—三角形 Yd；星形（有中性线）—三角形 Ynd；三角形—三角形 Dd。

三相变压器的工作原理和单相变压器的相同。如图 3.2.11（a）所示，当一、二次绕组为 Yyn 方式连接时，线电压之比等于相电压之比，即

$$\frac{U_{L1}}{U_{L2}}=\frac{\sqrt{3}U_{P1}}{\sqrt{3}U_{P2}}=\frac{U_{P1}}{U_{P2}}=\frac{N_1}{N_2}=k_u \tag{3.2.28}$$

如图 3.2.11（b）所示，当一、二次绕组为 Yd 方式连接时，线电压之比等于相电压之比的 $\sqrt{3}$ 倍，即

$$\frac{U_{L1}}{U_{L2}}=\frac{\sqrt{3}U_{P1}}{U_{P2}}=\sqrt{3}\,\frac{N_1}{N_2}=\sqrt{3}\,k_u \tag{3.2.29}$$

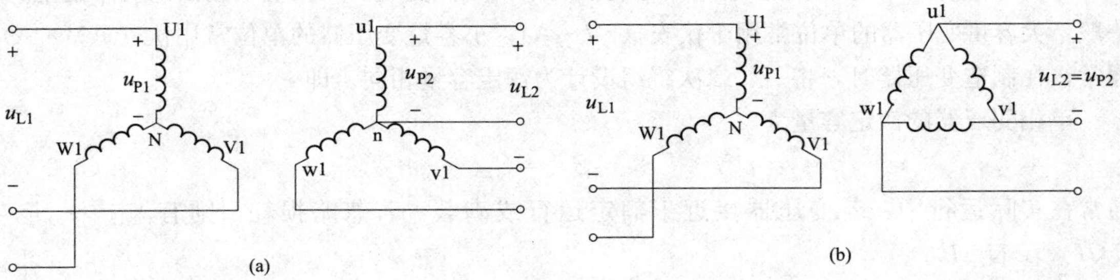

(a)　　　　　　　　　　　　　　　　　　　　　　(b)

图 3.2.11　三相变压器的连接方式

(a) Yyn 连接；(b) Yd 连接

低压电力变压器一般为 Yyn 连接，可以为三相动力负载提供两种电压，使动力和照明共用一条线路。

高压电力变压器一般为 Yd 连接，高压侧接成星形，相电压为线电压的 $1/\sqrt{3}$，可以降

低每相绕组的绝缘要求；低压侧连接成三角形，相电流为线电流的 $1/\sqrt{3}$，可以减小每相绕组的导线截面积。

3.2.4　铭牌数据

在变压器的外壳上附有铭牌，标明了变压器的主要技术数据，以供正确选用。

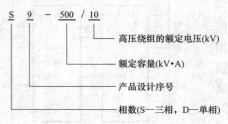

图 3.2.12　S9-500/10 型变压器

1. 型号

变压器的型号表明其结构系列形式和产品规格。例如，S9-500/10 型变压器，是我国统一设计的高效节能 S9 系列变压器，如图 3.2.12 所示。

（1）如果绕组外的绝缘媒质为空气，在型号中的相数之后还标注 F；油浸式不标注。

（2）变压器的冷却方式若为风冷，型号中用 E 表示，水冷用 W 表示；油浸自然循环冷却不标注。

（3）绕组的导线材料为铜线时不标注。

综上所述，图 3.2.12 所示 S9-500/10 型变压器为：三相油浸自冷式铜线变压器，容量为 $500\text{kV}\cdot\text{A}$，高压绕组的额定电压为 10kV。

2. 额定值

（1）额定电压 $U_{1\text{N}}$ 和 $U_{2\text{N}}$。一次绕组的额定电压 $U_{1\text{N}}$，是指变压器正常使用时，一次绕组应加的电压值，是根据变压器的绝缘强度和容许发热条件规定的。二次绕组的额定电压 $U_{2\text{N}}$，是指变压器空载、一次绕组加额定电压时二次绕组两端的电压值。

在三相变压器中，一、二次绕组的额定电压均指线电压。

（2）额定电流 $I_{1\text{N}}$ 和 $I_{2\text{N}}$。额定电流 $I_{1\text{N}}$ 和 $I_{2\text{N}}$ 是根据变压器容许发热条件而规定的一、二次绕组通过的最大容许电流值。

在三相变压器中，一、二次绕组的额定电流均指线电流。

（3）额定容量 S_{N}。额定容量即额定视在功率，反映变压器二次绕组输出电功率的能力。一般，大容量变压器的单位常用千伏安（$\text{kV}\cdot\text{A}$）；小容量变压器的单位常用伏安（$\text{V}\cdot\text{A}$）。通常，在制造变压器时，将一、二次绕组设计为额定容量相同。即

单相变压器的额定容量为

$$S_{\text{N}}=S_{1\text{N}}=S_{2\text{N}} \tag{3.2.30}$$

通常在实际运行中，若变压器接近于额定运行或满载，若忽略损耗，则有 $S_{1\text{N}}\approx S_{2\text{N}}$，$U_{1\text{N}}I_{1\text{N}}\approx U_{2\text{N}}I_{2\text{N}}$。

三相变压器的额定容量为

$$S_{\text{N}}=\sqrt{3}U_{2\text{N}}I_{2\text{N}}\approx\sqrt{3}U_{1\text{N}}I_{1\text{N}} \tag{3.2.31}$$

（4）额定频率 f_{N}。额定频率 f_{N} 是指变压器一次绕组所加电压的允许频率。国产电力变压器的额定频率为工频 50Hz。

除此之外，变压器还有温升、电压和绕组连接组别等技术数据及其说明，在工程实践中，需要查证铭牌或使用手册。

3.3　三相异步电动机

电动机的主要作用是将电能转换为机械能，作为生产机械、相关设备与电器的动力。电动机的种类很多，按工作电源，可分为交流电动机和直流电动机；交流电动机按照电源相数，分为三相和单相电动机；三相电动机按工作原理的不同，又分为三相同步电动机和三相异步电动机。三相异步电动机具有结构简单、运行可靠、价格便宜、使用和维护方便等优点，在生产中被广泛应用。

感应式电动机的转动原理如图 3.3.1 所示。在 U 形磁铁的空间中有一个金属笼（自成回路），安装在一个与之绝缘的转轴上，因为可以转动，称之为转子。当顺时针（正向）转动手柄时，带动 U 形磁铁产生顺时针方向的旋转磁场，则转子的轴向导条切割磁感线，产生感应电势、感应电流；进而通电的转子导条处于磁场中，受磁场力的作用从而相对于转轴产生一个顺时针方向的电磁转矩，推动

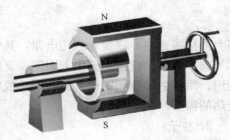

图 3.3.1　感应式电动机转动机理示意图

转子沿顺时针旋转起来；反之，当逆时针（反向）旋转手柄时，产生反向的旋转磁场，转子反转。

综上所述，电动机的转动机理可以简述如下：旋转磁场切割转子回路，所产生的电磁转矩是转子旋转的原动力，旋转磁场的方向决定了转子的转向；另外，转子的转动滞后于旋转磁场，二者并不同步，此乃异步电动机的转动机理之所在，其中旋转磁场的产生是关键因素。

本节，只介绍三相异步电动机（下称电动机）的原理及其拖动基础。

3.3.1　基本结构与转动原理

一、基本结构

图 3.3.2　三相异步电动机的外形

三相异步电动机的外形如图 3.3.2 所示，机座上有接线盒、铭牌等。如图 3.3.3 所示为三相异步电动机的结构示意图，主要结构由定子和转子构成，还有端盖、轴承、风冷装置等。

1. 定子

定子是电动机的静止部分，主要包括定子铁心、三相定子绕组和机座。

（1）定子铁心。定子铁心构成磁路，一般由厚度为 0.35～0.5mm 的硅钢冲片叠压而成，表面涂有绝缘层，如图 3.3.4（a）所示。图 3.3.4（b）所示的定子铁心为圆环柱状结构，内圆均匀开槽，用来嵌置三相定子绕组。

（2）定子三相绕组。图 3.3.4（b）所示为定子绕组的绕线示意图，三相定子绕组是按照一定规则嵌置于定子铁心槽中的三组匝数、绕法相同的线圈，一般由高强度漆包线或玻璃丝包线绕制而成，空间排列对称。三相定子绕组形成电动机的电路，共六根端线分别引至机

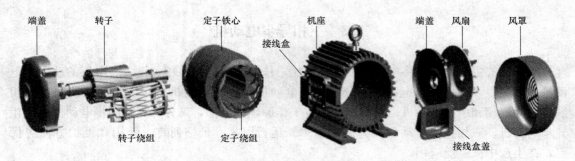

图 3.3.3　三相异步电动机的结构示意图

座上的接线盒内，以接入三相电源，其作用是产生旋转磁场。

（3）机座。机座主要用于固定、支撑定子铁心和定子绕组等部件，供电动机的安装固定使用；两端的端盖和轴承支撑转子。机座一般采用铸钢件或者钢板焊接而成，并要满足通风散热的需要。

2. 转子

转子是电动机的旋转部分，主要包括转子铁心、转子绕组、转轴和风扇等组成部分。

（1）转子铁心。转子铁心也是电动机磁路的一部分，用涂有绝缘层的硅钢片冲压叠成，圆环柱状结构外开槽，以放置转子绕组，其内圆固定在转轴上，如图 3.3.5（a）所示。

（2）转子绕组。转子绕组是转子的电路部分，按照结构分为鼠笼型绕组和绕线型绕组，三相异步电动机由此也分为鼠笼型和绕线型电动机。

图 3.3.5（b）所示为鼠笼型转子，一般由铜条焊接或者铸铝浇铸而成，均匀地嵌入转子铁心槽中，自成回路。

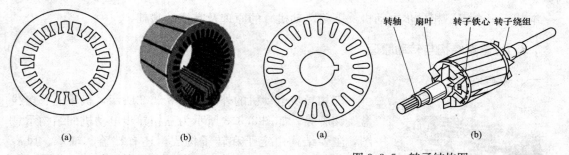

图 3.3.4　定子铁心和定子绕组
（a）定子硅钢冲片；（b）定子铁心和定子绕组

图 3.3.5　转子结构图
（a）转子硅钢冲片；（b）铸铝鼠笼型转子

绕线型转子如图 3.3.6 所示，绕组是由绝缘铜线绕成的三相对称线圈组成，一般接成星形回路，通过集电环与外电路相连，转子绕组的连接方法如图 3.3.7 所示。

鼠笼型异步电动机的特点是构造简单、经济、维护方便、安全可靠等，应用非常广泛；绕线型电动机结构复杂，价格较贵，但是通过转子回路串联电阻可以人为改变机械特性，适于起动电流较小及需要调速的场合使用。

二、转动原理

1. 旋转磁场

如图 3.3.8（a）所示为电动机定子三相绕组垂直于轴向的截面图，线圈 U1～U2、

V1～V2、W1～W2 分别称为 U、V、W 相绕组。其中 U 相绕组的 U1、U2 分别称为始端和末端，V、W 相绕组类似标注。

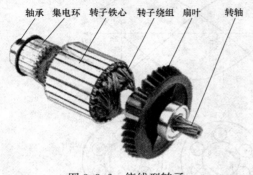

图 3.3.6 绕线型转子

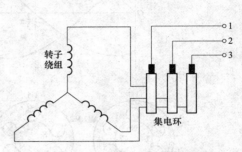

图 3.3.7 转子绕组的星形连接

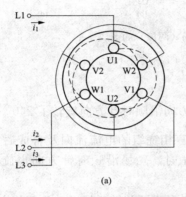

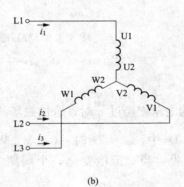

图 3.3.8 三相异步电动机定子绕组及其星形连接

(a) 定子绕组；(b) 星形连接

如图 3.3.8（b）所示，定子三相绕组作星形连接，三相绕组的线电流分别为

$$\begin{cases} i_1 = I_m \sin\omega t \\ i_2 = I_m \sin(\omega t - 120°) \\ i_3 = I_m \sin(\omega t - 240°) \end{cases}$$

正弦波形如图 3.3.9 所示，按三相顺相序电流 i_1、i_2、i_3 依次接入 U、V 和 W 绕组。下面结合图 3.3.9 说明旋转磁场的形成过程。

图 3.3.9（a）中，$\omega t = 0$ 时，U 相绕组电流为 0，根据 V、W 相绕组的电流方向，按照右手定则可以判定所产生合成磁场的方向，对于转子来说，相当于施加了一个 U1 端是 N 极、U2 端是 S 极的外磁场。

图 3.3.9（b）中，$\omega t = \dfrac{2\pi}{3}$ 时，V 相绕组电流为 0，根据 U、W 相绕组的电流流向可以判定，当电流的电角度经过 $\dfrac{2\pi}{3}$ 时，合成磁场的方向沿顺时针方向旋转了 120°。

图 3.3.9（c）中，$\omega t = \dfrac{4\pi}{3}$ 时，W 相绕组电流为 0，根据 U、V 相绕组的电流流向可以

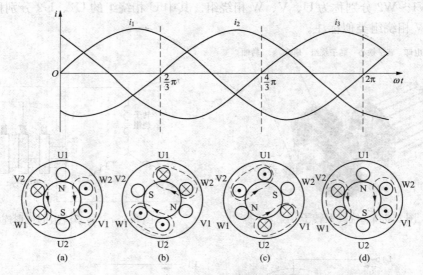

图 3.3.9 旋转磁场（两极）的形成

(a) $\omega t=0$；(b) $\omega t=\dfrac{2\pi}{3}$；(c) $\omega t=\dfrac{4\pi}{3}$；(d) $\omega t=2\pi$

判定，当电流的电角度经过 $\dfrac{4\pi}{3}$ 时，合成磁场的方向沿顺时针方向旋转了 240°。

图 3.3.9（d）中，$\omega t=2\pi$ 时，U、V、W 三相绕组的电流流向及合成磁场的方向与 ωt $=0$ 时相同。可见，当交流电变化一个周期 2π 时，磁场沿顺时针方向也旋转了 360°，即一周。

综上所述，当定子三相绕组通入三相电源时形成了旋转磁场，并且每相定子绕组为 1 个线圈时，合成磁场的磁极数为 2，也即一对磁极（一个 N 极和一个 S 极），磁极对数 $p=1$。

（1）旋转磁场的转速 n_0。旋转磁场的转速 n_0 也称为同步转速，很明显，当 $p=1$ 时，电流经过一个周期，旋转磁场也旋转一周。假设定子绕组的电源频率为 f_1，则

$$n_0=\frac{60f_1}{1}=60f_1\,(\text{r/min}) \tag{3.3.1}$$

式中：r/min 即转/分钟。

如果改变定子绕组的结构，如图 3.3.10（a）所示，每相定子绕组由两个线圈串联而成，连接方法如图 3.3.10（b）所示，接入顺相序电流。

参照前述方法分析，形成的旋转磁场如图 3.3.11 所示，合成磁场的磁极数为 4，即磁极对数 $p=2$。当电流变化一个周期时，旋转磁场只正向旋转了 180°，则

$$n_0=\frac{60f_1}{2}(\text{r/min}) \tag{3.3.2}$$

综上可知，旋转磁场的转速 n_0 与电源频率 f_1、磁极对数 p 相关。归纳式（3.3.1）、式（3.3.2）可得 n_0 的一般性结论，即

$$n_0=\frac{60f_1}{p}(\text{r/min}) \tag{3.3.3}$$

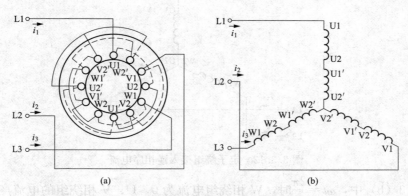

图 3.3.10　三相异步电动机定子绕组的星形连接

(a) 改变定子绕组的结构；(b) 星形连接方法

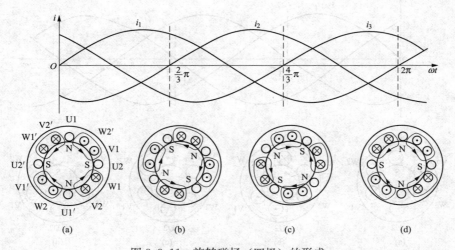

图 3.3.11　旋转磁场（四极）的形成

(a) $\omega t = 0$；(b) $\omega t = \dfrac{2\pi}{3}$；(c) $\omega t = \dfrac{4\pi}{3}$；(d) $\omega t = 2\pi$

我国电网的额定频率为 50Hz，由式（3.3.3）可以推导出不同磁极对数 p 所对应的旋转磁场转速 n_0；反之，由 n_0 可以倒推 p。n_0 与 p 的对应关系如表 3.3.1 所示。

表 3.3.1　　　　　　　　　　　　n_0 与 p 的对应关系（$f_1 = 50$Hz）

p	1	2	3	4	5
n_0(r/min)	3000	1500	1000	750	600

（2）旋转磁场的转向。三相定子绕组接入逆相序电流，即其中一相绕组的电流不变，另外两相绕组的电流互换。如图 3.3.12 所示，U 相电流未变，V、W 相绕组的电流互换。

图 3.3.13（a）中，$\omega t = 0$ 时，U 相绕组电流为 0，V、W 相绕组的电流所产生合成磁场的方向与图 3.3.9（a）中通入顺相序电流所产生合成磁场的方向正好相反。

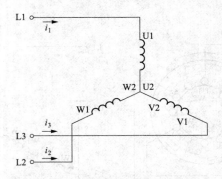

图 3.3.12   定子绕组接入逆相序电流

图 3.3.13（b）中，$\omega t = \dfrac{2\pi}{3}$ 时，W 相绕组电流为 0，U、V 相绕组的电流产生的合成磁场的方向沿逆时针方向旋转了 120°。

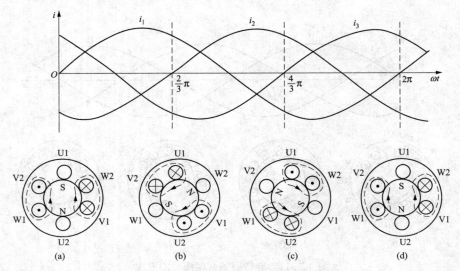

图 3.3.13   反向（逆时针方向）旋转磁场的形成

（a）$\omega t = 0$；（b）$\omega t = \dfrac{2\pi}{3}$；（c）$\omega t = \dfrac{4\pi}{3}$；（d）$\omega t = 2\pi$

图 3.3.13（c）中，$\omega t = \dfrac{4\pi}{3}$ 时，V 相绕组电流为 0，U、W 相绕组的电流产生的合成磁场的方向沿逆时针方向旋转了 240°。

图 3.3.13（d）中，$\omega t = 2\pi$ 时，U、V、W 三相绕组的电流流向及合成磁场的方向与 $\omega t = 0$ 时相同。可见，当电流经过一个周期的变化时，合成磁场沿逆时针方向旋转了 360°。

综上所述，旋转磁场的方向取决于电流相序。当 U、V、W 相绕组按次序接入顺相序电流时，旋转磁场沿顺时针方向旋转（正转）；反之，电动机接入逆相序电流，旋转磁场沿逆时针方向旋转（反转）。

2. 转动原理

如图 3.3.14 所示，当三相异步电动机接三相电源后，若定子三相绕组通入顺相序的三相电流，会产生顺时针方向（正转）的旋转磁场；于是，转子轴向导线切割磁感线，产生感

应电动势、感应电流，从而转子轴向导线受电磁力作用，相对
于转轴形成一个顺时针方向的电磁转矩 T，则转子沿顺时针方
向旋转（正转）。反之，若定子绕组接入逆相序电流，转子沿逆
时针方向旋转（反转）。

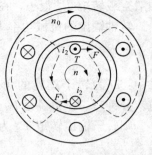

图 3.3.14　转子转动原理

　　3. 转差率 s

根据三相异步电动机的转动原理，转子转速 n 与旋转磁场
的转速 n_0 并不同步，因此称为异步电动机。描述转子转速 n 与
旋转磁场转速 n_0 差异程度的物理量称为转差率 s，即

$$s = \frac{n_0 - n}{n_0} \qquad (3.3.4)$$

转差率 s 是异步电动机的一个重要参数，电动机在电动状态下额定运行时，转差率约为
$1\% \sim 9\%$。在通电起动的瞬间，$n = 0$，$s = 1$。

3.3.2　转矩与功率

电动机在拖动生产机械或装置运行的过程中，伴随着转矩的传递、能量的传输与转换。
转子导体与旋转磁场切割所形成的电磁转矩为转子旋转的原动力，通过转轴与其他生产机械
的配合，将转矩和能量传递给生产机械。如图 3.3.15 所示，为三相异步电动机与传动机构
配合的示意图。

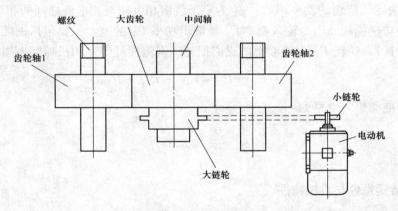

图 3.3.15　三相异步电动机与传动机构配合的示意图

　　1. 转矩传递与平衡

三相异步电动机工作时，转子上的转矩主要有三个：①电磁转矩 T，为转子旋转的动
力；②负载转矩 T_L，为生产机械施加于转子的负载阻力转矩；③空载转矩 T_0，由轴承摩
擦、风阻等形成的阻力转矩，在电动机运行中无论是否拖动负载，T_0 均存在。那么，电动
机转轴的输出转矩 T_2 为

$$T_2 = T - T_0 \qquad (3.3.5)$$

按照力学、运动学理论，如果电动机稳定匀速运行，必须满足 $T_2 = T_L$，即符合转矩平衡关
系，有

$$T_L = T_2 = T - T_0 \qquad (3.3.6)$$

一般空载转矩 T_0 很小,在满载运行时可以忽略不计,则 $T \approx T_2 = T_L$。

转轴输出的机械功率 P_2 为

$$P_2 = T_2 \omega = T_2 \frac{2\pi n}{60} \tag{3.3.7}$$

式中:ω 为转子旋转的角速度,单位是 rad/s(弧度/秒);n 为转子转速,单位是 r/min(转/分钟);T_2 单位是 N·m(牛·米);P_2 单位是 W(瓦特)。

则转子输出转矩 T_2 为

$$T_2 = \frac{60P_2}{2\pi n} \tag{3.3.8}$$

在实际应用中,电动机铭牌给定的功率单位一般为千瓦,若将式(3.3.8)中功率 P_2 的单位改为 kW(千瓦),则

$$T_2 \approx 9550 \frac{P_2}{n} \tag{3.3.9}$$

式中:n 的单位是 r/min(转/分钟);P_2 的单位是 kW(千瓦)。

2. 功率传递与平衡

三相异步电动机从电源输入的总有功功率 P_1 为

$$P_1 = \sqrt{3} U_{L1} I_{L1} \cos\varphi_1 = 3 U_{P1} I_{P1} \cos\varphi_1 \tag{3.3.10}$$

式中:$\cos\varphi_1$ 为定子绕组的功率因数;φ_1 为定子绕组相电压与相电流之间的相位差。

电动机的功率损耗 ΔP 为输入功率 P_1 与输出功率 P_2 的差,主要包括铜耗 P_{Cu}(电动机绕组内阻的损耗)、铁耗 P_{Fe}(铁心上的磁滞损耗、涡流损耗等)和机械摩擦损耗 P_{Me},即

$$\Delta P = P_1 - P_2 = P_{Cu} + P_{Fe} + P_{Me} \tag{3.3.11}$$

三相异步电动机的效率为

$$\eta = \frac{P_2}{P_1} \times 100\% \tag{3.3.12}$$

3.3.3 转矩特性与机械特性

电动机拖动生产机械运行的过程中,它在起动、调速、制动等方面均需满足生产机械的性能要求。因此,有必要对电动机的转矩、转速及运行特性作相关分析。

一、转矩公式

三相异步电动机的电磁转矩 T 由每极磁通 Φ 与转子的轴向载流导体相互作用而产生。经验证,电磁转矩 T 与每极磁通的最大值 Φ_m、转子电流 I_2 和转子功率因数 $\cos\varphi_2$ 成正比,进而推导出电磁转矩的转矩公式

$$T = K_T \Phi_m I_2 \cos\varphi_2 \tag{3.3.13}$$

式中:K_T 为转矩系数(常数),与电动机的结构相关。

若将三相异步电动机电路分析的相关结论代入式(3.3.13),转矩公式还可以表述为

$$T = K \frac{sR_2}{R_2^2 + (sX_{20})^2} U_1^2 \tag{3.3.14}$$

式中：K 为转矩系数（常数），与电动机的结构和电源频率相关；s 为转差率；U_1 为定子绕组的相电压；R_2 是转子绕组的电阻，X_{20} 是转子绕组的最大漏感抗（注：当定子绕组的电源频率 f_1 一定时，X_{20} 为常数）。

式（3.3.14）表明，电磁转矩 T 是转差率 s 的函数，并与定子绕组的相电压 U_1 及电动机自身的电路参数 R_2、X_{20} 相关，其中 $T \propto U_1^2$。

二、转矩特性与机械特性

根据式（3.3.14）的转矩公式，当电源电压 U_1、电源频率 f_1、转子电阻 R_2 一定的情况下：

（1）电磁转矩 T 随转差率 s 变化的规律 $T = f(s)$ 称为转矩特性，对应曲线称为转矩特性曲线，如图 3.3.16 所示。

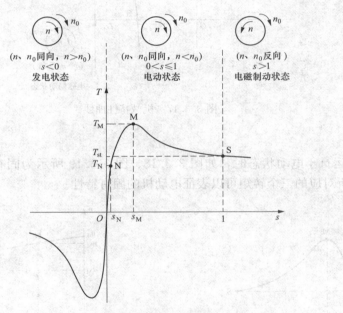

图 3.3.16　转矩特性曲线

（2）在电动机运行中，电磁转矩 T 的变化会引起转子转速 n 的变化。将式（3.3.4）代入式（3.3.14）中，可以推导出 $n = g(T)$，即转子转速 n 随电磁转矩 T 变化的规律，称为机械特性，所对应的曲线称为机械特性曲线，如图 3.3.17 所示。

其中，在上述条件下，每台电动机都存在固有的 $T = f(s)$、$n = g(t)$ 特性，称之为固有特性；若人为调整电源电压 U_1、电源频率 f_1、转子电阻 R_2 等参数，电动机的转矩特性和机械特性也随之变化，称为人为特性。

在图 3.3.16、图 3.3.17 中，电动机有三个不同的运行状态：①电动机状态，即转差率 $0 < s \leqslant 1$ 的区间，电动机起驱动作用，也称为电动状态；②发电机运行状态，即 $s < 0$ 的区间，电动机发电反馈回送至电网，起制动作用，也称发电状态；③电磁制动状态，即 $s > 1$ 的区间，电动机起制动作用。

下面，主要讨论图 3.3.16、图 3.3.17 中的第 Ⅰ 象限，即电动机运行在电动状态下的相关特性。

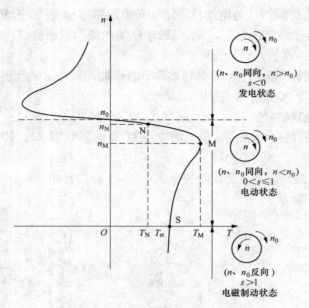

图 3.3.17 机械特性曲线

1. 固有特性

当电动机运行于电动状态时，如图 3.3.18、图 3.3.19 所示为固有特性曲线，图中 N、M、S 三个点所对应的三个转矩可以表征电动机的固有特性。

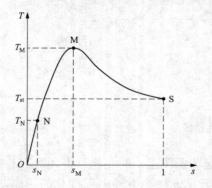

图 3.3.18 转矩特性曲线（电动状态）

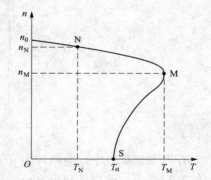

图 3.3.19 机械特性曲线（电动状态）

（1）额定转矩 T_N。三相异步电动机在电压、电流、功率、转速和负载等均为额定值时，为额定工作状态，对应于图 3.3.16 和图 3.3.17 所示的 N 点（额定工作点），属于经济、安全、可靠的运行状态。

在额定工作点 N 点，若忽略转矩损失，可视为电磁转矩 T 等于额定负载转矩 T_N（即 $T = T_L = T_N$）时，转矩达到了平衡，则电动机在 N 点位置平稳、匀速运行，转速为额定转速 n_N（对应额定转差率 s_N），并有

$$T_N = 60 \frac{P_N}{2\pi n_N} \approx 9550 \frac{P_N}{n_N} \tag{3.3.15}$$

式中：P_N 为电动机的额定功率，单位是 kW（千瓦）。

　　电动机在平稳运行过程中，如果电源或负载发生变动，则偏移转矩平衡点 N，此时电动机会自适应调整输出转矩和转速，重新达到新的平衡点并在该点上稳定运行。

　　例如，负载转矩由 T_L 突然增大至 T_L'，则 $T < T_L'$，原有的平衡状态被打破，电动机需要增大输出转矩，随即 $n\downarrow$、$s\uparrow$，电动机的运行沿特性曲线右移，电磁转矩相应增大直至 $T' = T_L'$ 时，达到新的平衡状态，并平稳运行。显然，因为负载的增大，电动机需要输出更大的机械功率，并从电源输入更大的功率。定子绕组输入的功率为

$$P_1 = \sqrt{3}\, U_{L1} I_{L1} \cos\varphi_1 \tag{3.3.16}$$

式（3.3.16）可见，若定子绕组的电压 U_{L1}、功率因数 $\cos\varphi_1$ 不变，由于 P_1 的增大，则 I_{L1} 随之增大。如果电动机长期过载甚至严重过载，会影响电动机的性能、使用寿命，甚至损毁。

　　综上所述，当负载变动时，电动机的输出转矩、转速、输入与输出功率等相应自动调整，称为具有自适应负载能力。此乃电动机区别于其他动力设备（如柴油机）的一个重要特点。

　　需要指出，额定值是在给定条件下的容许值，额定状态只是一种理想状态，由于外部条件的变化，电动机会偏离额定状态，但是不允许偏离太多。否则，电动机长期处于非正常状态，或者因为过载而过热，影响电动机的寿命甚至会烧毁电动机，造成安全事故；或者因为轻载、空载等造成的功率因数过低，从而造成能源浪费，电网运行效率偏低；或者因为工作条件不合适，无法正常工作等。

　　电动机不允许长期过载，但可以短时过载。在生产中，应根据生产机械长期运行时正常负载的大小选配电动机。

　　（2）最大转矩 T_M。在图 3.3.18 和图 3.3.19 中，M 点对应的电磁转矩为最大转矩 T_M（或记作 T_{max}），体现了电动机的最大带负载能力，也是短时过载能力的极限。若 $T_L > T_M$，则在整个特性曲线中无法找到平衡点，电动机的运行一直沿转矩特性曲线右移，$n\downarrow$、$s\uparrow$，最终直至转差率 $s = 1$、转速 $n = 0$，则电动机停车，称之为堵转。若堵转时间一长，会造成电动机因热量积累过热而烧毁。因此，电动机所拖动的负载绝不允许超过最大电磁转矩 T_M，也是电动机所能拖动的最大负载。

　　由转矩公式（3.3.14），令 $\dfrac{\mathrm{d}T}{\mathrm{d}s} = 0$，可求出最大电磁转矩 T_M 对应的转差率 s_M，s_M 称为临界转差率，即

$$s_M = \frac{R_2}{X_{20}} \tag{3.3.17}$$

将 $s = s_M$ 代入转矩公式（3.3.14），可得最大电磁转矩

$$T_M = K \frac{1}{2X_{20}} U_1^2 \tag{3.3.18}$$

最大电磁转矩 T_M 反映了电动机的短时最大过载能力，为此引入过载系数

$$K_M = \frac{T_M}{T_N} \tag{3.3.19}$$

通常，Y 系列三相异步电动机的过载系数 $K_M = 2\sim2.2$，K_M 在电动机的铭牌数据或产品手册中给出，以便根据生产机械可能的最大负载，测算相关数据并选择合适的电动机。

　　（3）起动转矩 T_{st}。在图 3.3.18、图 3.3.19 中，电动机由起动点 S 沿特性曲线进入起动过程（或起动状态）。电动机的起动需要满足生产工艺的起动要求，如起动能力、起动的快慢等。起动转矩 T_{st} 体现了电动机的带负载起动能力，必须满足 $T_{st} > T_L$ 才能带载起动，

其差异程度决定了起动速度。

电动机通电起动的瞬间 $s=1$，代入转矩公式（3.3.14），可得起动转矩

$$T_{st} = K \frac{R_2}{R_2^2 + X_{20}^2} U_1^2 \tag{3.3.20}$$

对于电动机的起动能力与性能，引入起动系数

$$K_{st} = \frac{T_{st}}{T_N} \tag{3.3.21}$$

通常，K_{st} 会在电动机的铭牌或产品手册中给出，以便根据起动时生产机械的负载情况，选择相应起动能力的电动机。

在电动机起动的瞬间（$n=0$，$s=1$）以及起动过程中，转子绕组所产生的主磁感应电动势、转子电路电流很大，在定子绕组产生很大的冲击电流 I_{L1}，并产生很大的线路电压降，使得起动转矩进一步减小（$T \propto U_1^2$）；与此同时，会影响电网中邻近设备或电器的正常运行。因此，需要重视起动时冲击电流的影响，为此引入起动电流系数

$$K_C = \frac{I_{st}}{I_N} \tag{3.3.22}$$

通常，K_C 会在电动机的铭牌或产品手册中给出。Y 系列三相异步电动机的 $K_{st}=1.6\sim2.2$，$K_C=5.5\sim7.0$。随着起动过程的进行，$n\uparrow$、$s\downarrow$，电流相应下降。

2. 人为特性

人为改变电源或电动机参数时，电动机的特性会偏离固有特性及固有特性曲线，即人为特性。下面以机械特性曲线为例，讨论人为改变 U_1、R_2 对机械特性的影响。

（1）人为改变 U_1。结合上述分析可知，改变电源电压 U_1，临界转差率 s_M（或 n_M）不变，即在特性曲线中取得最大电磁转矩 T_M 的位置不变；而改变 U_1 时，起动转矩 T_{st}、最大电磁转矩 T_M 均与 U_1^2 成正比例变化。若增大电压 U_1，起动能力和过载能力相应提升，反之下降，可能会出现无法起动或者堵转停车现象。

如图 3.3.20 所示，曲线①为固有特性曲线。如果负载转矩 T_L 不变，只改变电源电压 U_1，并且 $U_1''' < U_1'' < U_1 < U_1'$，电压为 U_1'、U_1''、U_1''' 时分别对应曲线②、③、④，可见三条曲线均偏离了原固有特性曲线，其特性也随之变化。

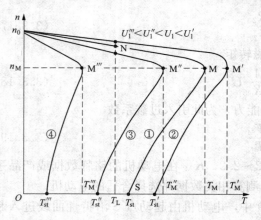

图 3.3.20　改变电压 U_1 的人为特性

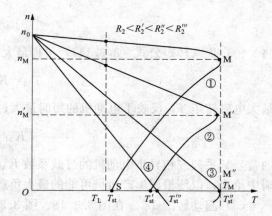

图 3.3.21　绕线型电动机改变 R_2 的人为特性

（2）人为改变 R_2。假设电动机拖动的负载转矩 T_L、电源电压 U_1 不变，绕线型电动机转子绕组串电阻（即 R_2），R_2 阻值增大后的人为特性曲线如图 3.3.21 所示。若 $R_2 < R_2' < R_2'' < R_2'''$，图中曲线①为固有特性曲线；转子电阻为 R_2'、R_2''、R_2''' 的曲线分别为②、③、④，可见三条曲线均偏离了原固有特性曲线，其特性也发生变化。

绕线型电动机的转子绕组串电阻后，由式（3.3.17）可见，临界转差率 s_M 增大；由图 3.3.21 可见，在一定范围内最大电磁转矩 T_M 不变，起动转矩 T_{st} 增大，则起动能力有所提升。

3.3.4 铭牌数据

生产制造商根据国家标准规定的正常工作条件给出的相关技术数据，标注于三相异步电动机机座上的铭牌，标明了电动机的型号、相关技术数据和连接方式等，可供正确选用电动机。按照铭牌所规定的条件和额定值运行，称作额定运行状态。如图 3.3.22 所示，下面以 Y2-132M-4 型电动机的铭牌为例说明各数据的含义。

三相异步电动机					
型　号	Y2-132M-4	功　率	7.5kW	频　率	50Hz
电压	380V	电流	15.4A	接　法	△
转速	1440r/min	绝缘等级	B	工作方式	连续
年　　月		编号		××电机有限公司	

图 3.3.22 三相异步电动机的铭牌

一、型号系列

为了满足不同生产机械的用途、工艺和工作环境等要求，制造了不同系列的电动机。我国电机产品型号一般采用大写印刷体的汉语拼音字母和阿拉伯数字组成，其中汉语拼音字母是根据电机的全名称中，选择有代表意义的汉字的第一个拼音字母组成，它标明了电机的类型、规格、结构特征及使用范围。例如，Y2-132M-4 型三相异步电动机的释义如图 3.3.23 所示。

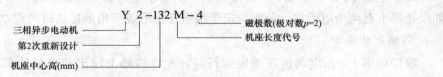

图 3.3.23 Y2-132M-4 型三相异步电动机

我国生产的异步电动机的主要产品系列如下：

Y 系列为一般的小型鼠笼型全封闭自冷式三相异步电动机，主要用于金属切削机床、通用机械、矿山机械和农业机械等。

YD 系列为变极多速三相异步电动机。

YR 系列为三相绕线式异步电动机。

YZ 和 YZR 系列为起重和冶金用三相异步电动机，YZ 为鼠笼式，YZR 为绕线式。

YB 系列为防爆式鼠笼异步电动机。

YCT 系列为电磁调速异步电动机。

其他类型的异步电动机可参阅相关产品目录或手册。

二、主要技术数据

1. 额定电压 U_N

额定电压 U_N 是指电动机在额定运行时，定子绕组所允许的线电压值，单位为伏［特］（V）。有的铭牌上给出两个电压值，分别对应于定子绕组的星形或三角形连接方式。例如，标注 "380/220，Y-△" 时，表示当电源线电压为 380V 时，定子绕组星形连接；而电源线电压为 220V 时，定子绕组三角形连接。可见，无论哪种连接方式，均要保证每相定子绕组在额定相电压下运行。

打开电动机的接线盒，如图 3.3.24 所示，分别为星形、三角形连接的接线图。

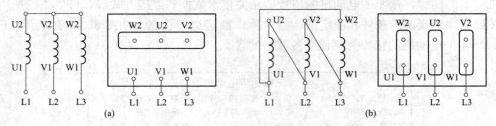

图 3.3.24　三相异步电动机的接法

(a) 星形连接；(b) 三角形连接

当接入定子绕组的电压高于额定电压时，铁损、铜损会增加，电动机容易过热；但是，若电压低于额定电压，转速下降，转差率增大，同样容易引起电流的增大，进而超过额定电流使电动机过热。还需要注意，因为 $T \propto U_1^2$，电压下降过多会导致起动转矩 T_{st}、最大电磁转矩 T_M 降低，影响起动性能和过载能力，甚至导致堵转。一般规定电源电压波动不应超过额定值的 5%。

2. 额定电流 I_N

额定电流 I_N 是指电动机在额定运行时定子绕组的线电流容许值，单位为安［培］（A）。如果铭牌上有两个电流值，分别为定子绕组在星形或三角形接法时的线电流。

3. 额定功率 P_N

额定功率 P_N 指电动机在额定运行时，允许转轴上输出的机械功率，单位一般为千瓦（kW）。

4. 额定功率因数 λ_N

额定功率因数 λ_N（或 $\cos\varphi_N$），是指电动机在额定运行时定子绕组的功率因数，$\lambda = \cos\varphi_1 = \dfrac{P_1}{S_1}$。三相异步电动机的功率因数较低，一般额定负载时约为 $0.7 \sim 0.9$，而轻载或空载时一般为 $0.2 \sim 0.3$。所以必须正确选择电动机的容量，防止 "大马拉小车" 的现象，并尽量缩短空载时间，以免造成无谓的能量损耗。

5. 效率 η_N

效率 η_N 指电动机在额定运行时，转轴上输出的功率与定子绕组输入功率的比值，即

$$\eta_N = \frac{P_N}{P_{1N}} \times 100\% \tag{3.3.23}$$

6. 额定频率 f_N

额定频率 f_N 指允许加在电动机定子绕组上的电源频率，我国规定电网工频为 50Hz。

7. 额定转速 n_N

额定转速 n_N 指电动机在额定运行时的转子转速，单位为 r/min，则额定转差率

$$s_N = \frac{n_0 - n_N}{n_0} \tag{3.3.24}$$

国产异步电动机的额定转差率一般为 0.01～0.09。因此，由额定转速并参照表 3.3.1，可以确定电动机的同步转速 n_0 和磁极对数 p。例如，$n_N = 1440 \text{r/min}$，则 $n_0 = 1500 \text{r/min}$，$p = 2$。

8. 绝缘等级

绝缘等级指电动机内部绝缘材料允许的最高极限温度等级，它决定了电动机工作时允许的温升。各种等级所对应温度的关系如表 3.3.2 所示。

表 3.3.2　　　　　　　　　电动机允许温升与绝缘耐热等级的关系

绝缘耐热等级	A	E	B	F	H	C
允许最高温度（℃）	105	120	130	155	180	180 以上
允许最高温升（℃）	65	80	90	115	140	140 以上

9. 工作方式

工作方式也称为工作制，是指电动机在额定运行时允许的持续工作时间。工作方式分为连续 S1、短时 S2 及断续 S3 三种。

（1）连续运行 S1 表示该电动机可以按铭牌额定值长期连续运行。

（2）短时运行 S2 表示按照铭牌值工作时，只能在规定的工作时间内短时间连续工作。我国规定，短时工作方式的标准持续时间有 10、30、60、90min（分钟）四种。

（3）断续运行 S3 是周期性重复短时运行的工作方式。每一周期 T 包括持续运行时间 t_1 和停歇时间 t_2。工作时间 t_1 与周期 T 的比值称为负载持续率，我国规定的标准负载持续率有 15%、25%、40%、60% 四种，一般不加以说明是指 25%。

3.3.5　电力拖动

在生产中，一套生产装置一般是由电力电源、电动机（动力设备）、生产机械及相关控制和检测反馈环节等组成的电力拖动系统。为了满足生产机械不同的运行要求，需要对三相异步电动机进行起动、调速、正反转、制动等控制。

一、电力拖动基础

如图 3.3.25 所示，为电力拖动系统的一般组成框图，也是闭环控制系统在生产与工程中的具体应用。电动机通过传动机构与生产机械配合，拖动生产机械按照其工艺和要求运动。控制系统电路的相关控制电器控制电动机的运行，通过检测、反馈环节将生产机械、电动机的相关运行信息反馈回控制系统，进而调整电动机及生产机械的运行状态，满足生产要求。

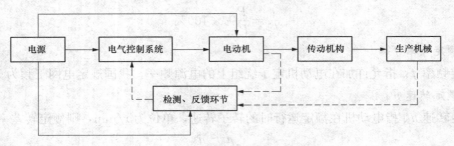

图 3.3.25 电力拖动系统一般框图

按照电动机的电磁转矩与负载转矩之间的关系，系统会表现为三种运行状态：

（1）当 $T=T_L$ 时，电力拖动系统处于静止或匀速运行的稳定状态，为相对平衡、理想的运行状态。但在实际运行中往往由于电源或负载的变化，处在一个动态平衡和相对稳定的状态。

（2）当 $T>T_L$ 时，电力拖动系统处于加速运行的过渡状态。

（3）当 $T<T_L$ 时，电力拖动系统处于减速运行的过渡状态。

不同的生产机械在运行中，具有不同的负载转矩特性（简称负载特性）。负载转矩特性是指电力拖动系统的运行速度 n 与负载转矩 T_L 的函数关系，即 $n=f(T_L)$。按照负载转矩特性，负载可分为恒转矩负载、恒功率负载和通风机型负载三类。

＊二、运行状态与运行特性

1. 运行状态

电动机在拖动负载的过程中，其工作运行状态包括电动状态、电磁制动状态和发电状态三种。

（1）电动状态。当电动机处于电动状态时，作为动力驱动负载运动，运行原理如图 3.3.26（a）所示。从图 3.3.26（b）机械特性曲线的第 I 象限中，可以看出电动状态的特点为：$0 \leqslant n < n_0$，$0 < s \leqslant 1$；电磁转矩 T 的方向与转子转向相同。电动状态的工作过程可以划分为以下下三个运行区：

1）起动运行区（ab 段）。若 $T_{st} > T_L$，电动机通电瞬间开始起动（$n=0$，$s=1$），由 a 点沿 ab 段曲线上行，至临界点 b 后继续上行（$n \uparrow$，$s \downarrow$，$T \downarrow$），当到达 c 点时 $T=T_L$，达到转矩平衡，电动机以转速 n 平稳运行，起动过程结束。

2）稳定运行区（bd 段）。电动机运行在 bd 段的区域时，无论外部条件或电动机自身参数变化，总能找到平衡点稳速运行，称为稳定运行区。例如，运行中生产机械负载突然增大，即 $T_L' > T_L$，打破了原有平衡，转子转速 n 下降，脱离 c 点沿曲线下行，电磁转矩 T 随之自动增大，当到达 c' 点时，$T=T_L'$，又达到新的平衡，电动机以相对低的转速 n' 平稳运行；随着转速 n 下降，转差率 s 上升，则转子电路的电动势 E_2 和电流 I_2 增大，功率 P_2 增强；同时，定子电路的电流 I_1 和输入功率 P_1 也会相应地自动增强。

3）不稳定运行区（ba 段）。电动机在运行中，若遇负载过大或者人为特性改变等，一旦 $T_L > T_M$，会从 bd 段退出进入 ba 段，ba 段称为不稳定工作区。生产机械负载一旦超过临界点 b，则转速不断下降，电磁转矩逐渐减小，直至 $n=0$，将导致电动机堵转停车，定子绕组的电流很大，一般可达额定电流的数倍，若无保护措施，电动机很容易损毁。

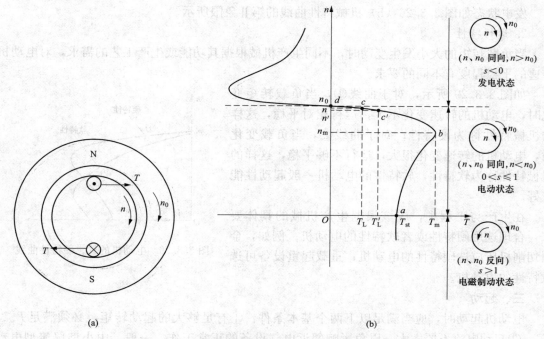

图 3.3.26　电动状态运行原理图与运行机械特性分析

（a）电动状态运行原理图；（b）机械特性分析（第 I 象限）

（2）电磁制动状态。电动机的电磁制动状态运行原理如图 3.3.27 所示。电动机拖动位能性负载时，如下放重物，为了使重物减速下行或匀速下行，重物、电磁转矩作用在转轴上的转矩相反，重物因为重力牵引作用，迫使电动机转速反向，即与旋转磁场方向相反，转差率 $s = \dfrac{n_0 - (-n)}{n_0} > 1$。从而电磁转矩对于重物的下降进行牵制，阻止重物下降的速度。可见，电动机起了电磁制动作用。在电动机的人为制动中，可以采用该原理。

电磁制动状态如图 3.3.26（b）机械特性曲线的第 IV 象限所示。

（3）发电状态。电动机的发电状态运行原理如图 3.3.28 所示。假设旋转磁场速度 n_0 顺时针方向，当电动机因受外力作用，致使转子转速 $n > n_0$ 时，$s = \dfrac{n_0 - n}{n_0} < 0$，则转子绕组主动切割旋转磁场，所形成的电流方向与电动状态相反，电磁转矩 T 方向与转子转速相反，起到制动作用。同时，转子从外界吸收的机械功率通过定子绕组发电，反馈回送给电网。

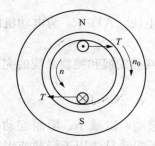

图 3.3.27　电动机的电磁制动原理

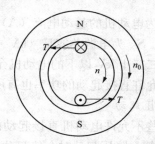

图 3.3.28　电动机的发电原理

发电状态如图 3.3.26（b）机械特性曲线的第 Ⅱ 象限所示。

2. 运行特性

当负载转矩的大小发生变动时，不同生产机械根据其功能或生产工艺的需求，对电动机转速的平稳程度有不同的要求。

如图 3.3.29 所示，对于曲线①，当负载转矩变化时，电动机的转速变化不大，运行相对平稳，这样的机械特性称为硬特性；对于曲线②，当负载变化时，电动机的转速变化很大，运行不够平稳，这样的机械特性称为软特性，软特性的电动机一般起动性能较好。

在生产与工程中，应该根据生产机械的具体要求，合理选用硬特性或者软特性的电动机。例如，金属切削机床应选硬特性的电动机；重载起重设备可选软特性的电动机。

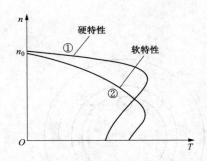

图 3.3.29　电动机的软、硬特性曲线

三、起动

电动机起动时，应当满足以下两个基本条件：①有足够大的起动转矩，必须满足 $T_{st} > T_L$。②起动电流不要太大，以免影响邻近电气设备的正常工作。一般，中小型鼠笼型电动机的起动电流（指线电流）为额定电流的 5～7 倍，若非频繁起动，对电动机本身影响不大；但若频繁起动，由于起动电流大、热量持续累积，致使电动机过热。因此，在生产中若非工艺要求，尽量避免电动机频繁起动，以减小起动电流。

为了满足生产机械的起动要求，必须采用适当的起动方法。常用起动方法有直接起动、降压起动和绕线型电动机的转子串电阻起动。

1. 直接起动

直接起动也称全压起动，按照电动机的额定电压供给定子绕组直接起动。优点是起动设备简单，起动迅速；缺点是起动冲击电流很大，容易造成电网电压的突然下降，影响邻近电气设备的工作。

一般来说，直接起动电流对电网电压的影响应在 10%～15% 范围以内；如果没有独立的变压器而与照明电路共用，不应超过 5%。在工程中，可否允许直接起动，一般可参考经验公式

$$\frac{I_{st}}{I_N} \leqslant \frac{3}{4} + \frac{S_N}{4P_N} \tag{3.3.25}$$

式中：I_{st} 为电动机的起动电流（A）；I_N 为电动机的额定电流（A）；P_N 为电动机的额定功率（kW）；S_N 为电源总容量（kV·A）。

一般二三十 kV 以下的电动机允许直接起动。随着电网的发展和控制系统的完善，鼠笼型电动机允许直接起动的功率也有所提高。

2. 降压起动

在某些不允许电动机直接起动的场合，须采用降压起动，以减小、限制起动电流。由 $T \propto U_1^2$ 可知，降压起动时会使起动转矩减小。因此，降压起动只适用于轻载或者对起动转矩要求不高的场合。

（1）星形-三角形（Y-△）换接起动。星形-三角形（Y-△）换接起动方法只适用于定子绕组为三角形接法运行的电动机，起动时采用星形接法，待转子转速接近稳定时，再切换为三角形接法运行，如图 3.3.30 所示。

设每相定子绕组的阻抗为 $|Z|$，三角形接法直接起动时，线电流 $I_{st\triangle} = \sqrt{3}\dfrac{U_L}{|Z|}$；若采用星形接法起动，线电流 $I_{stY} = \dfrac{U_L}{\sqrt{3}}/|Z|$。则

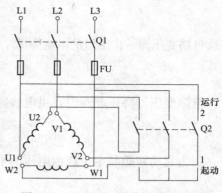

图 3.3.30　星形—三角形降压起动

$$\frac{I_{stY}}{I_{st\triangle}} = \frac{\dfrac{U_L}{\sqrt{3}}/|Z|}{\sqrt{3}\dfrac{U_L}{|Z|}} = \frac{1}{3} \qquad (3.3.26)$$

式（3.3.26）可见，星形降压起动电流 I_{stY} 仅为三角形直接起动电流 $I_{st\triangle}$ 的 1/3，大大降低了起动电流。又因星形起动时的电压下降，会导致起动转矩（$T_{st} \propto U_1^2$）相应下降。星形、三角形连接的相电压关系为 $U_{FY} = \dfrac{1}{\sqrt{3}}U_{p\triangle}$，则起动转矩

$$T_{stY} = \frac{1}{3}T_{st\triangle} \qquad (3.3.27)$$

式（3.3.27）可见，采用Y-△降压起动时，星形降压起动转矩 T_{stY} 仅为三角形直接起动转矩 $T_{st\triangle}$ 的 1/3。因此，Y-△降压起动只适合于空载或轻载起动，优点是起动设备简单，没有附加能耗。目前 4～100kW 的异步电动机大多采用Y-△降压起动。

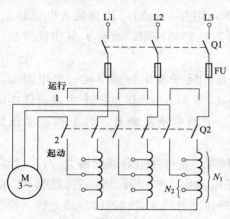

图 3.3.31　自耦变压器降压起动

（2）自耦变压器降压起动。如图 3.3.31 所示，电动机起动时，将自耦变压器的转换开关扳到"起动位置"2，一次侧接电源电压，二次侧接电动机的定子绕组，实现降压起动；当转速接近于稳定时，将转换开关扳向"运行位置"1 切除自耦变压器，电动机接入电源电压。自耦变压器的二次侧接有几个不同的电压触头，根据需要选用合适的变压器触头，以获得需要的起动电压和起动转矩。

若转换开关合在位置 1 时电动机直接起动，设起动电流为 I_{st}，起动转矩为 T_{st}；合在位置 2 时降压起动。设自耦变压器一次绕组的匝数为 N_1，二次绕组的匝数为 N_2，其中 $N_1 > N_2$，则电压比

$$k_u = \frac{N_1}{N_2} > 1 \qquad (3.3.28)$$

降压起动时，设电动机的起动电流为 I''_{st}，即自耦变压器二次绕组的电流。由于起动电压降为直接起动电压的 $1/k_u$，则

$$I''_{st} = \frac{I_{st}}{k_u} \tag{3.3.29}$$

又设自耦变压器一次绕组的电流为 I'_{st}，即供电线路的电流。由变压器的电流变换关系，可知

$$\frac{I'_{st}}{I''_{st}} = \frac{1}{k_u} \tag{3.3.30}$$

自耦变压器降压起动时，供电线路的电流 I'_{st} 与直接起动电流 I_{st} 的关系为

$$I'_{st} = \frac{1}{k_u^2} I_{st} \tag{3.3.31}$$

因为起动转矩与定子绕组电压的平方成正比，则

$$T'_{st} = \frac{1}{k_u^2} T_{st} \tag{3.3.32}$$

由式（3.3.31）和式（3.3.32）可见，与全压起动相比，采用自耦变压器降压起动时，起动电流和起动转矩均有所降低。

自耦变压器的体积大、质量大、价格较高，维修维护复杂。一般选取自耦变压器的容量等于电动机容量，选配时应当注意查阅相关产品手册。自耦变压器降压起动适合于电动机容量较大，或正常星形运行并拖动负载的起动。

3. 绕线型电动机的转子电路串电阻起动

对于某些需要重载起动的生产机械（如起重机、皮带运输机等），既要限制起动电流，又要有足够大的起动转矩，鼠笼型异步电动机难以满足要求，宜采用起动性能较好的绕线型异步电动机，适合于重载下起动，通常采用转子电路串接电阻或串接频敏变阻器等起动方法。

（1）转子电路串电阻。绕线型异步电动机的转子三相绕组，一般为星形连接。在转子回路中接入适当的电阻（使 R_2 增大），则起动电流减小，起动转矩增大。若转子回路的总电阻（包括串入电阻）R_2 与电动机转子漏感抗 X_{20} 相等，则起动转矩可达到最大电磁转矩，即达到最大起动能力。这样既可降低起动电流，又可提高起动转矩，改善了电动机的起动性能。

如图 3.3.32（a）所示为转子电路串电阻起动，每相转子绕组分别串接三个电阻 R'_2、R''_2、R'''_2；待起动后接近稳定转速时，交流接触器 KM1、KM2、KM3 的三个主触点依次闭合，切除串入的电阻。当断电后，交流接触器的三个主触点恢复断开，为下次起动做好准备。

如图 3.3.32（b）所示为转子电路串电阻变阻器起动。先将变阻器调到最大位置，然后合上电源开关，交流接触器 KM 的主触点闭合，转子电路串入变阻器，转子转动起来；随着转速升高，将串入的电阻逐渐减小直至全部切除，转速上升到正常转速时起动完毕，接着用举刷装置把电刷举起、集电环短接。当电动机停止时，注意要把电刷放下，并将电阻全部接入，为下次起动做好准备。

转子电路串电阻变阻器的起动方法广泛应用于重载起动的机械（如起重吊车、卷扬机等）。在起动过程中，当切除电阻时，转矩会突然增大，在机械部件上产生冲击。当电动机容量较大时，转子电流很大，操作和维护工作量较大。为此，有时候采用频敏变阻器作为起动电阻。

（2）转子电路串频敏变阻器。如图 3.3.33（a）所示，频敏变阻器为三相铁心绕组（星形连接）结构，实际上相当于一个电抗器，阻抗随交变电流的频率而变化，故称频敏变阻器，是一种静止的无触点变阻器。

如图 3.3.33（b）所示，三相交流电通过频敏变阻器，在铁心中产生交变磁通，并产生很大的涡流使铁心发热，频敏变阻器线圈的等效阻抗随着频率的增大而增加（涡流损耗与频率的平方成正比）。通电起动的瞬间（$s=1$），转子电流频率最高（$f_2=f_1$），频敏变阻器的电阻和感抗最大；起动后，随着转子转速的逐渐升高，转子电流频率逐渐减小，频敏变阻器铁心中的涡流损耗及等效阻抗也随之减小，因此起动平滑。这种起动方式具有结构简单、运行可靠、维护方便等优点。

由于频敏变阻器工作时总有一定的阻抗，机械特性偏软。因此，在起动完毕后，可用接触器 KM 将频敏变阻器短接，使之运行于固有特性上。

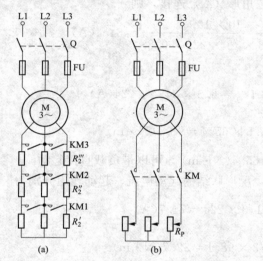

图 3.3.32　转子电路串电阻起动

（a）串电阻起动；（b）串电阻变阻器起动

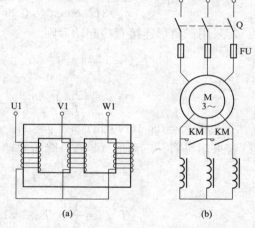

图 3.3.33　转子串频敏变阻器降压起动

（a）频敏变阻器结构图；（b）起动电路图

【例 3.3.1】　一台三相异步电动机的技术数据如下：$P_N=10\text{kW}$，$n_N=1460\text{r/min}$，380V/220V，Y/△连接，$\eta_N=0.868$，$\cos\varphi_N=0.88$，$I_{st}/I_N=6.5$，$T_{st}/T_N=1.5$。

（1）计算：定子绕组的额定功率 P_{1N}，额定转矩 T_N。

（2）电源线电压为 380V 时，电动机应为星形（Y）连接，计算额定电流 I_{NY}；若采用星形（Y）直接起动，计算起动电流 I_{stY}、起动转矩 T_{stY}，若负载 $T_L=T_N$，能否带负载直接起动？

（3）电源线电压为 220V 时，电动机应为三角形（△）连接，计算额定电流 $I_{N\triangle}$；若采用三角形（△）直接起动，计算起动电流 $I_{st\triangle}$、起动转矩 $T_{st\triangle}$，若负载 $T_L=T_N$，能否带负载直接起动？若采用星形-三角形（Y-△）降压起动，计算星形起动时的起动电流 I'_{stY}、起动转矩 I'_{stY}；若负载转矩 $T'_L=60\%T_N$ 和 $T''_L=25\%T_N$，能否采用 Y-△降压起动？

解　（1）

$$P_{1N}=\frac{P_N}{\eta_N}=\frac{10\times10^3}{0.868}=11.52(\text{kW})$$

$$T_{\mathrm{N}} \approx 9550 \frac{P_{\mathrm{N}}}{n_{\mathrm{N}}} = 9550 \times \frac{10}{1460} = 65.4 (\mathrm{N \cdot m})$$

（2）额定电压为 380V，电动机为星形（Y）连接，则

$$I_{\mathrm{NY}} = \frac{P_{1\mathrm{N}}}{\sqrt{3} U_{\mathrm{N}} \cos\varphi_{\mathrm{N}}} = \frac{11.52 \times 10^3}{\sqrt{3} \times 380 \times 0.88} = 19.9(\mathrm{A})$$

电动机采用星形直接起动，则

$$I_{\mathrm{stY}} = \left(\frac{I_{\mathrm{st}}}{I_{\mathrm{N}}}\right) \times I_{\mathrm{N}} = 6.5 \times I_{\mathrm{NY}} = 6.5 \times 19.9 = 129.35(\mathrm{A})$$

$$T_{\mathrm{stY}} = \left(\frac{T_{\mathrm{st}}}{T_{\mathrm{N}}}\right) \times T_{\mathrm{N}} = 1.5 \times 65.4 = 98.1(\mathrm{N \cdot m})$$

$T_{\mathrm{stY}} = 98.1(\mathrm{N \cdot m}) > T_{\mathrm{L}} = T_{\mathrm{N}} = 65.4(\mathrm{N \cdot m})$，可以带负载直接起动。

（3）电源线电压为 220V 时，电动机为三角形（△）连接，则

$$I_{\mathrm{N}\triangle} = \frac{P_{\mathrm{N}}}{\eta_{\mathrm{N}}\sqrt{3} U_{\mathrm{N}} \cos\varphi_{\mathrm{N}}} = \frac{10 \times 10^3}{0.868 \times \sqrt{3} \times 220 \times 0.88} = 34.4(\mathrm{A})$$

若采用三角形连接直接起动，则

$$I_{\mathrm{st}\triangle} = \left(\frac{I_{\mathrm{st}}}{I_{\mathrm{N}}}\right) \times I_{\mathrm{N}} = 6.5 \times I_{\mathrm{N}\triangle} = 6.5 \times 34.4 = 224(\mathrm{A})$$

$$T_{\mathrm{st}\triangle} = \left(\frac{T_{\mathrm{st}}}{T_{\mathrm{N}}}\right) \times T_{\mathrm{N}} = 1.5 \times 65.4 = 98.1(\mathrm{N \cdot m})$$

$T_{\mathrm{st}\triangle} = 98.1(\mathrm{N \cdot m}) > T_{\mathrm{L}} = T_{\mathrm{N}} = 65.4(\mathrm{N \cdot m})$，可以带负载直接起动。

若采用星形—三角形（Y-△）降压起动，星形联结的起动电流、起动转矩分别为

$$I'_{\mathrm{stY}} = \frac{1}{3} \times I_{\mathrm{st}\triangle} = 1/3 \times 224 = 74.7(\mathrm{A})$$

$$T'_{\mathrm{stY}} = \frac{1}{3} \times T_{\mathrm{st}\triangle} = 1/3 \times 98.1 = 32.7(\mathrm{N \cdot m})$$

负载转矩 $T'_{\mathrm{L}} = 60\% T_{\mathrm{N}} = 0.6 \times 65.4 = 39.2 (\mathrm{N \cdot m}) > T'_{\mathrm{stY}}$，不能起动。

负载转矩 $T''_{\mathrm{L}} = 25\% T_{\mathrm{N}} = 0.25 \times 65.4 = 16.4 (\mathrm{N \cdot m}) < T'_{\mathrm{stY}}$，可以起动。

【例 3.3.2】 一台 Y225M-4 型的三相异步电动机，定子绕组△形连接，接入工频三相供电系统中，额定数据为：$P_{\mathrm{N}} = 45\mathrm{kW}$，$n_{\mathrm{N}} = 1480\mathrm{r/min}$，$U_{\mathrm{N}} = 380\mathrm{V}$，$\eta_{\mathrm{N}} = 92.3\%$，$\cos\varphi_{\mathrm{N}} = 0.88$，$I_{\mathrm{st}}/I_{\mathrm{N}} = 7.0$，$T_{\mathrm{st}}/T_{\mathrm{N}} = 1.9$，$T_{\mathrm{M}}/T_{\mathrm{N}} = 2.2$。

（1）计算：定子绕组的额定功率 $P_{1\mathrm{N}}$，额定电流 I_{N}；额定转差率 s_{N}；额定转矩 T_{N}。

（2）若电动机在额定电压 U_{N} 下直接起动，计算起动电流 I_{st}、起动转矩 T_{st}；若负载转矩 $T_{\mathrm{L}} = 510.2\mathrm{N \cdot m}$，试问在定子绕组的电压分别为 U_{N} 和 $0.9U_{\mathrm{N}}$ 两种情况下，电动机能否带载直接起动？

（3）若采用 Y-△ 换接起动，计算星形起动电流 I_{stY}、起动转矩 T_{stY}；当负载转矩 $T'_{\mathrm{L}} = 80\% T_{\mathrm{N}}$ 和 $T''_{\mathrm{L}} = 50\% T_{\mathrm{N}}$ 时，电动机能否带载起动？

（4）计算最大转矩 T_{M}；若 Y225M-4 型电动机所拖动生产机械的可能最大负载转矩 $T_{\mathrm{Lmax}} = 750\mathrm{N \cdot m}$，试问是否合适拖动该生产机械？

解 （1）　　　　　　　$P_{1\mathrm{N}} = \dfrac{P_{\mathrm{N}}}{\eta_{\mathrm{N}}} = \dfrac{45}{0.923} = 48.754(\mathrm{kW})$

$$I_N = \frac{P_{1N}}{\sqrt{3}U_N\cos\varphi_N} = \frac{P_N \times 10^3}{\sqrt{3}U_N\cos\varphi_N\eta_N} = \frac{45 \times 10^3}{\sqrt{3} \times 380 \times 0.88 \times 0.923} = 84.2(A)$$

由 $n_N = 1480 \text{r/min}$，可知 $n_0 = 1500 \text{r/min}$，$p = 2$（四极电动机）

所以

$$s_N = \frac{n_0 - n}{n_0} = \frac{1500 - 1480}{1500} = 0.013$$

$$T_N \approx 9550\frac{P_N}{n_N} = 9550 \times \frac{45}{1480} = 290.4(\text{N}\cdot\text{m})$$

（2）当定子绕组的电压为 U_N 时，则

$$I_{st} = \left(\frac{I_{st}}{I_N}\right) \times I_N = 7.0 \times 84.2 = 589.4(A)$$

$$T_{st\triangle} = \left(\frac{T_{st}}{T_N}\right) \times T_N = 1.9 \times 290.4 = 551.8(\text{N}\cdot\text{m})$$

因为　　　　　　　　$T_{st\triangle} = 551.8(\text{N}\cdot\text{m}) > T_L = 510.2\text{N}\cdot\text{m}$，能起动。

当定子绕组的电压为 $0.9U_N$ 时，有

$$T'_{st\triangle} = 0.9^2 T_{st\triangle} = 0.9^2 \times 551.8 = 447(\text{N}\cdot\text{m}) < T_L = 512.2\text{N}\cdot\text{m}，不能起动。$$

（3）若采用 Y-△换接起动，有

$$I_{st\triangle} = 7I_N = 7 \times 84.2 = 589.4(A)$$

$$I_{stY} = \frac{1}{3}I_{st\triangle} = \frac{1}{3} \times 598.4 = 196.5(A)$$

$$T_{stY} = \frac{1}{3}T_{st\triangle} = \frac{1}{3} \times 551.8 = 183.9(\text{N}\cdot\text{m})$$

$T'_L = 80\% T_N = 290.4 \times 80\% = 232.3(\text{N}\cdot\text{m}) > T_{stY} = 183.9\text{N}\cdot\text{m}$，不能起动；

$T'_L = 50\% T_N = 290.4 \times 50\% = 145.2(\text{N}\cdot\text{m}) < T_{stY} = 183.9\text{N}\cdot\text{m}$，可以起动。

（4）最大转矩为

$$T_M = \left(\frac{T_M}{T_N}\right) \times T_N = 2.2 \times 290.4 = 638.9(\text{N}\cdot\text{m})$$

$T_M = 638.9(\text{N}\cdot\text{m}) < T_{Lmax} = 750\text{N}\cdot\text{m}$，不合适，有可能堵转停车而损毁电动机。

四、调速

在生产中，为了满足生产机械的速度要求，需要对电动机调速。若采用机械调速，调速装置的结构复杂，不容易进行自动控制；若采用电气调速，可以简化机械变速机构，调速简便，在此只讨论电气调速。所谓调速，是指通过人为改变电源电压、频率及电动机自身参数等，使电动机的速度按既定的要求进行调节。

由式（3.3.3）、式（3.3.4）可得，电动机的转子转速为

$$n = (1-s)n_0 = (1-s)\frac{60f_1}{p} \tag{3.3.33}$$

式（3.3.33）可见，通过人为调整 f_1、p、s 即可实现调速。因此有三种电气调速方法：变频调速、变极调速、变转差率调速。

1. 变频调速

根据式（3.3.33）可知，若连续调节电源频率 f_1，即可平滑、连续地调节电动机的转速，实现无级平滑调速，调速性能好。随着电力电子技术的发展，变频调速方法得到广泛应

用。常用变频器包括以下两种：

（1）直接变频器。如图 3.3.34（a）所示为"交流—交流"变频器的原理示意图，将三相交流电通过电力变流器直接转换为可以调压、调频的三相交流电源，又称为直接交流变频器；利用晶闸管组成的交流变频装置，直接改变交流电源的电压和频率，称为直接变频。如图 3.3.34（b）所示，变频器输出的每一相由两组晶闸管整流装置反并联，形成可逆线路；正、反两组按一定频率相互切换，切换频率决定了输出交流电压 u_o 的频率，各组整流装置的控制角决定了输出交流电压 u_o 的幅值。当整流器的控制角和切换频率按要求变化时，可得到变压、变频的交流电源。

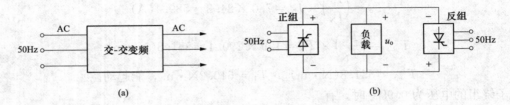

图 3.3.34　直接交流变频器

(a) 框图；(b) 原理简图

（2）间接变频器。"交流—直流—交流"变频器首先将三相工频电源通过整流变为直流，再利用逆变器将直流逆变为可以调频、调压的三相交流电，故称间接交流变频器，又称间接变频。间接变频器的几种原理示意图如图 3.3.35 所示。

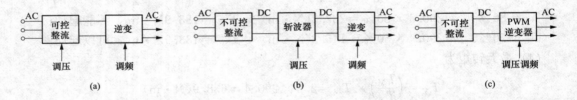

图 3.3.35　间接变频器

2. 变极调速

若电源频率 f_1 不变，通过改变定子绕组连接的线圈数，以改变磁极对数 p，从而改变同步转速 n_0 以调节转子转速 n，称为变极调速。由式（3.3.33）及电动机磁极对数的形成可知，极对数只能按整数值变化，是一种有级调速方式。例如，极数比为 2/4 的称为双速电动机，常用于对调速性能要求不高的场合，如拖动机床设备铣床、镗床、磨床等。另外，根据电动机定子绕组自身的结构，还有极数比为 4/8、4/6、6/8 等双速电动机，或者极数比为 2/4/8 和 4/6/8 的三速电动机。

需要指出，为保证变极调速前后电动机的转向不变，在改变定子绕组接线的同时，必须注意电动机接入的电源相序。

3. 变转差率调速

根据三相异步电动机的人为特性可知，通过改变电源电压 U_1 或转子回路电阻 R_2，可以改变转差率，从而实现变转差率调速。

（1）改变电源电压 U_1 调速。当改变定子绕组电源电压 U_1（$T \propto U_1^2$）时，电磁转矩 T、最大电磁转矩 T_M 与 U_1^2 呈正比例变化，人为特性曲线如图 3.3.20 所示。若负载转矩不变，转差率 s 随着 U_1 的变化而变化，从而实现调速，但须避免调压过低导致电动机堵转。

（2）转子电路串电阻调速。如图 3.3.21 所示的人为特性曲线可知，若在绕线型异步电动机的转子电路中串接变阻器，改变转子电路的电阻 R_2，转差率 s 发生变化，从而实现调速。若负载转矩不变，串接的阻值越大，转速越低。但需注意，一旦转差率 $s_M > 1$，转速下降可能使电动机进入制动状态，甚至影响起动能力和过载能力。该调速方法调速范围有限，损耗较大，广泛应用于起重提升设备。

＊五、制动

一般来说，电动机的电力拖动大多是作为动力设备，电磁转矩 T 与转子转速 n 同向，转差率 $0 < s \leq 1$，电动机处于电动状态；而为了尽快减速、停车或匀速下放重物等，电磁转矩 T 与转速 n 反向，$s > 1$，电动机处于电磁制动状态。另外，在切断电动机的电源后，因惯性作用不能立即停止，若使电动机能够准确停位或迅速停车，可以缩短辅助工时，确保安全生产、提高生产效率。当电动机断电后，使其迅速停转的过程称为制动（刹车）。

制动方法主要有机械制动（如电磁抱闸系统）、电气制动两种。电气制动又分为反接制动、能耗制动和发电反馈制动等，下面讨论电气制动方法。

1. 能耗制动

如图 3.3.36（a）所示，现要求电动机迅速停车，断开开关 Q 使电动机断电，并立即闭合 KM 触点，使定子两相绕组接入直流电源，如图 3.3.36（b）所示，则在定子绕组内形成一个固定磁场。此时，转子因惯性继续旋转，转子绕组的轴向导线切割磁场产生感应电动势及感应电流，并形成转矩 T。由左手定则可以判断，转矩 T 与转速 n 的方向相反，即为制动转矩。上述制动过程需要消耗电能，故称能耗制动。

当电动机转速降为零时，制动转矩也变为零，随即停车。可见，能耗制动可以准确停车、停位，通常用于低速下放重物、矿井的提升与起重运输机械等，有些机床设备常采用能耗制动方法。

2. 发电反馈制动

在某些外部因素下，例如拖动位能性负载（如图 3.3.37 所示的重物下降），起重机快速

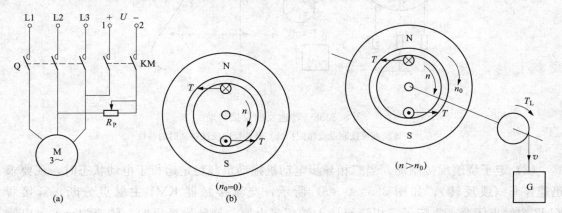

图 3.3.36　能耗制动　　　　　　　　　　图 3.3.37　发电反馈制动原理图
（a）能耗制动电路图；（b）能耗制动原理图

下放重物，因重力加速度的作用，使电动机的转速 n 高于同步转速 n_0 时，转差率 $s = \dfrac{n_0 - n}{n_0}$ < 0，转子绕组的感应电动势反向，电磁转矩 T 的方向与转子转向相反，电动机由电动状态转入发电状态，从转轴输入的机械功率转变为定子绕组发电，并向电网反馈回送电能。因为消耗了机械动能从而产生制动转矩，起到制动作用，称为发电反馈制动或回馈制动。当制动转矩与负载的位能转矩相等时，电动机稳定运行，对电动机起到了减速作用。

回馈制动常用于高速且要求匀速下放重物的生产机械。

3. 反接制动

（1）转速反向反接制动。转速反向反接制动也称为倒拉反向反接制动。如图 3.3.38（a）所示，电动机起动时，如果重物下降速度高于电动机的转速，则起动转矩 T_{st} 的方向与重物 G 所产生的负载转矩 T_L 的方向相反，且 $T_{st} < T_L$，在重物 G 的作用下，迫使电动机按照起动转矩 T_{st} 的反方向旋转，并在重物下放时加速，转差率

$$s = \frac{n_0 - (-n)}{n_0} > 1 \tag{3.3.34}$$

随着 $|-n|$ 的增加，s、I_2、T 增大，直至满足 $T = T_L$ 时，电动机以转速（$-n$）稳定运行，匀速下放重物。图 3.3.38（b）所示机械特性的第 IV 象限（实线部分），即为异步电动机转速反向反接制动的机械特性。其中，由轴上输入的机械功率、定子向转子输送电功率均消耗在转子电路的电阻上。

转速反向反接制动适用于低速、匀速下放重物的生产场合。

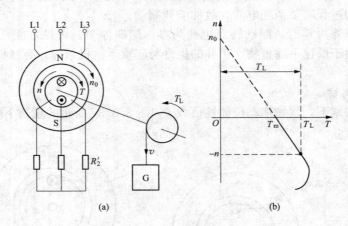

图 3.3.38 转速反向反接制动

（a）转速反向反接制动电路图；（b）转速反向反接制动时的特性

（2）定子绕组反接制动。当三相异步电动机拖动负载稳定运行于电动状态时，现要求迅速停车（或反转），如图 3.3.39（a）所示，交流接触器 KM1 主触点分断，紧接着 KM2 主触点闭合，将定子三相绕组接入逆相序电源，旋转磁场反向、转速为 $-n_0$。电磁转矩 T 的方向与转子转向相反，进入制动过程，反接制动原理如图 3.3.39（b）所示，此时转差率为

$$s = \frac{-n_0 - n}{-n_0} = \frac{n_0 + n}{n_0} > 1 \tag{3.3.35}$$

当电动机转速 n 接近于 0 时，KM2 主触点迅速分断自动切断电源，电动机因受到制动迅速停车；否则进入反向起动，反转并反向运行。制动过程是从电源反接开始，直到转速为零的整个过程。

定子绕组反接制动的优点是制动效果好；缺点是能耗大，难以准确停车、停位。该方法比较适合于要求停车后反转的生产机械，如中型车床、铣床主轴电动机的制动等。

六、正反转控制

当生产机械需要正反往复运动时，如果通过机械机构实现，往往结构复杂、成本较大；而通过改变电动机的正、反转控制很容易实现。电动机的转向取决于三相定子绕组接入的电源相序，如图 3.3.40 所示，定子绕组接入顺相序的电源，正转；接入逆相序的电源，反转。关于电动机运行的电气控制，将在第 4 章介绍。

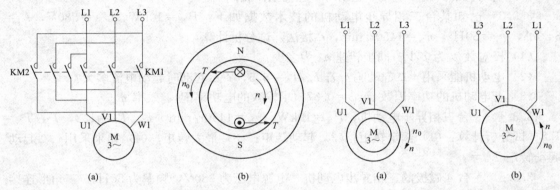

图 3.3.39　定子绕组反接制动原理图　　　　图 3.3.40　电动机正反转电路图
(a) 电路图；(b) 原理图　　　　　　　　　　(a) 正转；(b) 反转

习　题　3

3.2.1　单相变压器一、二次绕组的额定电压为 220V/36V，额定容量为 2kV·A。试分析计算：(1) 分别求一、二次绕组的额定电流。

(2) 当一次绕组加额定电压后，是否在任何负载下一、二次绕组中的电流都是额定值？为什么？

(3) 若在二次绕组两端连接 36V、100W 的白炽灯 15 盏，求此时的一次绕组电流。若把白炽灯减少到两盏时，再求一次绕组电流。在上述两种情况下所求得的电流，哪一个比较准确？为什么？

3.2.2　有一台单相变压器，额定容量为 50kV·A，额定电压为 10kV/220V。要求变压器在额定情况下运行，试问允许接 220V、40W 的白炽灯多少只？允许接功率因数为 0.5 的 220V、40W 日光灯多少只？并求出一、二次绕组的电流。

3.2.3　如图 3.01 所示，将 $R_L = 8\Omega$ 的扬声器接在变压器的二次绕组电路中。已知信号

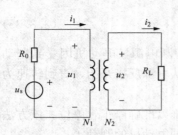

图 3.01　习题 3.2.4 图

源电压 $U_S = 15V$，信号源的内阻 $R_0 = 100\Omega$，$N_1 = 200$ 匝，$N_2 = 80$ 匝，试求扬声器获得的功率和信号源发出的功率。

3.2.4　在题 3.2.3 中，若使扬声器获得最大功率，即达到阻抗匹配，试求这时变压器的电压比及扬声器获得的功率。

3.3.1　一台三相异步电动机的磁极对数 $p = 1$，电源频率 $f_1 = 50Hz$，转差率 $s = 0.015$。求同步转速 n_0、转子转速 n。

3.3.2　有一台三相异步电动机，在电源线电压为 380V 时，三相定子绕组为 △ 接法，额定电流 $I_N = 20A$，$I_{st}/I_N = 7$。

试分析计算：

(1) 求 △ 接法时电动机的起动电流。

(2) 若改为 Y 形起动，起动电流多大？

(3) 电动机带负载和空载下起动时，起动电流相同吗？

3.3.3　已知某台三相异步电动机的技术数据如下：$P_N = 10kW$，$U_N = 380V$，$I_N = 34.6A$，$f_1 = 50Hz$，$n_N = 1450r/min$，△ 接法。试分析计算：

(1) 极对数 p 为多少？同步转速 n_0 为多少？

(2) 电动机能采用 Y-△ 起动吗？若 $I_{st}/I_N = 6.5$，Y-△ 起动时起动电流多大？

(3) 若电动机的功率因数 $\cos\varphi = 0.87$，求输入的电功率 P_1、效率 η。

3.3.4　一台三相异步电动机，$P_N = 10kW$，$n_N = 1450r/min$，$T_{st}/T_N = 1.2$，$T_M/T_N = 1.8$。试分析计算：(1) 额定转矩；(2) 起动转矩；(3) 最大转矩；(4) 如果采用 Y-△ 起动，起动转矩 $T_{st} = $？

3.3.5　一台 4 磁极的三相异步电动机，电源电压为 380V，频率为 50Hz，三角形连接。当负载转矩 $T_L = 133N \cdot m$ 时，定子线电流为 47.5A，总损耗为 5kW，转速为 1440r/min。试分析计算：(1) 同步转速；(2) 转差率；(3) 功率因数；(4) 效率。

3.3.6　已知 Y160M-2 型三相异步电动机，$P_N = 15kW$，$U_N = 380V$，三角形连接，$n_N = 2930r/min$，$\eta_N = 88.2\%$，$\lambda_N = 0.88$。$K_C = 7$，$K_{st} = 2$，$K_M = 2.2$，起动电流不允许超过 150A。若 $T_L = 60N \cdot m$，试问在下列情况下能否带此负载？(1) 长期运行；(2) 短时运行；(3) 直接起动。

3.3.7　现有一台三相异步电动机，$P_N = 30kW$，$U_N = 380V$，三角形连接，$I_N = 63A$，$n_N = 740r/min$，$K_{st} = 1.8$，$K_C = 6$，$T_L = 0.9T_N$，由 $S_N = 200kV \cdot A$ 的三相变压器供电。电动机起动时，要求从变压器取用的电流不得超过变压器的额定电流。试问：

(1) 能否直接起动？

(2) 能否采用 Y-△ 起动方式？

第4章 电气自动控制

在生产实践中常见的各种机械设备，如车床、铣床、刨床、磨床、水泵、起重机、搅拌机、卷扬机等，一般都是由电动机拖动的。为了满足运行需要和加工工艺的要求，必须设计适当的电气自动控制电路，实现电动机起动、停止、正反转和调速等运行状态的切换控制。

目前，常采用继电器—接触器控制系统、可编程控制器（简称 PLC）实现电动机或其他电气设备的运行控制与保护措施。本章主要介绍继电器—接触器控制系统中的常用控制电器、基本控制电路及其在生产中的应用，简要介绍电力供配电中的低压配电柜（箱）。

4.1 常用低压电器

在各种电气控制电路和系统中，控制电器是对电机、生产设备和供用电线路等实现控制、保护功能的电器或元件。控制电器种类繁多，功能各样，按动作原理可分为手控电器和自控电器两大类，前者依靠手动或机械力进行操作；后者借助于电磁力或改变控制条件（信号或参数）而自动动作。下面介绍几种常用的低压控制电器。

一、低压熔断器

低压熔断器是一种相对简单的保护电器，主要起短路保护作用，常用于电动机的短路保护，也可用于非电动机负荷的过载保护。熔断器主要由熔体（俗称保险丝）和安装熔体的熔管两部分组成。熔体通常做成丝状或片状，由易熔金属材料铅、锡、锌、银、铜及其合金制成。熔管是安装熔体的外壳，由陶瓷或玻璃纤维制成，在熔体熔断时兼有灭弧作用。熔断器串联在电路中，当线路出现短路故障时，电流超过熔断器的额定值，产生的热量使得熔体迅速熔断，从而切断电路，对相关电气设备、供电线路起到保护作用。

常用的低压熔断器有瓷插式、螺旋式、密封管式、填充料式等类型，如图 4.1.1 所示。

熔断器应满足以下要求：在电气设备正常运行时，熔丝不应熔断；在出现短路故障时，应立即熔断。熔断器的选用主要包括类型选择和熔体额定电流的确定。选择熔断器的类型时，主要依据负载的保护特性和短路电流的大小，一般要求熔断器的额定电压要稍大于或等于电路额定电压，而额定电流要根据负载情况具体确定。

（1）照明电路等无冲击电路

通常要求熔丝额定电流 I_{FN} 不小于支线上所有电灯的工作电流之和，即

$$I_{FN} \geqslant \sum I \tag{4.1.1}$$

式中，I_{FN} 为熔丝额定电流。

（2）含电动机等冲击电流的电路

例如，电动机的起动电流较大，为了防止因电动机起动而致熔丝烧断，熔丝不能简单按

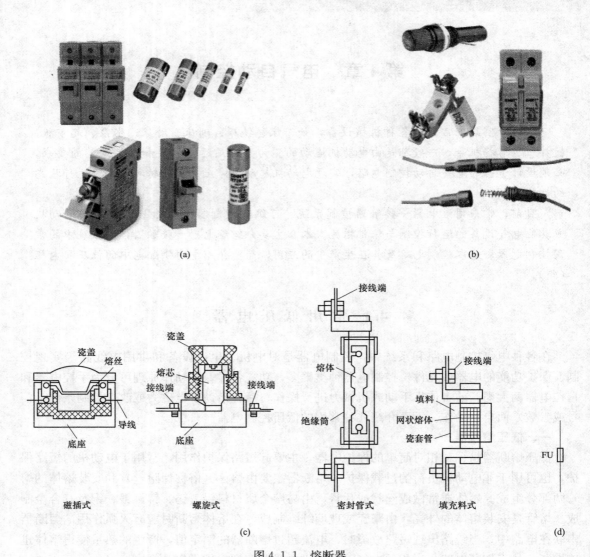

图 4.1.1　熔断器

（a）低压熔断器的外形图；（b）常用保险丝座或熔断器熔座；（c）结构示意图；（d）符号

照电动机的额定电流来选择。

1）单台电动机非频繁起动时，通常要求

$$I_{FN} \geqslant \frac{I_{st}}{2.5} \tag{4.1.2}$$

式中：I_{st} 为电动机的起动电流。

若频繁起动，一般要求

$$I_{FN} \geqslant \frac{I_{st}}{1.6 \sim 2} \tag{4.1.3}$$

2）几台电动机合用总熔断器的电路。熔丝额定电流 I_{FN} 一般按下述方式粗略计算，I_{FN} 等于容量最大电动机额定电流的（1.5～2.5）倍于其余电动机额定电流之和，即

$$I_{FN} \geqslant (1.5 \sim 2.5)I_{Mst} + \sum I_N \tag{4.1.4}$$

式中：I_{Mst} 为容量最大的电动机额定电流；$\sum I_N$ 为其余电动机的额定电流之和。

二、组合开关

组合开关又称转换开关，是通过操作手柄转动实现通断控制的一种刀开关。如图 4.1.2 所示，组合开关通常由多对动触头和静触头组成，当旋转手柄时，可使一些触头接通，另一些触头断开，同时接通或切断相应的电路。动、静触头分别层叠布置安装于数层绝缘壳内，当手柄转动一定角度时，每层动触头随转轴一起转动至一个新位置，分别与各层的静触头接通或断开。

组合开关的控制容量比较小，结构紧凑，多用于机床电气控制线路的电源引入开关，也可用于非频繁接通和断开电气设备、切换电源和负载及小容量电动机的直接起停控制，一般安装于电气柜上。

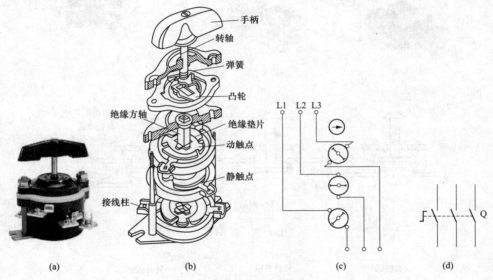

图 4.1.2　组合开关
（a）HZ10 系列组合开关的外形；（b）结构图；（c）原理图；（d）符号

三、按钮

按钮是一种"发令"电器，也称为主令电器，常用于短时间接通或断开电流很小的控制电路。按钮一般由按钮帽、复位弹簧、触头元件和外壳等组成，按钮的外形、结构示意图及符号如图 4.1.3 所示。

根据按钮的触点动作方式，分为动合按钮（常开按钮）、动断按钮（常闭按钮）和复合按钮。动合按钮（常开按钮）是指在自然状态未按下按钮帽时，动触片和静触片是断开的；当按下按钮帽后，动、静触片闭合；松开手指后，动触片在复位弹簧的作用下返回原位而恢复断开。而动断按钮（常闭按钮）的动、静触片在常态下原本已经闭合，按下按钮帽后动、静触片断开；松开手指后，动触片在复位弹簧的作用下与静触片重新恢复闭合。复合按钮集成了动合按钮和动断按钮的功能，可依次实现两条线路的接通与分断，即当按下按钮时，原本闭合的电路分断，原本断开的电路闭合；而松手时复位。

在实际应用中，按钮可制成独立的，或在一个按钮盒内制作两个以上的按钮元件。例如，由两个按钮元件组成"启动""停止"的按钮组，由三个按钮元件组成的"正转"、"反转"和"停止"的按钮组。为了便于识别、避免错误操作，一般在按钮帽上设计不同的标志或涂色，通常以红色用作停止按钮，绿色或黑色用作启动按钮，按钮帽是红色、蘑菇形的紧急式按钮，常用作"急停"控制。

在控制电路中，利用按钮控制接触器、继电器线圈的通电与断电，进而实现电动机的远距离自动控制。选用按钮时常依据触点额定电流、额定电压两个主要指标而定。

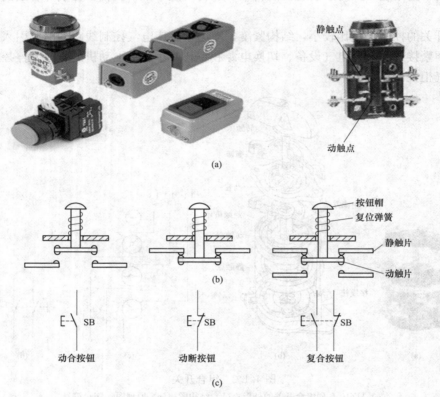

图 4.1.3 按钮的外形、结构示意图及符号

(a) 外形；(b) 结构示意图；(c) 符号

四、交流接触器

接触器是最常用的一种自动电器，利用电磁吸力使触点闭合或断开，能频繁接通或断开交、直流电路，实现远距离电气自动控制。按照通过线圈的电流类型不同，接触器可分为交流接触器和直流接触器。下面介绍在生产实践中常用的交流接触器。

交流接触器主要由电磁机构、触点系统和灭弧装置等组成，外形如图 4.1.4 所示。接触器的控制原理和图形符号如图 4.1.5 所示，电磁机构包括线圈、动铁心（衔铁）和静铁心。根据用途不同，交流接触器的触点系统分为主触点和辅助触点，其中主触点用于主电路的通断，通常由 3 对或 4 对动合触点构成；辅助触点用于控制电路，起电气联锁或控制作用，通常有两对动合触点和两对动断触点。另外，在电流较大的接触器中装有灭弧装置，防止主触点断开时产生的电弧烧坏触点，或发生相间电弧而短路。

如图 4.1.5（a）所示，当线圈通电时产生电磁吸力克服弹簧弹力，吸引动铁心向下运动与静铁心吸合；与此同时，固定在动铁心绝缘支架上的动触点同步向下运动，使动合触点闭合、动断触点分断。相反，当线圈失电或电压低于释放电压时，电磁力消失或小于弹簧弹力，在弹簧作用下动合触点断开、动断触点闭合而复位。

图 4.1.4　交流接触器的外形

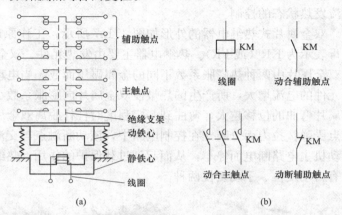

图 4.1.5　交流接触器的原理示意图及图形符号
(a) 原理示意图；(b) 图形符号

交流接触器在工作中还起到欠（失）压保护作用。所谓欠（失）压保护，是指当电源电压严重下降（欠压）、一相或多相断电（失压）时，接触器的电磁吸力小于弹簧弹力或消失，动铁心释放而使主触点断开，自动切除电动机等机电设备的电源，从而起到保护作用。

在应用上，要根据负载性质选择接触器的规格与型号。接触器的额定电压应稍大于主电路工作电压，额定电流应稍大于被控电路的额定电流；对于控制电动机的接触器而言，还应考虑电动机起动时的冲击电流。另外，为了防止主触点烧蚀，对于频繁动作的接触器，工作电流应低于额定电流。

五、继电器

继电器也是自动电器，可以实现自动控制和保护功能。继电器的种类很多，按照输入信号的性质，分为电压继电器、电流继电器、时间继电器、温度继电器、速度继电器、压力继电器等。可见，继电器可以根据不同输入信号的变化而接通或断开，以实现相关的控制功能。

1. 中间继电器

继电器主要用于传递、控制信号，与接触器相比，继电器的主触头较小、承载能力较低，还可以弥补交流接触器辅助触点较少的问题。中间继电器的主要控制对象是接触器，可实现由一路控制信号去控制另一路或多路信号的功能。

如图 4.1.6 所示为中间继电器的外形，工作原理和交流接触器类似。中间继电器一般有四组主触点、两组辅助触点。当线圈通电时，动铁心在电磁力作用下使触点动作，动合触点闭合、动断触点断开；当线圈断电时，动铁心在弹簧作用下使触点复位，动合触点、动断触点也恢复至原来状态。

2. 热继电器

在生产过程中，电动机拖动生产机械运行时常会遇到过载现象，从而引起电动机或供电线路过电流。如果过电流情况严重、持续时间较长，则会加快线路及相关设备绝缘老化，甚至毁坏电动机等设备，因此，在回路中应设置过载保护装置。

热继电器利用电流热效应的原理工作，用于三相异步电动机的过载保护及其他电气设备过流发热状态的控制。

双金属片式热继电器的外形如图 4.1.7 所示，工作原理示意图及符号如图 4.1.8 所示，字母表示为 KR（或 FR）。热继电器主要由发热元件、双金属片和动断触点三部分组成，其中双金属片由两种热膨胀系数不同的金属碾压而成。当电动机出现过载时，流过热继电器发热元件的电流增大，所产生的热量使双金属片向膨胀系数小的一侧弯曲，若过载越严重，双金属片弯曲的位移越大，弯曲到一定程度时杠杆脱离双金属片的支撑，附着于杠杆上的动断触点受弹簧拉力而分断。在控制电路中，该动断触点与交流接触器的线圈串联，线圈断电使电动机主电路断电而停车，从而起到过载保护的作用。热继电器动作以后需要复位，复位方式有自动复位、手动复位两种。

图 4.1.6　中间继电器的外形图　　　　　图 4.1.7　热继电器的外形

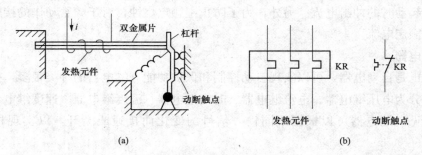

(a)　　　　　　　　　　　　(b)

图 4.1.8　热继电器的结构示意图及图形符号

(a) 原理示意图；(b) 图形符号

需要指出，由于热继电器的热惯性，当电路短路时不能立即动作而断开电源，因此不能用作短路保护。同理，在电动机起动或短时过载时，热继电器也不应动作，以避免电动机不必要的停车，影响正常的生产与设备运行。

热继电器主要用于电动机的过载保护，选择时应考虑电动机的工作环境、起动情况、负载性质等因素，主要依据以下几个方面进行选择：

（1）结构型式的选择。电动机星形接法时，可选用两相或三相结构的热继电器；三角形接法时，应选用三相结构并带断相保护装置的热继电器。

（2）热继电器的动作电流整定值一般为电动机额定电流的 1.05～1.1 倍。

（3）对于频繁起动、短时工作的电动机（如起重机），由于电动机不断反复升温，热继电器双金属片的温升跟不上电动机绕组的温升，电动机将得不到可靠的过载保护。因此，不宜选用双金属片热继电器，而应选择过电流继电器或能反映绕组实际温度的温度继电器。

六、断路器

断路器又称为自动空气开关、空气开关，通常用于低压配电线路中电源非频繁通、断的控制，具有良好的灭弧性能，能带负荷通、断。在电路发生短路、过载、失欠电压或漏电等故障时能自动切断故障电路，是一种具有控制兼保护功能的电器。

1. 分类

断路器的种类很多，按用途和结构特点可分为 DW 型框架式断路器、DZ 型塑料外壳式断路器、DS 型直流快速断路器和 DWX 型、DWZ 型限流式断路器等。框架式断路器主要用作配电线路的保护开关，塑料外壳式断路器可用于电动机、照明及电热电路等的控制开关。下面介绍如图 4.1.9 所示的 DZ 型塑壳式断路器。

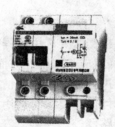

图 4.1.9　断路器的外形图

2. 工作原理

如图 4.1.10 所示，为 DZ 型塑壳式断路器的原理示意图；符号如图 4.1.11 所示，字母

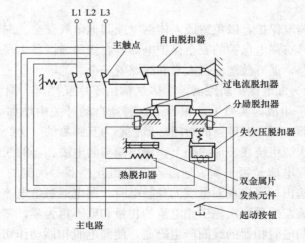

图 4.1.10　DZ 型塑壳式断路器的原理示意图

图 4.1.11　断路器的符号

符号为 Q（或 QF）。主体结构由触头、灭弧系统和多种脱扣器组成，如过电流脱扣器、失压（欠电压）脱扣器、热脱扣器、分励脱扣器等。在正常情况下，断路器的主触点靠手动或操作机构的电动合闸，主触点闭合后，自由脱扣器将主触点锁在合闸位置上。

（1）短路与过载保护。过电流脱扣器的线圈和热脱扣器的发热元件串接于供电线路的相线，用于线路的短路和过电流（过载）保护。当短路或严重过载时，过电流脱扣器的衔铁吸合，自由脱扣机构动作，使主触点在弹簧的拉力下迅速断开主电路，实现断路器的跳闸功能。热脱扣器的工作原理和热继电器相同，用于线路的过负荷保护；当电路过载时，热脱扣器的发热元件发热使双金属片向上弯曲，推动自由脱扣器动作使主触点分断，主电路断电。

（2）失压、欠压保护。失欠电压脱扣器的线圈和电源并联，用于失压、欠压保护。在正常情况下断路器可以合闸，主触点处于吸合状态；当电路停电或电压很低时，失欠压脱扣器的衔铁释放，在弹簧弹力的作用下自由脱扣器动作，使主触点分断，主电路断电。

（3）远距离控制。分励脱扣器则作为远距离控制之用，当无须远距离控制时，其线圈是断电的，主电路正常供电；当需要远距离控制时，按下起动按钮使线圈通电，衔铁带动自由脱扣器动作使主触点分断，主电路断电。

3. 选择依据

不同断路器的控制与保护作用不尽相同，应根据需要选用远程控制与失（欠）压、过电流（过载）、短路保护等方式的断路器，具体选择时应从以下几方面考虑：

（1）类型选择。应根据使用场合和保护要求进行选择，一般情况下选用塑壳式，短路电流很大时选用限流型；额定电流比较大或有选择性保护要求时选用框架式；在含有半导体器件的直流电路中，控制和保护应选用直流快速断路器等。

（2）断路器额定电压、额定电流应稍大于或等于线路、设备的正常工作电压、电流。

（3）断路器极限通断能力应大于或等于电路最大短路电流。

（4）失欠电压脱扣器的额定电压应等于线路额定电压。

（5）过电流脱扣器的额定电流应大于或等于线路的最大负载电流。

4. 漏电保护断路器

某些场合还需要漏电保护，以免造成人体触电或其他电气安全。漏电保护断路器通常称为漏电开关，是一种具有漏电保护的安全保护电器，在线路或设备出现对地漏电或人身触电时，迅速自动断开电路，能有效地保证人身和线路的安全。

如图 4.1.12 所示为漏电保护断路器，主体结构由零序互感器、漏电脱扣器、试验按钮 SB、操作机构和外壳等组成。实质上，相当于在普通自动开关中增加一个能检测电流的零序互感器和漏电脱扣器。零序互感器的封闭环形铁心为互感器的一次绕组，主电路的三相电源线均穿越其中；二次绕组绕在环形铁心上，输出端与漏电脱扣器的线圈相接。在电路工作正常时，无论三相负载电流是否平衡，通过零序电流互感器一次侧的三相电流的相量和为零，二次侧没有电流输出；当出现漏电或人身触电时，漏电或触电电流经过大地流回电源的中性点，因此零序电流互感器一次侧三相电流的相量和就不再为零，零序互感器的二次侧将产生感应电流，通过漏电脱扣器的线圈产生磁通，使漏电脱扣器动作切断主电路，从而保障了人身与电气安全。

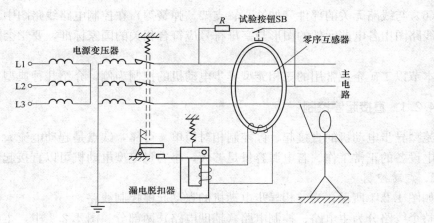

图 4.1.12　漏电保护断路器的原理示意图

为了经常检测漏电开关的可靠性，附设试验按钮 SB 进行测试，SB 与一个限流电阻 R 串联后跨接于两相线路上。当按下试验按钮 SB 时，若漏电断路器立即分闸，证明漏电保护功能良好。

4.2　三相异步电动机的电气控制

生产机械的电气控制系统通常由交流接触器、继电器、按钮等控制电器按照一定要求连接而成，通过控制电动机的起动、停止、正反转、调速及延时等，满足生产和工艺要求。为了便于电气控制系统及电路的设计、安装、调试、使用与维护，采用规范性的符号绘制成电气控制系统线路图，用以表示系统中各电气设备及连接关系，描述电气装置的工作原理、构成及其功能，也是电气设计、施工及维护人员的工程语言。

在设计与绘制电气控制系统线路图时，通常根据电路功能，将电气控制线路分为主电路和控制电路。主电路是指电源到电动机的电路，为电动机的供电线路，一般通过强电流；控制电路也称辅助电路，用以控制电动机的运行状态，由按钮、电器元件的线圈、接触器的线圈与辅助触点、继电器的线圈与触点等组成，一般通过弱电流。控制系统中的全部电机、电器和其他器械的带电元器件，都应在原理图中表示出来。

绘制电气自动控制线路图时，应遵循以下基本原则：

（1）按国家标准规定的电工图形符号和文字符号画图。

（2）由主电路和辅助电路组成的控制线路，画图时习惯上将主电路画在原理图的左侧或上方，辅助电路画在原理图的右侧或下方。

（3）同一电器的不同元件（如接触器、继电器的线圈和触点等）按其功能和接线位置的不同分别画在不同的电路中，但须标注相同的文字符号。若有多个同类电器，可在字母符号后加数字序号、字母或下标进行区分，如 KM1、KM2，KM_F、KM_R 等。

（4）线路图中元器件和设备的可动部分（如按钮、触点等）均按没有动作时的原始状态画出。

（5）控制电路的分支线路原则上按照动作先后顺序排列，有连接关系的交叉连接点要用黑圆点表示，无连接关系的交叉导线不得画黑圆点。

（6）与线路无关的部件（如铁心、支架、弹簧等）在控制电路线路图中不需要画出。

线路图中各电器元件的图形与字母符号应符合相关的国家标准，要学会查阅、正确使用标准。

本节以工矿企业常用的三相笼型异步电动机的控制为例，介绍几种典型基本控制电路。

4.2.1 直接起停控制

笼型异步电动机的直接起、停控制相对简单、可靠，缺点是起动电流大，会干扰其他相邻用电设备的正常工作。若电源容量足够大，小容量笼型电动机可以直接起动。

1. 点动控制

如图 4.2.1 所示，为三相异步电动机的点动起停控制线路。

整个线路分为主电路、控制电路（辅助电路）两部分。图 4.2.1 中，主电路包括断路器 Q（起电源开关、短路保护作用）、接触器 KM 的主触点、热继电器 KR 的发热元件和电动机 M。控制电路是实现电动机运行控制的辅助电路，由交流接触器 KM 线圈、起动按钮 SB 组成。

合上断路器 Q，点动控制的工作原理与过程分析如下：

（1）起动过程。按下按钮 SB→KM 线圈通电→KM 主触点闭合→电动机接入三相电源、起动运转。

（2）停车过程。松开按钮 SB→KM 线圈断电→KM 主触点断开→切断电动机三相电源、停止运转。

可见，电动机的控制过程实现了"一点就动，一松即停"的功能，称之为点动控制。

2. 连续运行控制

实现电动机连续运行（长动）控制的线路如图 4.2.2 所示。其工作原理如下：

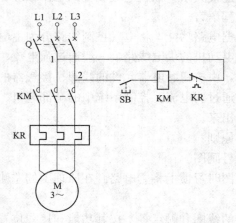

图 4.2.1　点动控制线路

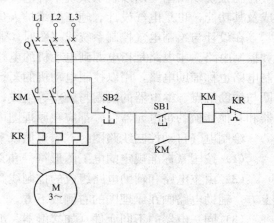

图 4.2.2　连续运行的控制线路

合上断路器 Q。按下动合按钮 SB1（起动按钮），控制电路中交流接触器 KM 线圈通电，则主电路中接触器 KM 主触点闭合，电动机加电、起动；接触器 KM 线圈通电的同时，也使控制电路中接触器 KM 的动合辅助触点闭合，即便松开起动按钮 SB1，接触器 KM 线圈仍然维持通电状态，从而实现了电动机 M 的连续运转。在接触器 KM 线圈得电后，利用自身的动合辅助触点保持本回路的接通状态，这个过程称为自锁。

当按下动断按钮 SB2（停车按钮）后，控制电路断电，接触器 KM 线圈断电，使得主电路中接触器 KM 主触点断开，从而切断电动机的三相电源，电动机 M 停止运转。

操作运行过程与保护功能分析如下：

（1）起动过程。

按下 SB1→KM 线圈通电→KM 主触点闭合→电动机 M 加电、起动运转

　　　　　　　└─→KM 动合辅助触点闭合→实现自锁，电动机连续运转

（2）停车过程。

按下 SB2→KM 线圈断电→KM 主触点断开→电动机 M 停止运转

　　　　　　　└─────→KM 动合辅助触点断开→解除自锁→为下次起动做准备

（3）相关保护。图 4.2.2 的控制线路还可以实现短路保护、过载保护和失压欠压保护等功能。

断路器 Q 起短路保护的作用。一旦发生短路事故，断路器马上分断，电动机立即断电停车。

热继电器 KR 起过载保护的作用。当电动机过载运行时，电路中的电流增大，热继电器 KR 发热元件的发热量增大，使其双金属片弯曲过度，从而将热继电器 KR 的动断触点断开，切断接触器 KM 线圈的电源，进而使主电路的接触器 KM 主触点分断，电动机停车，对电动机起到过载保护的作用。

交流接触器 KM 可以起失压欠压保护作用。当电源断电或电压不足时，接触器 KM 的电磁吸力小于弹簧弹力，则接触器的动铁心释放致使主触点分断。当电源电压恢复正常时，必须重新按下起动按钮，电动机才能起动，从而避免了电源电压恢复时，电动机自行起动而造成事故。

3. 既能点动又能连续运行的控制

三相异步电动机既能点动又能连续运行的控制电路如图 4.2.3 所示，工作原理分析如下：

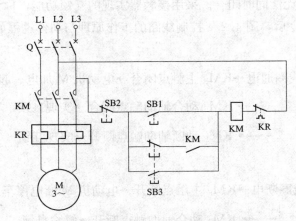

图 4.2.3　既能点动又能连续运行的控制电路

首先合上断路器 Q。按下动合按钮 SB1（长动起动按钮），则交流接触器 KM 线圈通电，使主电路中接触器 KM 的主触点闭合，从而电动机加电、起动运转；同时，也使控制电路中接触器 KM 的动合辅助触点闭合自锁，电动机 M 连续运行。

当按下动断按钮 SB2（停车按钮）后，接触器 KM 线圈断电，主电路中接触器 KM 的主触点分断，电动机 M 停止运转。

当按下复合按钮 SB3（点动控制按钮）时，SB3 的动断触点先断开，动合触点后闭合，则交流接触器 KM 的主触点闭合，电动机起动、运行，但无法实现自锁；当松开 SB3 时，SB3 的动合触点先断开，动断触点后闭合，电动机 M 停止运转，因此复合按钮 SB3 为点动控制按钮。另外，即便电动机在连续运行中，当操作点动控制按钮 SB3 时，电动机转而点动运行；若使电动机再次连续运行，需要再次按下长动起动按钮 SB1。

4.2.2　正反转控制

在生产中，很多机电设备的运行需要改变方向，如机床工作台的前进与后退、钻头的正转与反转、起重机的上升与下降等。上述过程若通过机械机构实现，结构复杂、设备成本较高。但若通过控制电动机的正、反转来实现，简便易行，将电动机的顺相序三相电源改为逆相序，电动机反转；如果在电动机的运行中，自动交替改变相序，也就实现了正反转的自动控制。

如图 4.2.4 所示，为电动机正、反转控制线路。在主电路中设置了正、反转交流接触器的主触点，当 KM_F 主触点闭合时，使电动机通入顺相序电流，实现正转；KM_R 主触点闭合时，使电动机通入逆相序电流，实现反转。另外必须注意，正、反转交流接触器 KM_F、KM_R 的主触点不得同时闭合，否则会造成 L1 和 L3 两相电源短路的事故。因此在辅助控制电路中，分别利用 KM_F、KM_R 接触器的辅助动断触点，去控制锁定对方的线圈回路，当电动机正转运行时，使反转接触器 KM_R 的线圈锁定为断电状态；反之亦然，这种作用称为互锁。由于上述互锁作用，正转与反转的控制电路之间相互制约，确保了正、反转交流接触器 KM_F、KM_R 的主触点无法同时闭合。采用接触器实现的互锁功能，称为电气互锁。

当合上电源开关 Q 后，图 4.2.4 控制线路的工作原理与动作过程如下：

（1）正转起动。

按下 SB_F→KM_F 线圈通电→KM_F 主触点闭合→电动机 M 加电、起动正转

　　　　　└─→ KM_F 动合辅助触点闭合→实现自锁，M 连续运转

　　　　　└─→ KM_F 动断辅助触点断开→实现互锁

（2）反转起动。

按下 SB→KM_F 线圈断电→KM_F 主触点断开→电动机 M 断电停车

　　　　　└─→ KM_F 动合辅助触点断开→解除自锁

　　　　　└─→ KM_F 动断辅助触点闭合→解除互锁

按下 SB_R →KM_R 线圈通电→KM_R 主触点闭合→电动机 M 加电、反向起动
　　　　　　　　├─→ KM_R 动合辅助触点闭合→实现自锁，M 反向连续运转
　　　　　　　　└─→ KM_R 动断辅助触点断开→实现互锁

上述操作过程可见，当正、反转切换时，需要先按下停车按钮 SB 才可以转换。

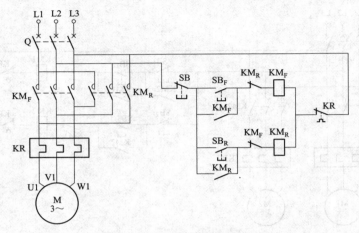

图 4.2.4　电气互锁的正反转控制线路

　　在生产中为了安全保险起见，常利用复合按钮实现的机械互锁和接触器组成的电气互锁之双重作用，构成"机械—电气"双重互锁的控制线路，如图 4.2.5 所示。

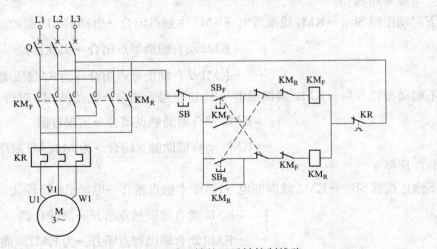

图 4.2.5　双重互锁的正反转控制线路

　　从图 4.2.5 中可见，由于采用了机械—电气双重互锁，当需要改变电动机的转向时，无须先按停止按钮 SB，直接交替按下正、反转的起动按钮 SB_F 或 SB_R，即可实现电动机正、反转的切换，操作比较方便，也更加安全。

4.2.3　顺序控制

　　根据某些生产过程的运行特性和工艺要求，有时需要两台或多台电动机拖动，并按一定的先后顺序起动、停车。例如，某机床装有油泵电动机 M1 和主轴电动机 M2 两台电动机，

在进行金属切削加工时，为了更可靠地进行冷却和润滑，要求：起动时，必须先起动油泵电动机 M1，然后才能起动主轴电动机 M2；停车时，必须先停止主轴电动机 M2，然后才能停止油泵电动机 M1。本例的控制方式称为电动机的顺序联锁控制，控制电路如图 4.2.6 所示，工作原理与动作过程分析如下：

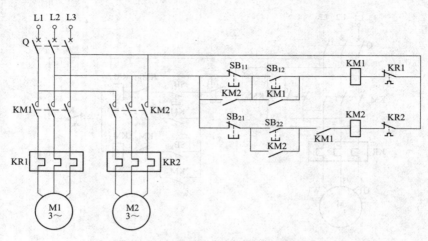

图 4.2.6　两台电动机的顺序联锁控制电路

（1）顺序起动。

合上电源断路器 Q。

按下起动按钮 SB_{12}→KM1 线圈通电→KM1 主触点闭合→电动机 M1 起动

　　　　　　　　→KM1 动合辅助触点闭合→实现自锁

　　　　　　　　→KM1 动合辅助触点闭合→为 KM2 线圈通电做准备

按下起动按钮 SB_{22}→KM2 线圈通电→KM2 主触点闭合→电动机 M2 起动

　　　　　　　　→KM2 动合辅助触点闭合→实现自锁

　　　　　　　　→KM2 动合辅助触点闭合→为 M2、M1 顺序停车做准备

（2）顺序停车。

按下停止按钮 SB_{21}→KM2 线圈断电→KM2 主触点断开→电动机 M2 停止

　　　　　　　　→KM2 动合辅助触点断开→解除自锁

　　　　　　　　→KM2 动合辅助触点断开→为 KM1 线圈断电做准备

＊4.2.4　行程控制

为了满足生产工艺要求或安全考量，对于机床、起重机械等运动型或往复运动型的设备，须限定位置、实现行程控制或安全限位保护等。

如图 4.2.7 所示为行程开关 SP（又称限位开关），是一种根据运动部件的行程位置而切换电路的电器。按照结构类型，行程开关可分为直动式、滚轮式、微动式和组合式。在生产中，通常把行程开关安装在预设位置，当固定在运动机械部件上的模块撞击行程开关时，行程开关的触点动作，实现电路的切换。

图 4.2.7　行程开关

(a) 外形图；(b) 图形符号

如图 4.2.8 所示，为一台机床的自动往返工作台及行程开关布局。行程开关 SP1、SP2 安装在机床的床身上，控制行程距离，当安装在工作台下面的模块 A 撞击到这两个行程开关时，触发相应的控制电路工作，实现电动机的正、反转切换，从而实现工作台在规定行程内的自动往复运

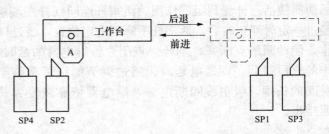

图 4.2.8　自动往返工作台示意图

动；行程开关 SP3、SP4 分别安装在工作台行程的左、右安全极限位置，起限位保护作用，防止工作台超出极限位置而引发事故。在本例中，假设电动机正转时拖动工作台前进，电动机反转时工作台后退，控制电路如图 4.2.9 所示。

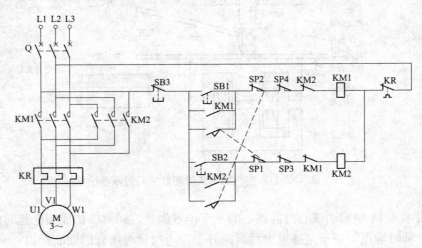

图 4.2.9　自动往返的行程控制电路

*4.2.5　时间控制

时间控制是指按照设定的时间间隔来接通、断开控制电路，实现生产机械在时间进程中的某些特定动作。通常由时间继电器实现时间控制，如图 4.2.10 为两种时间继电器的外形。

图 4.2.10　时间继电器的外形

时间继电器是利用电磁原理或机械原理实现延时的控制电器。按照动作原理，可分为电磁式、空气阻尼式、电动式、电子式、可编程式和数字式；按照延时方式，可分为通电延时型、断电延时型两种。

空气阻尼式时间继电器在交流电路中应用较多，如图 4.2.11 所示，它由电磁系统、延时机构和触点三部分组成。

在图 4.2.11 中，当吸引线圈通电时，动铁心与静铁心吸合并带动托板瞬时向下移动，使微动开关 1 的两个瞬时触点瞬时动作，并在活塞杆与托板之间空出一段距离。受释放弹簧的作用活塞杆开始向下运动，橡皮膜随之向下凹陷，空气室的空气变得稀薄而使活塞杆受到阻尼作用，活塞杆连同杠杆左端缓慢下降，而不能与动铁心同步下落。经过一定时间延时后，活塞杆下降到一定位置，通过杠杆推动微动开关 2 的两个延时触点动作，使动断触点断开，动合触点闭合。继电器的延时时间是从线圈通电到延时触点完成动作的这段时间，即通电延时。通过调节螺钉可调整空气室进气孔的大小，继而改变延时时间的长短。吸引线圈断电后，继电器依靠恢复弹簧的作用而复原，空气经出气孔被迅速排出。

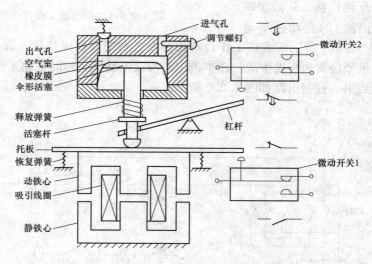

图 4.2.11　空气阻尼式时间继电器的原理示意图

若图 4.2.11 中的动铁心与静铁心的上下位置倒置，还可以构成断电延时的时间继电器，也有两个延时触点，一个是通电时瞬时断开、断电时延时闭合的动断触点，一个是通电时瞬时闭合、断电时瞬时断开的动合触点，工作原理不再赘述。

时间继电器的符号如图 4.2.12 所示。

例如，在生产中，可以使用时间继电器的延时功能，实现笼型异步电动机的星形—三角形降压起动控制，即起动时定子三相绕组连接成星形，经过一段时间延迟后，电动机转速上升至接近平稳转速时再换接成三角形连接方式，控制线路如图 4.2.13 所示。

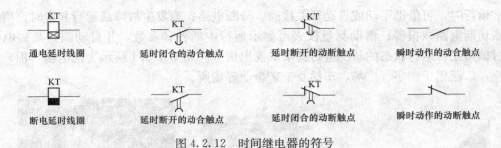

图 4.2.12 时间继电器的符号

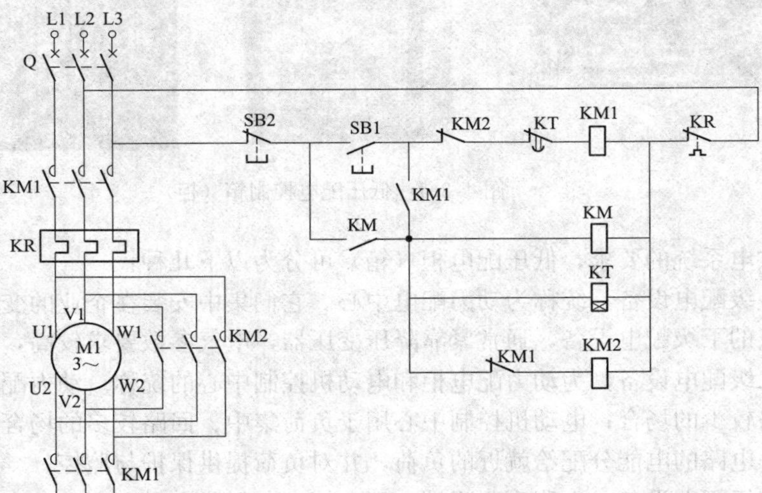

图 4.2.13 星形—三角形换接起动的控制电路

控制电路的工作原理与过程如下：合上电源开关 Q，按下起动按钮 SB1，接触器 KM1 的线圈通电，KM1 主触点闭合，电动机连接为星形；同时 KM1 的动合辅助触点闭合，使得接触器 KM 和时间继电器 KT 的线圈通电，KM 的主触点闭合，电动机以星形连接方式起动，时间继电器 KT 延时计时开始；KM 的动合辅助触点也闭合，从而实现自锁；与此同时，KM1 的动断辅助触点分断，保证了接触器 KM2 线圈不能同时通电，实现互锁控制，即电动机星形起动时，不得做三角形连接。

经过一段时间延迟之后，时间继电器 KT 的动断延时触点分断，接触器 KM1 线圈断电，KM1 的主触点断开、动断辅助触点恢复闭合，从而使接触器 KM2 的线圈通电，KM2 主触点闭合，电动机的接法改为三角形连接方式并继续运行；同时接触器 KM2 的动断辅助触点分断，实现互锁控制，保证电动机不能同时接通星形连接。

*4.3 低压供配电的电气控制

低压配电箱（柜）是按电气接线的要求，将开关设备、测量仪表、保护电器和辅助设备等组装在封闭或半封闭金属箱（柜）中或屏幅上，构成低压配电装置实现相关的电气控制。

在正常运行时，可借助手动或自动开关接通、分断电路；当发生故障或运行异常时，借助保护电器切断电路或报警；借助测量仪表可显示运行中的各种参数，并自动调整某些电气参数，对偏离正常运行状态的状况进行提示或发出信号。如图 4.3.1 所示为配电箱（柜）的实物图片，广泛用于楼宇、广场、车站及工矿企业等场所。

图 4.3.1 低压配电控制箱（柜）

按照供电系统的要求，低压配电柜（箱）可分为以下几种：

（1）一级配电设备，统称为动力配电中心。它们集中安装在企业的变电站，将电能分配给不同地点的下级配电设备，通常紧靠降压变压器，电气参数要求较高，输出容量较大。

（2）二级配电设备，为动力配电柜和电动机控制中心的统称。动力配电柜用于负荷比较分散、回路较少的场合；电动机控制中心用于负荷集中、回路较多的场合。它们把上一级配电设备某一电路的电能分配给就近的负荷，并对负荷提供保护与监控。

（3）末级配电设备，也称为照明动力配电箱。它们远离供电中心，为分散、小容量配电设备。

按结构特征和用途，低压配电柜（箱）可分为以下几种：

（1）固定面板式开关柜，常称开关板或配电屏。它是一种有面板遮栏的开启式开关柜，正面有防护作用，背面和侧面的带电部分裸露仍能触及，防护等级较低，只能用于对供电连续性和可靠性要求较低的工矿企业，作变电室集中供电之用。

（2）防护式（即封闭式）开关柜。指除安装面以外，其他所有侧面均被封闭起来的一种低压开关柜，开关、保护和监控等电气元器件均安装在一个用钢板或绝缘材料制成的封闭外壳内，可靠墙或离墙安装，柜内每条回路之间可以不加隔离措施，也可以采用接地的金属板或绝缘板进行隔离，通常门与主开关操作机构有机械联锁。另外还有防护式台型开关柜（即控制台），主要用于工艺现场的配电装置。

（3）抽屉式开关柜。通常柜体采用钢板制成封闭外壳，进、出线回路的电器元器件安装在抽屉中的供电功能单元，功能单元与母线或电缆之间，用接地的金属板或塑料制成的功能板隔开，形成母线、功能单元和电缆三个区域，每个功能单元之间也有隔离措施。抽屉式开关柜有较高的可靠性、安全性和互换性，适用于供电可靠性要求较高的工矿企业、高层建筑等，作为集中控制的配电中心。

（4）动力、照明配电控制箱。多为封闭式垂直安装，因使用场合不同，外壳防护等级也不同，主要作为工矿企业生产现场的配电装置。

習　題　4

4.2.1　试画出三相异步电动机既能连续运转又能点动控制的继电器—接触器控制电路。

4.2.2　如图 4.01 所示，哪些控制电路能实现点动控制，哪些不能，为什么？

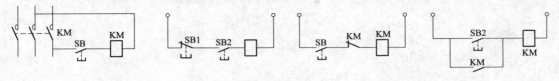

图 4.01　习题 4.2.2 图

4.2.3　如图 4.02 所示，正、反转控制电路中有多处错误，请指出错误，说明应如何改正。

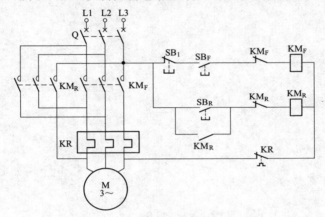

图 4.02　习题 4.2.3 图

4.2.4　设计一台三相异步电动机的控制电路。控制要求：（1）既能连续运行，也能点动运行；（2）连续运行时，能在 A、B 两地分别实现起动和停止控制；（3）具有短路和过载保护功能。

4.2.5　如图 4.03 所示，指出电路中有几处错误？请改正。

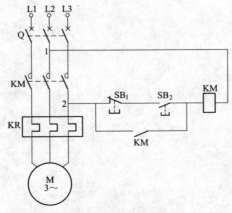

图 4.03　习题 4.2.5 图

下篇

电 子 技 术

　　电子技术是研究电子元器件、电子线路及其应用的科学技术，也是研究信号传递与处理的科学技术。根据工作信号，电子技术分为模拟电子技术和数字电子技术，电子电路也分为模拟电路和数字电路。本篇基于电子技术基础，学习常用的电子元器件及其基本特性，第5章主要解决电子电路的电源问题；第6章重点讨论基本放大电路、集成运算放大电路及其应用；第7章以组合逻辑电路、时序逻辑电路为研究对象，了解常用数字集成器件的应用。

第 5 章　直流稳压电源

　　直流电源是电子电路与设备的直接电源，直流稳压电源的任务是将电力网的交流电源变换为直流电源，提供大小合适、稳定可靠的直流电压。本章重点介绍半导体二极管的导电原理与特性，讨论整流、滤波、稳压电路的工作原理与参数计算，并简要介绍集成稳压电源。

5.1　直流稳压电源的组成

　　一般来说，小功率直流稳压电源由四个部分组成，如图 5.1.1 所示，按照信号的流程顺序，依次为变压、整流、滤波和稳压四个环节，可以输出稳定的直流电压。

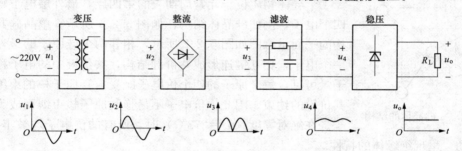

图 5.1.1　直流稳压电源的一般组成框图

　　（1）变压。根据负载、电子电路与设备的电源电压，整流变压器把电力网交流电压转换为大小合适的交流电压，并在交流电路与直流电路之间起到隔离作用。

　　（2）整流。所谓整流，是把双向变化的交流电转换为单向脉动直流电的过程。整流电路输出的是方向一定、大小波动的直流电压，仅适用于对电源的波形变化系数要求不高的设备和场合。

　　（3）滤波。滤波即减小整流后单向脉动直流电的波动程度，以获得比较平滑的直流电压。

　　（4）稳压。滤波后的电压本身仍有波动，加之电网电压和负载变化等因素的影响，输出电压又会变化。为此，利用稳压二极管、晶体管稳压电路或者集成稳压器等元器件的稳压功能，从而输出稳定的直流电压。

　　整流电路的核心元件为半导体二极管，下面首先介绍半导体材料的导电特性及半导体二极管的工作原理。

5.2　半导体的基础知识

　　自然界的物质按照导电能力的不同进行区分，可分为导体、绝缘体及半导体三类。其中导体的导电能力最强，绝缘体几乎不导电，而半导体则介于两者之间。半导体的导电能力具有以下特点：

（1）热敏性。当温度升高时，半导体的导电能力显著增强，这一特性称为热敏性。利用热敏性，可以制作温度敏感元件，如热敏电阻。另外为了散热，在计算机的机箱和 CPU 表面等大功率的半导体器件上装有散热风扇，从而降低半导体元器件的热不稳定性。

（2）光敏性。当光照增强时，半导体的导电能力明显增强，这一特性称为光敏性。利用光敏性可以制作光敏元件，如光敏电阻、光敏二极管和光电耦合元件等。

（3）掺杂性。当掺入某些特定的非金属杂质（如五价元素磷和三价元素硼），半导体的导电能力明显增强，这一特性即半导体材料的掺杂性。

5.2.1 本征半导体

纯净半导体也称本征半导体，具有晶格结构。在生产中，需要将自然界中的半导体矿石提纯为纯净半导体，然后利用相关工艺制成不同的半导体元器件，常用的半导体材料主要有单晶硅和单晶锗。

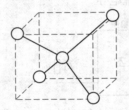

图 5.2.1 硅晶体的结构

半导体物质位于元素周期表的第四族，最外层电子轨道上有四个电子，例如硅晶体结构，如图 5.2.1 所示。单晶硅共价键结构的平面示意图如图 5.2.2 所示，相邻两个硅原子的最外层各出一个电子，相互键连形成共价键结构，共价键中的电子称为价电子。可见，每个原子的四个价电子既受自身原子核的束缚，又受共价键的约束。因此，价电子不易挣脱原子核束缚而成为自由电子。在绝对零度（$T=273℃$）时，所有的价电子均被牢牢束缚、不能移动，呈现绝缘体的特性。

如图 5.2.3 所示，当本征半导体从外界获得一定的能量（如光照、温升等），有的价电子挣脱了共价键的束缚而成为自由电子（带负电），同时在原价电子的位置留下一个空位，称为空穴（带正电），这种现象称为本征激发。可见，当本征激发时，自由电子和空穴总是成对出现；若邻近有一个自由电子填补到某一个空穴，则共价键恢复，同时消失了一个自由电子和一个空穴，又可见自由电子和空穴是成对消失的。因为自由电子和空穴总是成对出现、成对消失，统称为"自由电子—空穴对"。

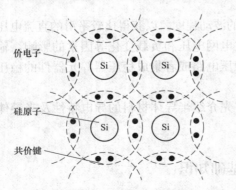

图 5.2.2 单晶硅的共价键结构

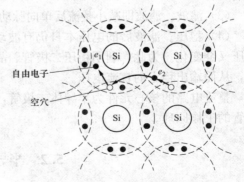

图 5.2.3 "自由电子—空穴对"的形成

　　本征半导体在外加电场的作用下，自由电子和空穴均参与导电形成电流，因此也将它们称为载流子。如图 5.2.4 所示，为本征半导体的导电原理示意图。由于本征激发和外电场 E 的作用，当图中的价电子 e_1 挣脱共价键的束缚成为自由电子后，逆电场方向左移，在位置 1 产生一个空穴；位置 1 右侧的价电子 e_2、e_3 分别先后挣脱共价键成为自由电子后，并往左依次填补位置 1、2 的空穴，最终在位置 3 产生了一个空穴。

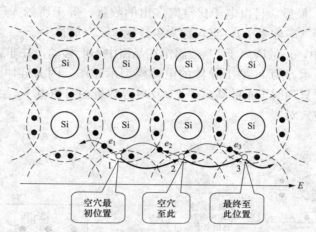

图 5.2.4　本征半导体的导电原理示意图

　　可见，自由电子逆电场方向往左定向移动，形成的电流方向往右；虽然空穴自身并没有移动，而是因为自由电子的往左填补，空穴相对往右定向移动。因为空穴带正电荷，形成的电流方向也往右。所以，总电流的大小等于自由电子和空穴两种电荷形成的电流之和，方向与电场方向相同。

　　综上所述，在本征半导体中，带正电的空穴和带负电的自由电子两种电荷共同参与导电，并且两种电荷的浓度受本征激发能力的影响，这是半导体与金属导体导电特性的本质区别。

　　在常温下，本征半导体的本征激发能力非常弱，导电能力非常差。如果温度上升或者光照增强，本征激发能力相应增强，则半导体内载流子的浓度增大，导电能力增强，这就是半导体材料具有光敏性和热敏性的原因所在。当光照强度和温度一定时，本征半导体维持一定的载流子浓度和导电能力。

5.2.2　杂质半导体

　　在本征半导体中掺入适量的杂质元素（如五价元素磷，三价元素硼等），制成杂质半导体。通过控制掺杂浓度，也就控制了半导体的导电能力，从而做成各种用途的半导体元器件，如二极管、三极管和晶闸管等。

　　根据掺入杂质元素的不同，杂质半导体分为 P 型半导体和 N 型半导体两类。下面，以硅晶体为例介绍杂质半导体。

　　1. N 型（电子型）半导体

　　如图 5.2.5 所示，在硅晶体中掺入适量的五价元素（如磷），一些硅原子所占据的位置被磷原子所取代，而晶体结构保持不变。磷原子的最外层有五个电子，与邻近的四个硅原子形成共价键结构时只需四个电子，多余的那个电子不受共价键束缚，获取少许能量即可脱离磷原子核的束缚成为自由电子，则磷原子变为正的磷离子 P^+ 。可见，掺入多少个磷原子，相当于多提供了多少个自由电子；而本征激发产生少量的"自由电子—空穴对"。

综合上述，在硅晶体中掺入五价元素磷后，载流子的数量增加，导电能力增强。并且，自由电子的数量多于空穴的数量，以自由电子作为导电的主要载流子，故称电子型半导体，也称为 N 型半导体。显然，自由电子比空穴多出的数量，等于所掺入磷原子的数量，自由电子称为多数载流子（简称多子），空穴称为少数载流子（简称少子）。

在 N 型半导体中，正的磷离子 P^+ 被固定在晶格中不能移动，并非载流子，与导电能力无关。如图 5.2.6 所示，为 N 型半导体的电荷模型示意图，因为硅原子与导电能力无关，图中不作表示；图中只列明了正的磷离子 P^+ 及对等数量的自由电子、由本征激发所产生的少量"自由电子—空穴对"。

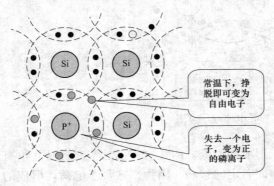

图 5.2.5 N 型半导体

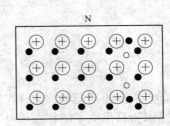

图 5.2.6 N 型半导体的电荷模型示意图

2. P 型（空穴型）半导体

如图 5.2.7 所示，在硅晶体中掺入适量的 3 价元素（如硼），因为硼原子的最外层只有 3 个电子，硼原子取代硅原子的位置后，与周围四个硅原子组成共价键时缺少 1 个电子，须得到一个电子从而达到 8 个电子的稳定结构。当某个硅原子的价电子受本征激发成为自由电子时，同时产生一个空穴，而硼原子得到该自由电子后变成了带负电荷的硼离子 B^- 。可见，掺入多少个硼原子，相当于多提供了多少个空穴；而本征激发产生少量的"自由电子—空穴对"。

综上所述，在硅晶体中掺入三价元素硼后，载流子的数量增加，导电能力增强。并且，空穴的数量多于自由电子的数量，以空穴作为导电的主要载流子，故称空穴型半导体，也称为 P 型半导体，显然，空穴比自由电子多出的数量，等于所掺入硼原子的数量。其中，空穴称为多数载流子（简称多子），自由电子称为少数载流子（简称少子）。

在 P 型半导体中，负的硼离子 B^- 被固定在晶格中不能移动，并非载流子，与导电能力无关。如图 5.2.8 所示，为 P 型半导体的电荷模型示意图，因为硅原子与导电能力无关，图中不作表示；图中只列明了负的硼离子 B^- 及对等数量的空穴、由本征激发所产生的少量"自由电子—空穴对"。

由 N 型和 P 型半导体的形成过程可知，掺杂半导体的导电能力是由多数载流子的浓度决定的，并且多子的浓度远大于少子的浓度。

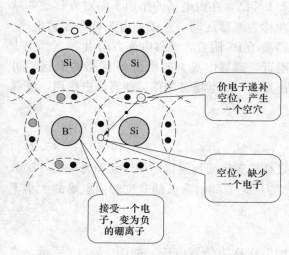

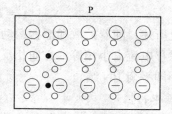

图 5.2.7　P 型半导体

图 5.2.8　P 型半导体的电荷模型示意图

5.2.3　PN 结

1. 形成过程

如图 5.2.9 (a) 所示，在一块半导体（硅或锗）晶片上，利用掺杂工艺，分别做成 P 型半导体和 N 型半导体，则在 P 区与 N 区的交界面两侧，因多数载流子的浓度差而形成扩散运动，P 区的空穴向 N 区扩散，扩散电流的方向由 P 区指向 N 区；N 区的自由电子向 P 区扩散，扩散电流的方向也由 P 区指向 N 区。扩散运动使得自由电子和空穴相遇时，发生复合而同时消失，在交界面附近 P 区只留下了一些负的硼离子 B^-，在 N 区只留下了一些正的磷离子 P^+，从而出现一个空间电荷区域，称为 PN 结；与此同时，正、负离子区产生一个方向由 N 区指向 P 区的电场，称为内电场，如图 5.2.9 (b) 所示。可见，扩散运动使空间电荷区变宽，内电场增强；一旦空间电荷区形成，内电场又反过来阻碍扩散运动。并且，随着多数载流子浓度差的减小，扩散运动逐渐减弱，扩散电流由扩散之初的最大值逐渐减小。

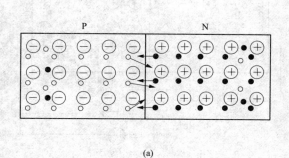

(a)

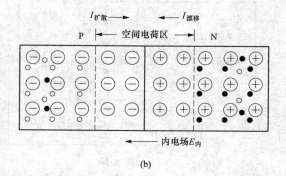

(b)

图 5.2.9　PN 结的形成过程

(a) 多数载流子的扩散示意图；(b) PN 结的形成

　　在空间电荷区形成后，少数载流子一旦进入 PN 结，在内电场的作用下向对方移动并越过交界面，其中少数载流子在电场作用下的运动称为漂移运动，形成的电流称为漂移电流。P 区的少数载流子自由电子向 N 区漂移填补回磷离子 P^+ 附近，漂移电流方向由 N 区指向 P 区；N 区的空穴向 P 区漂移填补回硼离子 B^- 附近，漂移电流方向也由 N 区指向 P 区。可见，漂移运动使空间电荷区变窄，内电场减小；并且，内电场对漂移运动有促进作用，漂移电流由内电场形成之初的 0 值逐渐增大。

　　在 PN 结形成过程中，总电流及变化趋势为

$$I = I_{扩散}\downarrow^{max} - I_{漂移}\uparrow_0 = 0 \tag{5.2.1}$$

　　综上所述，随着扩散和漂移运动的进行，最终扩散运动与漂移运动达到动态平衡，扩散电流与漂移电流大小相等、方向相反，最终电流为 0，空间电荷区的宽度和内电场的大小不再变化，即平衡 PN 结。

　　2. 基本特性

　　PN 结所加电压的方式称为偏置方式，所加电压称为偏置电压。如图 5.2.10 所示，当电位器的中间抽头移至最右侧时，PN 结外加电压为 0，即 $V_P = V_N$，称为零偏，通过的电流为 0。显然，PN 结零偏时并未导通，也称为截止状态。

　　（1）正偏导通。当图 5.2.10（a）中电位器的抽头由最右侧逐渐左移，在 PN 结两端外加正向电压，即 $V_P > V_N$ 称为正向偏置，简称正偏，将会打破坏 PN 结的原有平衡。正偏电压所形成的外电场与内电场的方向相反，随着正偏电压的逐渐增大，相当于内电场逐渐削弱，使空间电荷区逐渐变窄，促进了多数载流子的扩散运动，进一步抑制了漂移运动，从而形成较大的正向电流，并逐渐增大。

　　当内、外电场的大小相等时，二者正好抵消，则没有什么力量阻碍扩散运动的进行，漂移运动被抑制为 0。此时，电压稍微增加则电流迅速上升，PN 结呈现很低的电阻特性，称为导通状态。内、外电场正好抵消时所加的正偏电压称为接触电位差，一般硅材料 PN 结约为 0.6～0.8V，锗材料约为 0.2～0.3V。理想情况下，PN 结内阻认为等于 0，电压降等于 0，相当于开关闭合。

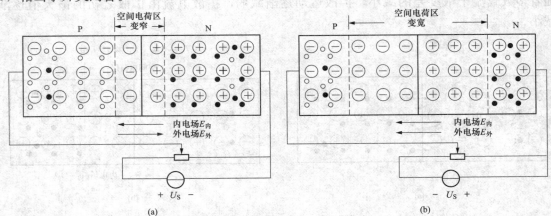

图 5.2.10　PN 结的单向导电性

（a）PN 结正向偏置；（b）PN 结反向偏置

（2）反偏截止。如图 5.2.10（b）所示，电源极性与图 5.2.10（a）相反，当电位器的抽头从最右侧逐渐左移时，在 PN 结两端外加反向电压，即 $V_P < V_N$，也称为反向偏置，简称反偏，将会破坏 PN 结的原有平衡。由于外电场与内电场的方向相同，随着反偏电压的逐渐增大，相当于内电场逐渐增强，使空间电荷区逐渐变宽，抑制多数载流子的扩散运动，促进少数载流子的漂移运动。在反偏电压的一定范围内，最终将扩散运动抑制为 0，扩散电流变为 0，总电流只等于漂移电流。由于常温下少数载流子的浓度非常小，反向电流也非常小，可近似视为 0。显然，在 PN 结外加反向电压时呈高阻特性，称为截止状态，即反偏截止。在理想情况下，PN 结内阻认为等于 ∞，电流等于 0，相当于开关分断。

由于少数载流子的浓度受温度影响大，当温度升高时，反向电流相应增大。

综上所述，PN 结正偏导通，呈低电阻特性；零偏和反偏截止，呈高电阻特性。所以，PN 结的基本特性为单向导电性，并且反向电流受温度的影响较大。

5.3 半导体二极管

5.3.1 概述

半导体二极管又称晶体二极管，简称二极管（下称二极管）。如图 5.3.1（a）所示，从原理上看，二极管的主体结构就是一个 PN 结，由 P 区引出的电极称为阳极，由 N 区引出的电极称为阴极，符号如图 5.3.1（b）所示。

图 5.3.1 半导体二极管
(a) 原理结构示意图；(b) 符号

半导体二极管有多种分类方法，按照制作材料可分为硅管和锗管；按照用途分为普通二极管、整流二极管、发光二极管、光电二极管、检波二极管、稳压二极管等；按照结构可分为点接触型和面接触型两类。

点接触型二极管如图 5.3.2（a）所示，PN 结面积和极间电容均很小，不能承受高的反向电压和大电流，因而适用于做小电流的整流管、高频检波和开关元件等。面接触型二极管如图 5.3.2（b）所示，PN 结面积较大，可承受较大的电流，极间电容较大，因而适用于整流，不宜用于高频电路中。

5.3.2 伏安特性

二极管的外特性表现为它的伏安特性，是指流过二极管的电流随所加电压的变化规律，即 $I = f(U)$，对应的曲线称为伏安特性曲线。下面以硅二极管为例分析二极管的伏安特性，如图 5.3.3 所示。

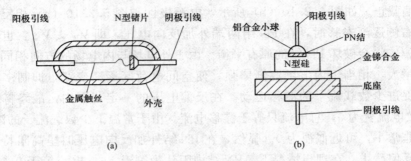

图 5.3.2　半导体二极管的结构

（a）点接触型；（b）面接触型

1. 正向特性

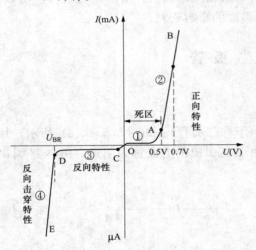

图 5.3.3　硅二极管的伏安特性

如图 5.3.3 所示的 OA 段，当半导体二极管正向偏置时，正向电压由 0 逐渐增大，因为外加电压很小，外电场尚不足以明显削弱内电场，多数载流子的扩散运动未得到明显加强，正向电流接近于零，二极管尚未真正导通，OA 段称为死区。只有当正向电压超过某一数值后，内电场才大为削弱，正向电流迅速增大，该电压值称为死区电压（也称为门槛电压或阈值电压）。一般硅管的死区电压约为 0.5V，锗管约为 0.1V。可见，半导体二极管实际工作时，只有克服了死区电压才导通。

如图 5.3.3 所示的 AB 段，二极管的正向电压越过死区后，当达到接触电位差的数值，内电场被抵消为 0，再没有什么力量阻碍多数载流子的扩散运动，并且受"扩散力＋电场力"的合力推动，电压稍有增加则正向电流迅速增大，正向特性曲线变得陡峭，二极管呈现低阻特性，电流很大，处于导通状态。二极管正向导通时，正向压降不大并且变化很小，硅管为 0.6～0.8V，一般取 0.7V；锗管为 0.2～0.3V，一般取 0.3V。因此，在使用二极管时，若外加电压较大，一般要串接限流电阻，以免电流过大而烧毁。

在理想情况下，二极管导通时的内阻忽略为 0，电压降视为 0，则在电路中相当于一个闭合的开关。

2. 反向特性

如图 5.3.3 中的 OC 段，当半导体二极管反向偏置时，反向电压由 0 逐渐增大，外电场与内电场同向，则内电场相当于加强，打破了 PN 结的原有平衡，漂移电流增大，扩散电流减小，反向电流有所增大；如图 5.3.3 中的 CD 段，反向电压继续增大，由于反向电流是少数载流子的漂移运动形成的，在常温下，因为少子数目浓度非常小并基本不变，所以反向电流基本恒定，故称反向饱和电流。反向电流非常小并近似为零，二极管呈现很高的电阻特性，处于截止状态，称之为反向特性。在理想情况下，二极管截止时相当于一个断开的开关。

3. 反向击穿特性

当反向电压增加到至 D 点的 U_{BR} 时，反向电流突然急剧增大，半导体二极管相当于反向导通，这种现象称为反向击穿，U_{BR} 称为反向击穿电压。根据反向击穿的原因不同，反向击穿分为雪崩击穿和齐纳击穿。

（1）雪崩击穿。当反向电压增大到一定程度时，自由电子获得足够强的动能，突破了共价键束缚能力的界限，足以将共价键撞破使其中的一个价电子成为自由电子。被撞出的新的自由电子又很快获得足够大的动能，从共价键中撞击出新的自由电子，以此类推，犹如雪崩现象，故称雪崩击穿。可见，发生雪崩击穿时，突然之间会有很多自由电子的动能达到撞破共价键的能力，则二极管中自由电子的浓度突然大幅增加，反向电流急剧增大。

（2）齐纳击穿。当反向电压增大到一定程度时，外电场有了足够的力量以至于突破了共价键束缚能力的界限，足以将共价键中的一个价电子拉出来成为自由电子。那么，突然之间会有很多共价键中的价电子被拉出来，挣脱共价键的束缚而成为自由电子，自由电子的浓度突然增加很多，反向电流急剧增大。

雪崩击穿、齐纳击穿还称为物理击穿，并且可逆，即：当反向电压切除或小于反向击穿电压时，二极管的性能良好，并未损毁；再次加至反向击穿电压时，可以反复击穿。但若反向击穿电流很大不加以限制，二极管会因过热而烧毁，称为热击穿，并不可逆。

5.3.3　主要参数

二极管的参数是定量描述二极管的重要性能与安全指标，只有正确理解其意义，才能合理地选择和使用二极管。

1. 最大整流电流 I_{FM}

最大整流电流 I_{FM} 是指在二极管长期正常工作时，允许通过的最大正向平均电流。如果电流过大，发热量会超过容许的限度，从而导致二极管烧毁。显然，实际流过二极管的最大正向平均电流不能超过 I_{FM}。

2. 最大反向工作电压 U_{RM}

最大反向工作电压 U_{RM} 也称为反向工作峰值电压，是指二极管不被反向击穿所允许施加的最高反向电压，U_{RM} 一般为反向击穿电压的 1/2 或 2/3。在使用时，为确保二极管工作于截止状态，二极管实际承受的最大反向电压不能超出 U_{RM}。

3. 反向峰值电流 I_{RM}

反向峰值电流 I_{RM} 是指二极管的电压为反向峰值电压 U_{RM} 时的反向电流。若 I_{RM} 越大，说明二极管的单向导电能力越差，I_{RM} 受温度的影响较大。

在应用中，选择整流二极管的一般性原则为

$$\left.\begin{array}{l} I_F \leqslant I_{FM} \\ U_{DRM} \leqslant U_{RM} \end{array}\right\} \tag{5.3.1}$$

式中：I_F 为实际流过二极管的正向平均电流；U_{DRM} 为二极管实际承受的最大反向电压。

5.3.4　主要应用

二极管的应用广泛，除了后面介绍的整流、稳压作用以外，利用其单向导电性，还具有钳位、隔离和限幅等用途。

1. 钳位作用与隔离作用

所谓二极管的钳位作用，是指二极管导通时，阳极电位与阴极电位被钳制在相差一个导通电压的数值上。设二极管 VD 的导通电压为 U_{VD}，有

$$V_{阳}＝V_{阴}＋U_{VD} \quad 或 \quad V_{阴}＝V_{阳}－U_{VD} \tag{5.3.2}$$

式（5.3.2）中，若二极管 VD 视为理想元件，则 $U_{VD}＝0V$。当二极管实际工作时，若 VD 为硅管，U_{VD} 约为 0.6～0.8V，一般取 0.7V；若 VD 为锗管，U_{VD} 约为 0.2～0.3V，一般取 0.3V。

所谓二极管的隔离作用，是指二极管在满足 $V_{阳}\leqslant V_{阴}$ 的条件下，无论阳极电位与阴极电位如何取值，二极管均为截止状态，阳极与阴极之间相当于一个分断的开关而被隔离。

【**例 5.3.1**】　如图 5.3.4 所示，二极管为硅管，求电压 U_{AB}。

解　图 5.3.4 可见，半导体二极管始终处于导通状态，以下分两种情况求解。

（1）设二极管为理想元件，VD 正偏导通，管压降 U_{VD} 忽略为 0。由 KVL 得

$$U_{AB}＝－6－U_{VD}＝－6－0＝－6(V)$$

（2）设二极管实际工作，VD 导通时的管压降 U_{VD} 取 0.7V，由 KVL 得

$$U_{AB}＝－6V－U_{VD}＝－6－0.7＝－6.7(V)$$

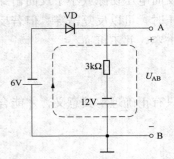

图 5.3.4　［例 5.3.1］的图

【**例 5.3.2**】　如图 5.3.5 所示，VD1、VD2 为硅管，已知：① $U_A＝U_B＝3V$；② $U_A＝3V$，$U_B＝0V$。在上述两种情况下，分别求输出电压 U_o。

解　图 5.3.5 中两个二极管的阳极连在一起，称为共阳极接法，阴极电位低的二极管优先导通。以下分两种情况求解：

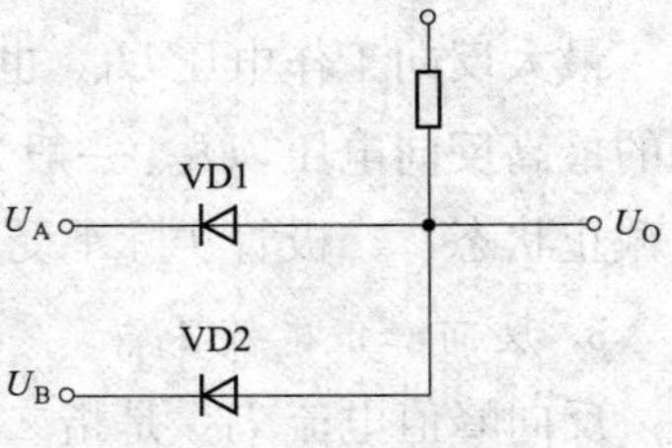

（1）设二极管为理想元件时，则正偏导通，二极管的管压降忽略为 0。

当 $U_A＝U_B＝3V$ 时，VD1、VD2 均正偏导通、正向压降相等，具有钳位作用，所以

$$U_o＝U_A＝U_B＝3V$$

当 $U_A＝3V$，$U_B＝0V$ 时，VD2 优先导通，并且具有钳位作用，所以

$$U_o＝U_B＝0V$$

图 5.3.5　［例 5.3.2］的图

显然，在输出端的电位钳制在 0V 以后，VD1 承受反偏电压而截止，具有隔离作用，输出电压为 0V。

（2）设二极管实际工作时，硅管的正向压降取 0.7V。

当 $U_A=U_B=3V$ 时，VD1、VD2 均正偏导通、正向压降相等，具有钳位作用，所以
$$U_o=U_A+0.7=U_B+0.7=3.7(V)$$

当 $U_A^{'}=3V$，$U_B=0V$ 时，VD2 优先导通，并且具有钳位作用，所以
$$U_o=U_B+0.7=0+0.7=0.7(V)$$

显然，在输出端的电位钳制在 0.7V 以后，VD1 承受反偏电压而截止，具有隔离作用，输出电压为 0.7V。

2. 限幅作用

所谓二极管的限幅作用，是指利用二极管的单向导电性，可以将输出电压限制在一定的幅度之内。

【例 5.3.3】　如图 5.3.6（a）所示，已知 $u_i=10\sin\omega t$ V，设二极管 VD1、VD2 为理想元件。试分析电路原理，并画出输出电压 u_o 的波形。

解　因为二极管为理想元件，则正偏导通，导通压降为 0；反偏截止。输入 u_i、输出 u_o 的波形分别如图 5.3. 6（b）、（c）所示。

（1）当 $0V\leqslant u_i\leqslant 5V$ 时，VD1、VD2 均截止，具有隔离作用，$u_o=u_i$。

当 $u_i>5V$ 时，VD1 导通，具有钳位作用；VD2 截止，具有隔离作用，$u_o=5V$。

（2）当 $-3V\leqslant u_i\leqslant 0V$ 时，VD1、VD2 均截止，具有隔离作用，$u_o=u_i$。

当 $u_i<-3V$ 时，VD1 截止，具有隔离作用；VD2 导通，具有钳位作用，$u_o=-3V$。

在本例中，将输出电压 u_o 的幅度限定 $-3\sim5V$，即 $-3V\leqslant u_i\leqslant 5V$，可见二极管起限幅作用。

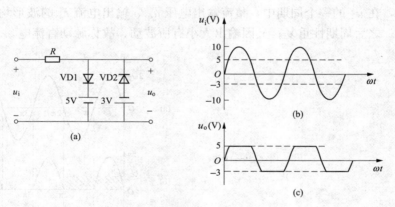

图 5.3.6　［例 5.3.3］的图
（a）电路图；（b）、（c）波形图

5.4 整 流 电 路

整流电路的作用是利用半导体二极管的单向导电性，把双向变化的交流电变换为单向脉动直流电，也称为交流—直流变换器。按照交流电源的相数，整流电路分为单相和三相整流电路；根据交流电的一个周期经整流后的输出波形，分为半波整流和全波整流。下面，介绍带电阻性负载的单相整流电路。

5.4.1 单相半波整流电路

如图 5.4.1 所示为单相半波整流电路。设变压器二次侧的电压 $u_2 = U_{2m}\sin\omega t$ V，波形如图 5.4.2（a）所示。

1. 工作原理

为了分析简单起见，设定变压器为理想器件，忽略损耗；半导体二极管为理想元件，那么，只要正偏即可导通，导通压降为 0，相当于短路；零偏或反偏截止，内阻视为无穷大，相当于断路。

（1）u_2 正半周。根据二极管的单向导电性，二极管承受正向压降而导通，若正向压降 u_{VD} 忽略为 0，则 u_2 全部降落在负载上，则输出电压为

$$u_o = u_2 = U_{2m}\sin\omega t \tag{5.4.1}$$

输出电流为

$$i_o = \frac{u_o}{R_L} = \frac{U_{2m}}{R_L}\sin\omega t \tag{5.4.2}$$

u_o、i_o、u_{VD} 的波形分别如图 5.4.2（b）、（c）、（d）中 0～π 的区间所示。

（2）u_2 负半周。二极管零偏或反偏而截止，输出电流 $i_o = 0$，则输出电压 $u_o = 0$，波形如图 5.4.2（b）、（c）中 π～2π 的区间所示。由 KVL 可得，二极管承受的电压为

$$u_{VD} = u_2 - u_o = u_2 \tag{5.4.3}$$

u_{VD} 在 u_2 负半周时的波形如图 5.4.2（d）中 π～2π 的区间所示。

综述可见，在 u_2 的一个周期中，整流输出电压 u_o、输出电流 i_o 的波形均为半个周期，即为半波整流，之后周期性重复；又因输出大小有所波动，故称脉动直流电。

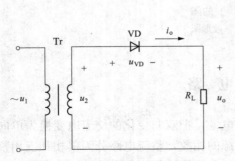

图 5.4.1 单相半波整流电路

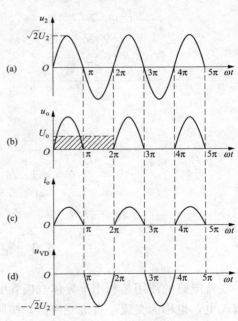

图 5.4.2 单相半波整流的波形图

2. 定量计算

整流输出的大小通常用一个周期内的平均值来衡量。

（1）输出直流平均电压 U_o。如图 5.4.2（b）所示，按照整流输出电压 u_o 的平均值计算，在一个周期内有

$$U_\text{o} = \frac{1}{2\pi} \int_0^\pi \sqrt{2}\, U_2 \sin\omega t\, \text{d}t = \frac{\sqrt{2}}{\pi} U_2 \approx 0.45 U_2 \tag{5.4.4}$$

（2）输出直流平均电流 I_o。

$$I_\text{o} = \frac{U_\text{o}}{R_\text{L}} \approx 0.45 \frac{U_2}{R_\text{L}} \tag{5.4.5}$$

（3）二极管的直流平均电流 I_F。因为二极管 VD 与负载 R_L 串联，则二极管的直流平均电流 I_F 为

$$I_\text{F} = I_\text{o} = \frac{U_\text{o}}{R_\text{L}} \approx \frac{0.45 U_2}{R_\text{L}} \tag{5.4.6}$$

（4）二极管的最大反向电压 U_DRM。由式（5.4.3）和图 5.4.2（d）可知，二极管所承受反向电压的最大值 U_DRM 为变压器二次侧电压的幅值。

$$U_\text{DRM} = \sqrt{2}\, U_2 \tag{5.4.7}$$

5.4.2　单相桥式整流电路

半波整流电路的优点是电路结构简单，但输出直流电压小、效率低、波动大，在实际应用中很少采用。目前广泛采用单相桥式整流电路，也称为桥式全波整流电路。如图 5.4.3（a）所示，四个整流二极管 VD1～VD4 构成桥式电路，简化画法如图 5.4.3（b）所示。设变压器二次侧的电压 $u_2 = U_\text{2m} \sin\omega t\ \text{V}$，波形如图 5.4.4（a）所示。

1. 工作原理

在分析过程中，变压器、二极管的设定条件同单相半波整流电路。

（1）u_2 正半周。在图 5.4.3（a）中，u_2 正半周时，a 点电位最高、c 点电位最低，由二极管的单向导电性可知，VD1、VD3 正偏导通，VD2、VD4 反偏截止，电流方向为：$+ \to a \to \text{VD1} \to b \to R_\text{L} \to d \to \text{VD3} \to c \to -$。若忽略 VD1、VD3 的正向电压降，则 u_2 全部降落在负载 R_L 上。由 KVL，可得输出电压为

$$u_\text{o+} = u_2 \tag{5.4.8}$$

因此，$u_\text{o+}$ 的波形与 u_2 正半周相同，如图 5.4.4（b）中 0～π 的区间所示。输出电流为

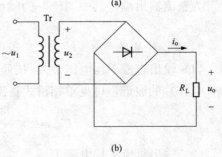

图 5.4.3　单相桥式整流电路
（a）电路图；（b）简化画法

$$i_{\text{o+}} = \frac{u_{\text{o+}}}{R_\text{L}} = \frac{U_{2\text{m}}}{R_\text{L}}\sin\omega t \tag{5.4.9}$$

式 (5.4.9) 可见，$i_{\text{o+}}$ 的波形与 $u_{\text{o+}}$ 同相，如图 5.4.4 (c) 中 $0 \sim \pi$ 的区间所示。

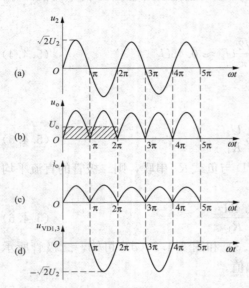

图 5.4.4　单相桥式整流的波形图

设 VD1、VD3 的电压降为 $u_{\text{VD1,3}}$，因二极管为理想元件，则 $u_{\text{VD1,3}} = 0$，$u_{\text{VD1,3}}$ 的波形如图 5.4.4 (d) 中 $0 \sim \pi$ 的区间所示。

(2) u_2 负半周。在图 5.4.3 (a) 中，根据参考方向与实际方向的关系，c 点的实际电位最高，a 点的电位最低，VD2、VD4 正偏导通，VD1、VD3 反偏截止，电流流向为：$- \to c \to \text{VD2} \to b \to R_\text{L} \to d \to \text{VD4} \to a \to +$。若忽略 VD2、VD4 的正向压降，则 u_2 全部降落在负载 R_L 上，而且负载电流 $i_{\text{o-}}$ 的方向与正半周时同向。由 KVL，可得输出电压为

$$u_{\text{o-}} = -u_2 \tag{5.4.10}$$

输出电流为

$$i_{\text{o-}} = \frac{u_{\text{o-}}}{R_\text{L}} = -\frac{u_2}{R_\text{L}} \tag{5.4.11}$$

$u_{\text{o-}}$、$i_{\text{o-}}$ 的波形如图 5.4.4 (b)、(c) 中 $\pi \sim 2\pi$ 的区间所示。

设二极管电压的正偏方向为参考方向，VD1、VD3 均承受反偏电压，由 KVL 可得

$$u_{\text{VD1,3}} = u_2 \tag{5.4.12}$$

$u_{\text{VD1,3}}$ 的波形如图 5.4.4 (d) 中 $\pi \sim 2\pi$ 的区间所示。

因为桥式整流电路元件多、结构复杂、焊接线路板时工艺烦琐，为此生产厂商生产了整流桥块，如图 5.4.5 所示。整流桥块时的接线方法为："$\sim - \sim$"端为交流输入端，接变压器的二次侧；"$+$、$-$"为整流输出端，其中"$+$"为输出电压的正极性端。

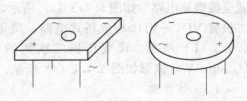

图 5.4.5　整流桥块

2. 定量计算

(1) 输出直流平均电压 U_o。按照前述求平均值的计算方法，并对照图 5.4.2 (b) 和图 5.4.4 (b) 的波形，可见单相桥式整流输出的直流平均电压是单相半波整流的 2 倍，则

$$U_\text{o} = 2 \times \frac{\sqrt{2}}{\pi}U_2 \approx 2 \times 0.45U_2 = 0.9U_2 \tag{5.4.13}$$

(2) 输出直流平均电流 I_o。

$$I_\text{o} = \frac{U_\text{o}}{R_\text{L}} \approx 0.9\frac{U_2}{R_\text{L}} \tag{5.4.14}$$

(3) 二极管的直流平均电流 I_F。由图 5.4.4 (c) 发现，输出电流 i_o 在一个周期的两个半周均有输出，I_o 为两个半周的波形在一个周期内的平均值；但是，每个二极管在一个周期

内只导通半个周期。可见，二极管的直流平均电流 I_F 仅为输出直流平均电流 I_o 的 $1/2$，即

$$I_F = \frac{1}{2}I_o \approx 0.45\frac{U_2}{R_L} \qquad (5.4.15)$$

（4）二极管的最大反向电压 U_{DRM}。由前述分析可知，每个二极管截止时均承受反向电压，并等于变压器二次侧的电压 u_2。因此，二极管承受的最大反向电压为

$$U_{DRM} = \sqrt{2}U_2 \qquad (5.4.16)$$

【例 5.4.1】　在单相桥式整流电路中，已知 $u_2 = 100\sqrt{2}\sin\omega t\ \mathrm{V}$，负载电阻 $R_L = 450\Omega$。试求：输出的直流平均电压 U_o、直流平均电流 I_o；二极管的直流平均电流 I_F 及二极管承受的最大反向电压 U_{DRM}。

解　　　　　　　由 $u_2 = 100\sqrt{2}\sin\omega t$，则 $U_2 = 100\mathrm{V}$

$$U_o \approx 0.9U_2 = 90(\mathrm{V})$$

$$I_o = \frac{U_o}{R_L} = 0.2(\mathrm{A})$$

$$I_F = \frac{1}{2}I_o = 0.1(\mathrm{A})$$

$$U_{DRM} = \sqrt{2}U_2 = 100\sqrt{2}(\mathrm{V})$$

5.5　滤　波　电　路

整流电路所输出直流电压的波动大，如果电子线路或设备对直流电源的要求较高，则无法满足要求，如电镀设备、蓄电池充电电路等。为此，需要在整流电路之后增加滤波电路，以得到波形相对平滑的直流电源。滤波电路也称为滤波器，分为无源滤波器和有源滤波器。本书只介绍无源滤波器，是利用储能元件的储能原理，即电容电压或电感电流不能突变的特性，使得输出信号的波形趋于平滑。

按照滤波元件，无源滤波电路分为电容滤波和电感滤波；按照结构，可分为单式滤波（即单一滤波元件）和复式滤波，复式滤波又分为 Γ 型和 π 型滤波。

5.5.1　单式滤波电路

1. 电容滤波

如图 5.5.1（a）所示，为单相半波整流及电容滤波电路，设变压器二次侧的电压 $u_2 = U_{2m}\sin\omega t\ \mathrm{V}$，波形如图 5.5.1（b）。与负载 R_L 并联一个容量足够大的电容器组成电容滤波器，利用电容器的充放电改善输出电压的脉动程度，以达到滤波目的。在图 5.5.1（b）中，当 u_2 在 $0\sim\pi/2$ 区间从 0 开始增大至最大值，二极管 VD 正偏导通，由于二极管导通时电阻很小，则电容器的充电时间常数很小，电容器电压 u_C 与 u_2 几乎同步达到最大值（A 点）；此后，u_2 按正弦规律减小，当 $u_2 < u_C$ 时，二极管 VD 反偏截止，电容器不再充电，而通过负载电阻 R_L 放电，u_C 减小的速率决定于放电时间常数 $\tau = R_L C$ 的大小。在 u_2 下一个周期的正半周，当 u_2 大于 u_C 时（B 点），二极管 VD 再次导通，电容器再次充电，周而复始。可见，u_o 的波形比半波整流的输出波形平滑得多。

对于单相半波整流加电容滤波的电路而言，如果负载开路，二极管实际承受的最大反向

电压 U_{DRM} 约为

$$U_{DRM} = 2\sqrt{2}U_2 \tag{5.5.1}$$

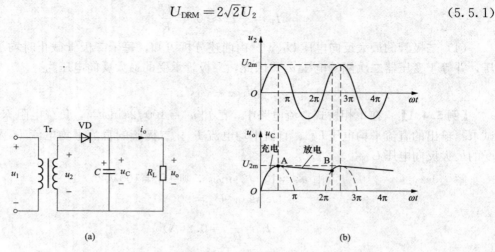

图 5.5.1 单相半波整流及电容滤波

(a) 电路图；(b) 波形图

如图 5.5.2 (a) 所示，为单相桥式整流及电容滤波电路，设变压器二次侧的电压 $u_2 = U_{2m}\sin\omega t$ V，波形如图 5.5.2 (b)。工作原理不再赘述，波形如图 5.5.2 (b) 所示。需要注意的是，无论滤波后带负载或空载，二极管承受的最大反向电压 U_{DRM} 仍为 $\sqrt{2}U_2$。

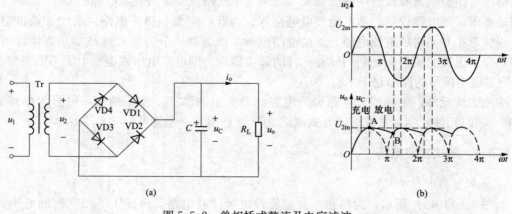

图 5.5.2 单相桥式整流及电容滤波

(a) 电路图；(b) 波形图

综上所述，电容滤波的效果与放电时间常数 $\tau = R_L C$ 密切相关。当负载一定时，C 越大，输出电压越平滑；负载 R_L 的变化也影响滤波效果，当 R_L 很小时，电容器 C 放电很快，甚至与 u_2 同步下降，因此电容滤波电路的带负载能力较差，只适用于输出电压较高、负载电流较小且负载变化不大的场合。为了取得良好的滤波效果，放电时间常数 τ 一般取

$$\tau = R_L C \geqslant (3 \sim 5)\frac{T}{2} \tag{5.5.2}$$

式中：T 为正弦交流电源的周期。可见，电容器的放电速率比正弦交流电的变化速率小很

多，根据式 (5.5.2) 可以选择滤波电容器的容量。

电容滤波后的输出电压比整流输出的电压平均值有所提高，在估算输出电压 U_o 时，通常作相应调整。

(1) 当负载开路时，无论单相半波整流或桥式整流加滤波电路，电容滤波后的输出电压 U_o 一般均取

$$U_o = \sqrt{2}U_2 \tag{5.5.3}$$

由于负载开路 $R_L \to \infty$，则 $\tau = R_L C \to \infty$，当电容器充电至最大值 $\sqrt{2}U_2$ 后，因为没有放电电路，输出电压维持在 $\sqrt{2}U_2$。

(2) 当电容滤波后带负载时，由图 5.5.1 (b)、图 5.5.2 (b) 可见，输出直流平均电压比整流输出提高的程度不尽相同。

就单相半波整流加电容滤波电路而言，输出直流平均电压 U_o 通常取

$$U_o \approx 1.0U_2 \tag{5.5.4}$$

就单相桥式整流加电容滤波电路而言，输出直流平均电压 U_o 通常取

$$U_o \approx 1.2U_2 \tag{5.5.5}$$

需要指出，电容器的额定电压 U_{CN}（又称耐压值）应大于等于其实际电压的最大值，一般取 $U_{CN} \geqslant \sqrt{2}U_2$。由于滤波电容的容量较大，通常选用电解电容器，并注意 "+" 极性端须接高电位端，否则容易击穿而损毁。

【例 5.5.1】　有一单相桥式整流、电容滤波电路，已知电源频率 $f = 50\text{Hz}$，负载电阻 $R_L = 150\Omega$，负载输出的直流平均电压 $U_o = 75\text{V}$。试分析计算：

(1) 二极管的平均电流 I_F，二极管承受的最高反向电压 U_{DRM}；

(2) 若取放电时间常数 $\tau = 5 \times \dfrac{T}{2}$，确定滤波电容器的电容 C、耐压值；

(3) 若负载 R_L 断路，求输出电压 U_o'；

(4) 若电容器断路，求输出电压 U_o''。

解　(1) 输出电流为

$$I_o = \frac{U_o}{R_L} = \frac{75}{150} = 0.5(\text{A})$$

则二极管的平均电流

$$I_F = \frac{1}{2}I_o = 0.25(\text{A})$$

又因为 $U_o \approx 1.2U_2$，所以

$$U_2 \approx \frac{U_o}{1.2} = \frac{75}{1.2} = 62.5(\text{V})$$

$$U_{DRM} = \sqrt{2}U_2 \approx 88.38(\text{V})$$

(2) 由 $\tau = R_L C = 5 \times \dfrac{T}{2}$，可得

$$C = 5 \times \frac{T}{2R_L} = 5 \times \frac{1}{2R_L f} = 5 \times \frac{1}{2 \times 150 \times 50} = 0.000\,333(\text{F}) = 333(\mu\text{F})$$

滤波电容器的耐压值为

$$U_{CN} \geqslant \sqrt{2}U_2 \approx 88.38(\text{V})$$

(3) $$U'_\circ = \sqrt{2}U_2 \approx 88.38(\text{V})$$

(4) $$U''_\circ = 0.9U_2 = 56.25(\text{V})$$

2. 电感滤波

电感滤波电路如图 5.5.3（a）所示。由于通过电感的电流不能突变，采用一个大电感与负载串联，则流过负载的电流不能突变而相对平滑，输出电压的波形随之平滑。电感滤波的实质是，电感对交流信号呈现大的阻抗，频率越高，感抗越大，则交流成分绝大部分降落到了电感上；若忽略导线电阻，电感对直流信号相当于短路，则直流分量均落在负载上，从而达到滤波的目的。显然，电感的感抗比负载电阻大得越多，滤波效果越好，波形图如图 5.5.3（b）所示。

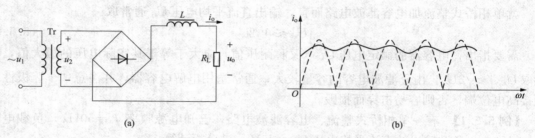

图 5.5.3 单相桥式整流及电感滤波

（a）电路图；（b）波形图

5.5.2 复式滤波

如果将电容和电感混合构成复式滤波电路，滤波效果比单式滤波更好。如图 5.5.4（a）所示，为 Γ 型 LC 滤波电路；图 5.5.4（b）所示为 π 型 LC 滤波电路。由于电感器的体积大、成本高，在负载电流较小（R_L 较大）时，可以用电阻代替电感，如图 5.5.4（c）所示为 π 型 RC 滤波电路，如此一来，即使得电路成本降低、经济性好，也符合电子产品小型化的趋势。

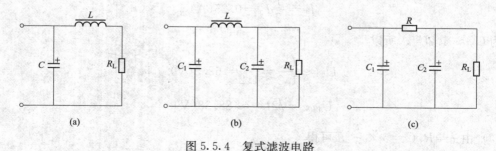

图 5.5.4 复式滤波电路

（a）Γ 型 LC 滤波电路；（b）π 型 LC 滤波电路；（c）π 型 RC 滤波电路

5.6　稳　压　电　路

直流稳压电源采用稳压电路的原因主要有两个，一是经整流、滤波之后的输出电压自身有一定的波动；再者，如果电网电压波动或负载变化，均导致输出电压不稳定。因此，在整流和滤波电路之后增加稳压电路。通常，中小功率电子设备或线路多采用并联型稳压电路、串联型稳压电路、集成稳压电路及开关型稳压电路等。本节主要介绍稳压二极管及其稳压电路、三端集成稳压器。

5.6.1　稳压二极管的稳压电路

1. 稳压二极管

稳压二极管具有稳压特性，主要采用稳压特性好的面接触型硅管。稳压二极管的伏安特性如图 5.6.1 所示，正向特性同普通二极管相似，而反向击穿区域的曲线更陡峭，当反向击穿电流在较大范围内变化时，电压基本不变而相对稳定，即呈现稳定电压的特性。可见，稳压二极管正常稳压时，需要工作于反向击穿特性，当稳压二极管的反向电压大于反向击穿电压并稍有变化，则电流发生急剧、更大程度的变化。稳压二极管的图形符号如图 5.6.2 所示。

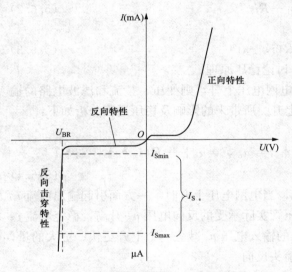

图 5.6.1　稳压二极管的伏安特性曲线　　　　　　图 5.6.2　稳压二极管的符号

稳压二极管的主要参数如下：

（1）稳定电压 U_S。稳定电压 U_S（或 U_Z），是指稳压二极管所能稳定的电压。在图 5.6.1 中的特性曲线中，稳定电压 U_S 等于反向击穿电压 U_{BR}。

（2）稳定电流 I_S（或 I_Z）。稳定电流 I_S 是指稳定电压时的工作电流。图 5.6.1 中可见，在稳压时 I_S 并非保持某一特定的数值，而在 $I_{Smin} \sim I_{Smax}$ 之间变动。显然，当 $I_S < I_{Smin}$ 时，稳压二极管从反向击穿特性退回至反向特性，不能稳压；当 $I_S > I_{Smax}$ 时，又会因为过电流引发过热，致使稳压管烧毁，或者影响稳压性能和使用寿命。

（3）最大允许耗散功率 P_{SM}。最大耗散功率 P_{SM} 是指稳压管不至于发生热击穿时的最大损耗功率，$P_{SM} = U_S I_{Smax}$。

2. 稳压二极管稳压电路

如图 5.6.3（a）所示，为稳压二极管组成的直流稳压电源电路，即经变压、桥式整流、滤波后增加稳压二极管稳压电路。其中，电阻 R 起限流作用；稳压电路的输入电压 u_i 为滤波输出电压，直流稳压电源的输出 u_o 等于稳压管的稳定电压 U_S。

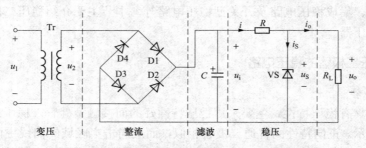

图 5.6.3　稳压二极管组成的直流稳压电源电路

在图 5.6.3 中，由基尔霍夫电流定律（KCL）、电压定律（KVL），可得

$$i = i_S + i_o \tag{5.6.1}$$

$$u_o = u_i - Ri \tag{5.6.2}$$

将式（5.6.1）代入式（5.6.2），则

$$u_o = u_i - R(i_S + i_o) \tag{5.6.3}$$

下面分别就电网电压波动和负载变化时，讨论稳压原理。

（1）电网电压波动。假设负载 R_L 不变，电网电压上升，则变压、整流和滤波电路的输出电压同步上升，即稳压电路的输入电压 u_i 上升。所带来的影响及稳压过程分析如下：

$$\text{电网电压} \uparrow \Rightarrow u_i \uparrow \Rightarrow \begin{cases} i_o \uparrow \\ u_o \uparrow \Rightarrow u_S \uparrow \Rightarrow i_S \uparrow\uparrow \Rightarrow u_o \downarrow = u_i \uparrow - R(i_S \uparrow\uparrow + i_o \uparrow) \end{cases} \tag{5.6.4}$$

式中：u_S 为稳压管实际承受的反向电压。可见，当电网电压上升时，一方面引起输出电流 i_o 增大；另一方面，输出电压 u_o 升高，进而稳压管实际承受的反向电压 u_S 升高，稳定电流 i_S 会急剧、更大程度地增大。那么，u_o 等于上升的输入电压 u_i 减去一个上升更快、更大的量，故 u_o 趋于回落而降低。反之亦然，上述所有箭头反向。

（2）负载变化。假设电网电压不变，负载 R_L 的阻值减小。所带来的影响及稳压过程分析如下：

$$\text{负载阻值} R_L \downarrow \Rightarrow \begin{cases} i_o \uparrow \\ u_o \downarrow \Rightarrow u_S \downarrow \Rightarrow i_S \downarrow\downarrow \Rightarrow u_o \uparrow = u_i - R(i_S \downarrow\downarrow + i_o \uparrow) \end{cases} \tag{5.6.5}$$

式中可见，当负载 R_L 阻值减小时，一方面引起输出电流 i_o 增大；另一方面，输出电压 u_o 降低，进而稳压管实际承受的反向电压 u_S 降低，稳定电流 i_S 迅速、更大程度地减小。那么，u_o 等于不变的输入电压 u_i 减去一个相对下降的量，从而 u_o 趋于回升而增大。反之亦然，上述所有箭头反向。

在实际应用中，上述两种情况往往同时存在，两种调整方式均发挥作用。

5.6.2　三端集成稳压器

基于分立元件稳压电路的结构复杂、元器件离散性较大等因素的不利影响，集成稳压器应运而生，它具有稳压性能好、体积小、可靠性高、使用选型方便等优点，因此得到广泛应用。下面，介绍两种常用的三端集成稳压器系列。

1. W78$\times\times$系列

W78$\times\times$系列是输出正电压为固定值的三端集成稳压器，型号中的"$\times\times$"表示输出分别为 5、6、9、12、15、18、24V 等系列的稳定电压值。例如，W7812 的输出电压为 +12V，W7805 输出电压是 +5V。

按输出电流的大小不同，W78$\times\times$系列又分为：78$\times\times$系列，最大输出电流 1～1.5A；78M$\times\times$系列，最大输出电流 0.5A；78L$\times\times$系列，最大输出电流 100mA 左右。

W78$\times\times$系列三端集成稳压器如图 5.6.4 所示，1 脚为输入端，2 脚为输出端，3 脚为公共端。如图 5.6.5 所示，为 W78$\times\times$系列集成稳压器组成的固定输出稳压电路，电容 C_1 的作用是减小输入电压的纹波，并抵消由于输入引线较长所引起的电感效应，防止产生自激振荡；输出端电容 C_2 用来改善因负载突变而引起的抖动杂波，减小高频噪声。

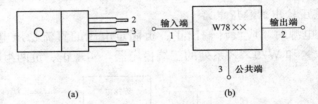

图 5.6.4　W78$\times\times$系列三端集成稳压器

(a) 外形图；(b) 电路符号

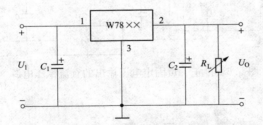

图 5.6.5　W78$\times\times$组成的固定输出稳压电路

2. W79$\times\times$系列

W79$\times\times$系列是输出负电压为固定值的三端集成稳压器，型号中的"$\times\times$"表示输出稳定电压的数值，和 W78$\times\times$系列相对应，分别为 5、6、9、12、15、18、24V 等，如图 5.6.6 所示。

按输出电流大小不同，W79$\times\times$系列也分为：79$\times\times$系列，最大输出电流 1～1.5A；79M$\times\times$系列，最大输出电流 0.5A；79L$\times\times$系列，最大输出电流 100mA 左右。

如图 5.6.7 所示，为 W79$\times\times$系列三端稳压器组成的固定输出稳压电路。其中，3 脚为输入端，2 脚为输出端，1 脚为公共端；C_1、C_2 的作用参考图 5.6.5。

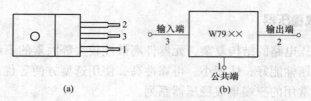

图 5.6.6　W79××系列三端集成稳压器

(a) 外形图；(b) 电路符号

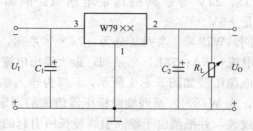

图 5.6.7　W79××组成的固定输出稳压电路

3. 具有正、负电压输出的稳压电路

当需要正、负双电源时，应设计输出正、负固定电压的直流稳压电源，如图 5.6.8 所示，同时选用 W78×× 和 W79×× 系列的三端稳压器，实现正、负两组电源对外供电。

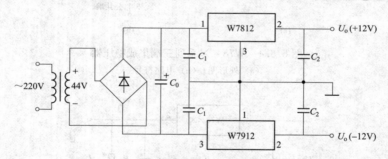

图 5.6.8　正、负固定电压输出的直流稳压电源

习　题　5

5.3.1　如图 5.01 所示，二极管为理想二极管，已知 $u_i = 5\sin\omega t$ V，试画出电压 u_o 的波形。

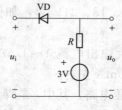

图 5.01　习题 5.3.1 图

5.4.1　在单相桥式整流电路中，已知 $U_2 = 30$V，$R_L = 120\Omega$，计算：输出的直流平均电压 U_o，输出的直流平均电流 I_o，流过二极管的平均电流 I_F，二极管承受的最高反向电压 U_{DRM}。

5.4.2　单相桥式整流电路中，不带滤波器，已知负载电阻 $R_L = 360\Omega$，负载电压 $U_o = 90$V。试计算变压器副边的电压有效值 U_2 和输出电流的平均值 I_o，并计算二极管的电流 I_F 和最高反向电压 U_{DRM}。

5.4.3　如图 5.02 所示，二极管为理想元件，已知交流电压表 V1 的读数为 100V，负载R_L＝1kΩ，试分析计算：在开关 S 断开和闭合时，分别估算电压表 V2 和电流表 A 的读数。

5.5.1　如图 5.03 所示，在单相桥式整流、电容滤波电路中，U_2＝15V，R_L＝300Ω。试求：

（1）输出的直流平均电压U_o和直流平均电流I_o；

（2）电容失效（断路）和R_L断路时的输出直流平均电压U_o。

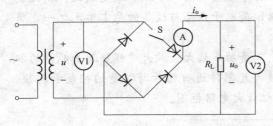 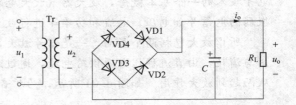

图 5.02　习题 5.4.3 图　　　　　　　　　图 5.03　习题 5.5.1、习题 5.5.3 图

5.5.2　在单相桥式整流、电容滤波电路中，若发生下列情况之一时，对电路的工作有什么影响？

（1）负载开路；

（2）滤波电容短路；

（3）滤波电容断路；

（4）整流桥中一只二极管断路；

（5）整流桥中一只二极管极性接反。

5.5.3　如图 5.03 所示，已知：输出电压U_o＝30V，R_L＝200Ω，电源频率f＝50Hz。试分析计算：

（1）变压器二次侧的电压有效值U_2；

（2）整流二极管承受的最高反向电压U_{DRM}；

（3）若取放电时间常数$\tau = 5 \times \dfrac{T}{2}$，求滤波电容$C$的电容值。

5.6.1　三端集成稳压器的应用电路如图 5.04 所示，外加稳压管 VS 的作用是什么？

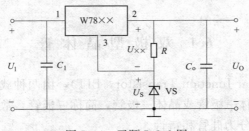

图 5.04　习题 5.6.1 图

第6章 放大器基础

在电气与电子技术的工程实践中，需要对某些物理量或参数进行测量与控制，用微弱的电信号去控制或驱动较大功率的负载等，其中很重要的一个环节就是放大。放大是电子技术的一个基本概念，放大器（放大电路）是电子产品与设备的基本单元之一，将微弱的电信号如电压、电流和功率等进行放大。

所谓放大包括两个层面，一是信号放大，二是功率放大。放大过程伴随着能量的取用与消耗，由直流稳压电源供给电能，通过放大元器件进行信号与能量的控制和转换，从而起到放大作用。如图6.01所示，为扩音机放大电路框图。

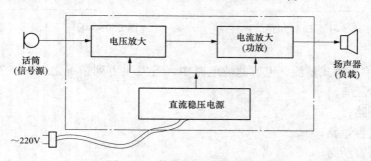

图6.01 扩音机放大电路框图

在图6.01中，话筒作为信号源，将声音转化为相同规律的微弱电信号（称为音频信号），通过电压放大和电流放大后，使得信号幅度、功率满足要求，得以驱动扬声器并还原为声音。习惯上，把多级放大电路末级的电流放大电路称为功率放大电路，简称功放。毋庸置疑，放大的前提条件是不失真或者失真不严重，否则放大失去了放大的实际意义。

放大的核心元器件包括半导体三极管、场效应晶体管、集成运算放大器等。本章主要介绍双极型晶体管（半导体三极管）及其基本放大电路、集成运算放大器等放大器基础。

6.1 双极型晶体管

双极型晶体管（Bipolar Junction Transistor，BJT），由两种载流子共同参与导电，故称双极形晶体管，俗称半导体三极管或晶体三极管，简称三极管。常见的分类有：

（1）根据制作材料，分为硅管和锗管。

（2）按照结构，分为NPN和PNP型，如图6.1.1、图6.1.2所示。

（3）根据用途和作用，分为放大管、开关管。在放大电路中，三极管起放大作用；而在数字电路中，主要作为开关元件使用。

（4）按照功率大小，分为大功率管、中功率管和小功率管。在使用中，应根据功率大小，选择合适的三极管。

（5）根据所适合放大信号的频率范围，也称为频带，分为高频管、中频管和低频管。在使用中，应根据信号的频率大小，选择合适的三极管。

6.1.1 基本结构

如图 6.1.1 和图 6.1.2，分别为 NPN、PNP 型三极管的结构示意图和符号。从结构上看，三极管分为三层、三个区：发射区、基区和集电区。每个区分别引出一个电极，即发射极 E、基极 B 和集电极 C。发射区和基区之间的 PN 结称为发射结，集电区和基区之间的 PN 结称为集电结。需要注意，在使用中应正确区分 NPN、PNP 型管的结构与符号。

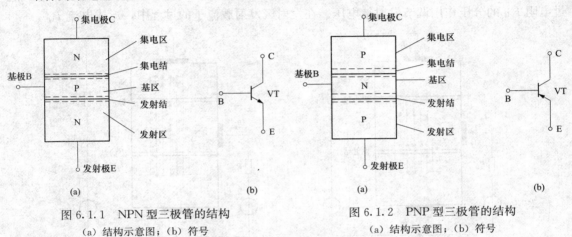

图 6.1.1 NPN 型三极管的结构	图 6.1.2 PNP 型三极管的结构
（a）结构示意图；（b）符号	（a）结构示意图；（b）符号

6.1.2 放大原理

一、放大条件

1. 内部条件

放大的内部条件即放大的内因。如图 6.1.3 所示，为 NPN 型三极管的工艺结构示意图。

（1）发射区。发射功能，向基区发射载流子，其中：NPN 型三极管发射自由电子；PNP 型三极管发射空穴。工艺特点：在三个区中的掺杂浓度最大，确保有足够数量的载流子可供发射。

（2）基区。传输功能，将发射区发射到基区的载流子，由发射结附近传输到集电结附近。工艺特点：在三个区中的掺杂浓度最小、最薄，使发射区发射过来的载流子尽可能少地复合，绝大部分传输到集电区边缘。

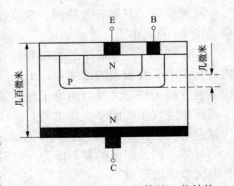

图 6.1.3 NPN 型三极管的工艺结构

（3）集电区。收集功能，将基区传输到集电结附近的载流子收集到集电区。工艺特点：

收集面积大，尺寸较大。

可见，三极管的工艺特点与其功能相对应。三极管之所以具有放大作用，上述结构和工艺特点是放大的内因。

2. 外部条件

放大的外部条件即放大的外因。三极管实现放大作用，除了内因以外，还需要相应的外部条件，三极管各区的功能得以实现，放大作用也就实现了。

下面以 NPN 型三极管为例，介绍三极管放大的外部条件及放大过程。

（1）发射结正偏，发射区发射载流子，形成发射极电流 I_E。如图 6.1.4（a）所示，根据 PN 结的导电原理，须使发射结正偏，即 $V_B > V_E$，发射区的大量自由电子向基区扩散（发射），越过发射结后堆积在发射结附近。如图 6.1.4（a），在 B、E 之间加电源 U_{BB}，通过电阻 R_B 的分压作用调节发射结电压。在发射区发射载流子的过程中，形成电流 I_E。

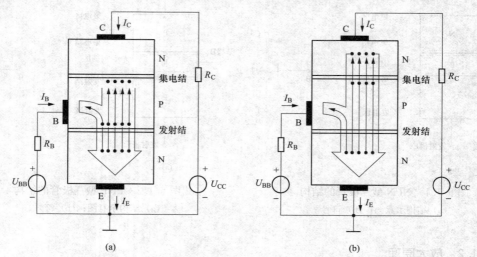

图 6.1.4　NPN 型三极管的放大过程示意图
（a）发射区发射自由电子及在基区中的传输；（b）集电区收集自由电子

同时发现，只要有效控制、调节发射结的正偏电压，即可调整发射区的发射能力及发射极电流 I_E 的大小。

（2）载流子在基区中的传输与复合，形成基极电流 I_B。如图 6.1.4（a）所示，在基区内，自由电子有很大的浓度差，于是从发射结向集电结方向扩散。可见，基区的传输功能无须其他外部条件。大量自由电子在扩散过程中，有少量自由电子遇到空穴并发生复合，打破了基区中空穴浓度的平衡，电源 U_{BB} 便不断地向基区提供正电荷，形成了基极电流 I_B。因为复合的比例很小，则 I_B 很小，绝大多数自由电子到达并堆积在集电结附近。

显然，当发射区的发射能力一定时，I_B 的大小一定，并且载流子复合的数量限定了可供集电区收集的数量。

（3）集电结反偏，集电区收集载流子，形成集电极电流 I_C。如图 6.1.4（b）所示，若使集电结附近的自由电子向集电区漂移，须使集电结反偏。在 C、E 之间加电源 U_{CC}，一般电源 U_{CC} 比 U_{BB} 大很多。调节电阻 R_C，可以改变 C、E 之间电压 U_{CE} 的大小，从而改变集电结的反偏电压，进而调整集电区的收集能力。集电区收集自由电子，形成了集电极电

流 I_C。

综上所述，发射极电流 I_E、基极电流 I_B 和集电极电流 I_C 满足关系

$$I_E = I_B + I_C \tag{6.1.1}$$

由基尔霍夫电流定律（KCL），也可验证上式成立。图 6.1.4 中三极管接成了共发射极电路，在直流状态下 I_C 与 I_B 的比值，称为三极管的共发射极直流（或静态）电流放大系数，即

$$\bar{\beta} = \frac{I_C}{I_B} \tag{6.1.2}$$

式中：$\bar{\beta}$ 一般为几十至上百，并有 $I_C = \bar{\beta} I_B$，表明了晶体三极管的电流放大作用。

二、电流关系

在上述分析 I_E、I_B、I_C 的形成时，只讨论了基于发射区发射载流子所形成的电流，并非三极管实际工作时三个电流的全部。

在图 6.1.4（b）中，令发射极开路，因为集电结反偏，N 区（集电区）、P 区（基区）中的少数载流子形成漂移电流，从集电极流向基极，称之为集—基极反向截止电流 I_{CBO}。I_{CBO} 在三极管正常放大时同样存在，而且受温度影响较大，常温下很小，忽略为 0。

在图 6.1.4（b）中，令基极开路，因为集电结反偏，N 区（集电区）、P 区（基区）中的少数载流子形成漂移电流，从集电极流向发射极，称之为集—射极反向截止电流 I_{CEO}，又称为穿透电流。I_{CEO} 在三极管正常放大时，同样存在，而且受温度影响较大，常温下很小，忽略为 0。经推导得 $I_{CEO} = (1 + \bar{\beta}) I_{CBO}$，并且

$$I_C = \bar{\beta} I_B + (1 + \bar{\beta}) I_{CBO} = \bar{\beta} I_B + I_{CEO} \tag{6.1.3}$$

常温下 $I_{CEO} \ll I_C$，则

$$I_C = \bar{\beta} I_B \tag{6.1.4}$$

如表 6.1.1 所示，为测量三极管电流的多组实验数据，实验电路如图 6.1.5 所示。

表 6.1.1 三极管的电流分配实验数据

I_B(mA)	0.001	0	0.01	0.02	0.03	0.04
I_C(mA)	<0.001	<0.001	0.50	1.00	1.45	2.06
I_E(mA)	<0.001	<0.001	0.51	1.02	1.47	2.08

表 6.1.1 中，$I_B = -0.001$mA 和 $I_B = 0$mA 时，分别为发射结反偏与零偏，不满足放大条件；$I_B > 0.01$mA 时，正常放大。由前述分析并结合表 6.1.1，三极管正常放大时，有如下结论：

（1）$I_E = I_C + I_B$。

（2）$I_E \approx I_C \gg I_B$；若基极电流 I_B 稍微变化 ΔI_B，则引起 I_C 的很大变化 ΔI_C，借此引入共发射极交流（动态）电流放大系数 β，即

$$\beta = \frac{\Delta I_C}{\Delta I_B} \Big|_{U_{CE} = 常数} \quad \text{或} \quad \beta = \frac{i_c}{i_b} \tag{6.1.5}$$

需要指出，$\bar{\beta}$、β 很接近，通常视为 $\bar{\beta} \approx \beta$，并统一表示为 β。

综述可见，三极管的电流放大作用并非放大电流本身，而是通过形成一个小的基极电

流，控制产生了一个更大的集电极电流，即放大的实质是电流控制，三极管为电流控制器件。

6.1.3　外特性及其特性曲线

三极管的外特性及其特性曲线，是分析放大电路的基础，并据此配置电路的元器件参

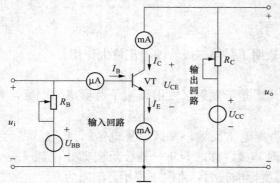

图 6.1.5　共射极放大电路的实验电路

数，优化电路性能。在 6.1.5 中，基极回路外接输入信号，也称输入回路；集电极回路对外输出信号，也称输出回路。三极管的外特性包括输入特性和输出特性，下面以型号为 3DG 系列的高频小功率硅管为例分别介绍。

1. 输入特性

在输入回路中，当三极管的输出一定（U_{CE} 为常数）时，基极电流 I_B 随发射结电压 U_{BE} 的变化规律，即 $I_B = f(U_{BE})|_{U_{CE}=常数}$ ，称为输入特性，输入特性曲线如图 6.1.6（a）所示，与二极管伏安特性的正向曲线类似。输入特性旨在研究基极电流与发射区发射能力之间的关系。

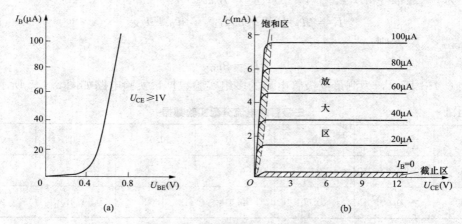

图 6.1.6　硅三极管的外特性
（a）输入特性曲线；（b）输出特性曲线

2. 输出特性

在输出回路中，当三极管的输入一定（I_B 为常数）时，集电极电流 I_C 随管压降 U_{CE} 的变化规律，即 $I_C = f(U_{CE})|_{I_B=常数}$ ，称为输出特性，旨在研究集电极电流与集电区收集能力之间的关系。输出特性曲线如图 6.1.6（b）所示，为 I_B 取不同数值时的一组曲线，共分为三个工作区，或称三极管的三个工作状态。

（1）放大区。如图 6.1.6（b）所示的放大区域，为一组与横轴近似平行的直线。三极管正常放大（放大状态），当管压降 $U_{CE} \geqslant 1V$ 时，集电区有足够强的收集能力，三极管工作于线性区，并呈线性特性。其特点：发射结正偏、集电结反偏，$I_C = \beta I_B$ ；并且，三极管

的 C、E 之间视为受控电流源。

（2）截止区。当发射结反偏或零偏时，三极管工作于截止状态，如图 6.1.6（b）中 $I_B = 0$ 以下的阴影区域，也称为截止区。其特点：发射结反偏或零偏，集电结反偏，$I_B \leqslant 0$，$I_C \approx 0$，$I_C \neq \beta I_B$，为非线性区。显然，三极管的 C、E 之间相当于断路，类似于开关分断。

（3）饱和区。如图 6.1.6（b）中的左侧阴影区域，称为饱和区，或称饱和状态，也为非线性区。其特点：发射结正偏，集电结也正偏，$\beta I_B > I_C$，集电极电流不再受基极电流的控制。

如图 6.1.5 的输出回路中，由 KVL 定律得

$$U_{CE} = U_{CC} - I_C R_C \tag{6.1.6}$$

三极管工作于放大区时，$I_C = \beta I_B$。随着 U_{BE} 增加，则 I_B 增大，$I_C = \beta I_B$ 同比增大，而 U_{CE} 减小。当 $U_{CE} < 1V$ 时，三极管退出放大区，直至硅管 $U_{CE} \leqslant 0.7V$ 或锗管 $U_{CE} \leqslant 0.3V$ 时，集电结由反偏转为正偏，三极管不再满足放大条件，无法正常放大。进而以至于 $U_{CE} \to 0V$ 时，则

$$I_C = \frac{U_{CC} - U_{CE}}{R_C} \approx \frac{U_{CC}}{R_C} \tag{6.1.7}$$

即使 I_B 增大，集电极电流已达到最大值，即饱和值，则 $\beta I_B > I_C$，有

$$I_{CS} = \frac{U_{CC}}{R_C} \tag{6.1.8}$$

式中：I_{CS} 称为集电极临界饱和电流。可得基极临界饱和电流为

$$I_{BS} = \frac{I_{CS}}{\beta} = \frac{U_{CC}}{\beta R_C} \tag{6.1.9}$$

在实践中，当硅管的饱和压降 $U_{CES} \leqslant 0.3V$、锗管的饱和压降 $U_{CES} \leqslant 0.1V$ 时，视为工作于深度饱和状态。显然，若忽略饱和压降不计，C、E 间相当于短路，类似于开关闭合。

当三极管工作于截止区或饱和区时，可以起开关作用；与此同时，也进入了非线性区，会发生非线性失真现象。

综上所述，以上三个工作区的特点，作为判断三极管工作状态的依据，并据以配置放大电路参数，使三极管作放大元件或开关元件使用。

6.1.4　主要参数

1. 电流放大系数 $\bar{\beta}$、β

前面已经提及 $\bar{\beta}$ 与 β 的含义，当三极管正常放大时，二者均为常数，反映了三极管的电流放大能力。因为制作工艺和材料的分散性，即使同一型号的三极管，电流放大系数也会有所差别。

2. 集—基极反向截止电流 I_{CBO}

前已讲述集电极—基极的电流 I_{CBO}，由少数载流子的漂移运动形成，受温度影响较大。I_{CBO} 越小，三极管工作越稳定，一般硅管的温度稳定性好于锗管。

3. 集—射极反向截止电流 I_{CEO}

前面也已讲述集电极—发射极的电流（穿透电流）I_{CEO}，由少数载流子形成，受温度影响大，数值越小越好。通常，硅管 I_{CEO} 一般为几微安，锗管约为几十微安。

4. 集电极最大允许电流 I_{CM}

当集电极电流过大时，I_C 与 I_B 不再呈线性关系，其比值小于正常放大时的电流放大系数 β，当下降至正常 β 值约三分之二时的集电极电流，称为集电极最大允许电流 I_{CM}。若 I_C 大于 I_{CM}，三极管未必损坏，但因电流放大系数的下降，三极管呈非线性。

5. 集—射极反向击穿电压 $U_{(BR)CEO}$

当基极开路时，加在集电极和发射极之间的最大允许电压，称为集—射极反向击穿电压 $U_{(BR)CEO}$。一旦 U_{CE} 超过 $U_{(BR)CEO}$，穿透电流 I_{CEO} 会突然大幅增大，三极管 C-E 间击穿，应当特别注意并加以避免。

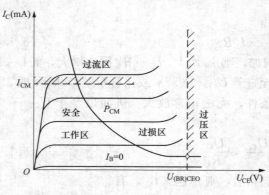

图 6.1.7　三极管的安全工作区

6. 集电极最大允许耗散功率 P_{CM}

集电极电流产生的热量使 PN 结的结温上升，若大于允许值，三极管性能变差或者损坏。集电极所允许消耗的最大功率称为集电极最大允许耗散功率 P_{CM}。一般来说，硅管的允许结温约为 150℃，锗管约为 70～90℃。如图 6.1.7 所示，根据集电结损耗功率 $P_C = U_{CE} I_C$ 绘制出了曲线 P_{CM} 及安全工作区。

6.2　基　本　放　大　电　路

本节介绍共发射极放大电路、共集电极放大电路两个基本放大电路，重点讨论它们的放大原理及一般性分析方法，通过静态和动态分析，研究放大电路的性能指标及其意义。

6.2.1　共发射极放大电路

一、固定偏置放大电路

将图 6.1.5 共射极放大电路的测量仪表去掉，电位器改为固定电阻 R_B、R_C，输入、输出端串接电容器 C_1、C_2 后，分别接入信号源和负载，经电源简化后如图 6.2.1 所示，称为固定偏置放大电路。图中，R_B 称为基极电阻；R_C 称为集电极电阻，或集电极负载电阻，可以将输出电流的变化转变为输出电压的变化，即 $\Delta i \rightarrow \Delta u$；$C_1$、$C_2$ 称为耦合电容，"通交流、隔直流"，传递交流信号。

1. 静态分析

静态，指直流信号工作的状态。所谓静态分析，是指直流信号的工作分析，分析方法包括静态值的估算法、图解分析法。具体而言，需要确定并画出直流通路；求静态值；利用图解分析法求静态工作点。

（1）静态值及其估算法。在静态分析时，首先要界定直流信号流经的边界，即直流电流流经的路径，称之为直流通路。在图 6.2.1 中，因为 C_1、C_2 的隔直作用，画直流通路时，电容器视为开路。图 6.2.1 的直流通路如图 6.2.2 所示，并将直流电源恢复为简化前的情形。

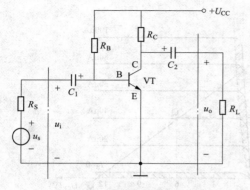

图 6.2.1 固定偏置放大电路

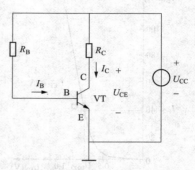

图 6.2.2 直流通路

所谓静态值，是指在直流工作下，三极管的基极电流 I_B、集电极电流 I_C 及管压降 U_{CE} 的数值。在图 6.2.1 的电路中，已知：$U_{CC} = 12V$，$R_B = 300k\Omega$，$R_C = 2k\Omega$，$\beta = 75$，$R_L = 3k\Omega$，三极管为硅管。由电路分析方法及三极管的电流关系，可得静态值

$$\left.\begin{aligned}
I_B &= \frac{U_{CC} - U_{BE}}{R_B} \approx \frac{U_{CC}}{R_B} \\
I_C &= \beta I_B \\
U_{CE} &= U_{CC} - R_C I_C
\end{aligned}\right\} \tag{6.2.1}$$

代入数据，得：$I_B \approx 40\mu A$，$I_C = 3mA$，$U_{CE} = 6V$。

（2）图解分析法。通俗地讲，图解分析法是指通过作图的方法，分析放大电路的工作。上述三个静态值在三极管的输入、输出特性曲线中，有一个点 Q 与之对应，称为静态工作点 Q。下面，利用图解分析法求静态工作点。

首先，在输入特性曲线中绘图求点 Q。在图 6.2.2 的输入回路中，由 KVL 得

$$U_{BE} = U_{CC} - R_B I_B \tag{6.2.2}$$

式（6.2.2）中，因为三极管 VT 为硅管，通常 $U_{BE} = 0.6 \sim 0.8V$，一般取 $U_{BE} = 0.7V$，则 $I_B \approx 0.04mV = 40\mu A$。在图 6.2.3（a）中，输入特性曲线上的点 Q 即为静态工作点。在工作点 Q 处，可以大致读取 $I_{BQ} \approx 40\mu A$，$U_{BEQ} \approx 0.7V$。

然后，在输出特性曲线中绘图求点 Q。在图 6.2.2 的输出回路中，由 KVL 得 $U_{CE} = U_{CC} - I_C R_C$，显然是以 I_C、U_{CE} 为变量的一次函数，在图 6.2.3（b）中为一条直线，该直线在坐标轴上的两个特殊点 M(U_{CC}，0)、N(0，U_{CC}/R_C)，连接 M、N 得到直流负载线 MN（斜率 $k = -1/R_C$），MN 与 $I_B = 40\mu A$ 特性曲线的交点 Q 即静态工作点，坐标为

$$Q(u_{CE} = U_{CEQ}，i_C = I_{CQ}) \tag{6.2.3}$$

图 6.2.3（b）可见，Q 点对应着三个静态值。为了与静态值的表示相区分，通常静态工作点的对应变量加下标 Q。从图中可以大致读取 $I_{BQ} = 40\mu A$，$I_{CQ} \approx 3mA$，$U_{CEQ} \approx 6V$。比较发现，静态工作点 Q 与前述静态值的计算结论一致，进而印证了图解分析法的正确性。

利用图解分析法进行的静态分析如图 6.2.4 所示。需要指出，放大电路需要预设合适的静态工作点，其意义在于，在静态下三极管工作于线性放大区，即满足放大条件，当输入交流信号时得以线性放大，从而避免失真现象。

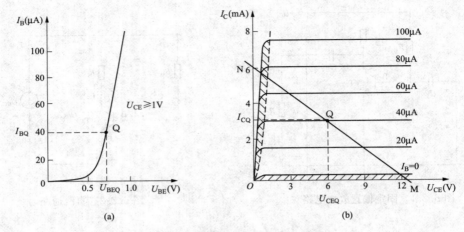

图 6.2.3　图解分析法求静态工作点

（a）输入特性曲线；（b）输出特性曲线

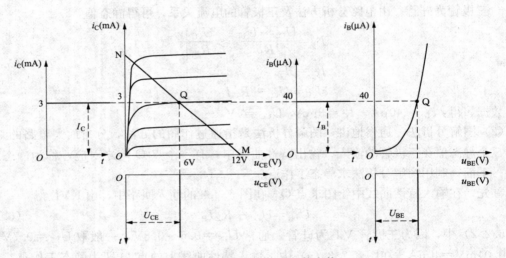

图 6.2.4　静态工作点与静态值

2. 动态分析

动态，指交流信号工作的状态。所谓动态分析，是指交流信号的工作分析，旨在通过相关性能指标，研究放大电路的放大能力及与信号源、负载的关系，并通过图解法，直观地阐释放大过程与放大原理。

（1）微变等效电路分析法。所谓微变等效电路法，是指输入小信号（微变）时，三极管工作于线性放大区，交流信号（电压或电流）在静态工作点 Q 附近小范围动态变化，呈线性关系，三极管可以等效为线性元件，那么整个电路视为线性电路，从而用线性分析方法研究放大电路。

如图 6.2.5（a）所示，当输入小信号时，在静态工作点 Q 附近，ΔI_B 与 ΔU_{BE} 呈线性关系，即

$$r_{be} = \frac{\Delta U_{BE}}{\Delta I_B}\Big|_{U_{CE}=常数} = \frac{u_{be}}{i_b}\Big|_{U_{CE}=常数} = 常数 \tag{6.2.4}$$

即线性电阻的特性，则发射结可以等效为一个线性电阻 r_{be}，称为三极管的输入电阻，如图 6.2.6（a）所示。r_{be} 一般为几百欧至几千欧，估算的经验公式为

$$r_{be} \approx 200(\Omega) + (1+\beta)\frac{26(mV)}{I_E(mA)} \tag{6.2.5}$$

式中：I_E 为静态值，说明 r_{be} 随静态值的变化有所变动，即动态电阻。

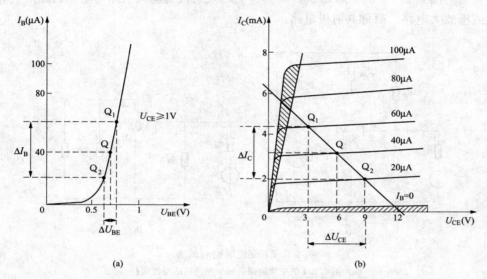

图 6.2.5 NPN 型三极管在输入小信号时的线性特征

(a) 输入特性曲线；(b) 输出特性曲线

在图 6.2.5（b）中的放大区内，当输入小信号时，在静态工作点 Q 附近，ΔI_C 与 ΔU_{CE} 呈线性关系（$U_{CE}=U_{CC}-I_C R_C$）；而且，当基极电流 I_B 按特定比例变化时，Q 点附近的曲线为近似等距、平行的直线，也表明为线性特性，如式（6.1.5）

$$\Delta I_C = \beta \Delta I_B |_{U_{CE}=常数} \quad 或 \quad i_c = \beta i_b$$

可见，在动态下集电极电流 i_c 受控于基极电流 i_b，而与电源 U_{CC}、R_C 无关，因此 C、E 之间可以等效为电流控制电流源 $i_c = \beta i_b$，如图 6.2.6（b）所示电路为 NPN 型三极管的交流小信号模型。

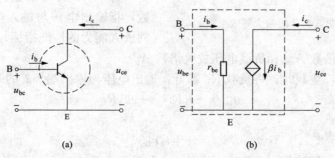

图 6.2.6 NPN 型三极管及交流小信号模型

（a）NPN 型三极管；（b）NPN 型三极管的交流小信号模型

　　下面介绍微变等效电路分析法的一般步骤，并研究放大电路的性能指标及其意义。

　　在动态分析时，首先要界定交流信号的边界，即交流电流流经的路径，称为交流通路。在图 6.2.1 中，由于电压源 U_{CC} 的内阻很小，忽略为 0；电容器"通交流、隔直流"，对交流信号来说，容抗 $X_C = 1/2\pi fC$ 也很小，忽略为 0。那么画交流通路时，直流电源、电容器视为短路，而其他元件的相对连接关系保持不变。如图 6.2.7（a）所示为图 6.2.1 的交流通路，整理后为图 6.2.7（b）。图 6.2.7（b）可见，发射极为输入回路与输出回路所共有，故称共发射极放大电路，简称共射极电路。

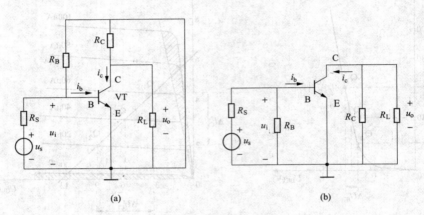

图 6.2.7　交流通路的画法

（a）图 6.2.1 的交流通路；（b）整理后的交流通路

　　根据微变等效电路分析法的概念，只需用三极管的交流小信号模型，等效替换图 6.2.7（b）中的三极管，而其他元件的连接关系不变，即得放大电路的微变等效电路，如图 6.2.8 所示。

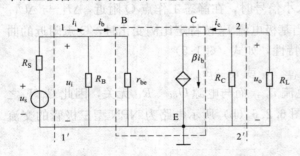

图 6.2.8　图 6.2.7 的微变等效电路

　　（2）性能指标。如图 6.2.8 所示，信号源提供的输入信号 u_i 经放大电路放大后，输出给负载。显然，放大电路与信号源、负载分别发生联系，并相互影响。下面，分析讨论动态下的三个主要性能指标及其意义，并介绍定量分析的一般方法。

　　1）电压放大倍数。所谓电压放大倍数，指输出电压与输入电压的比值，是反映放大能力的性能指标。根据是否带负载，分为空载电压放大倍数 A_{uo} 和负载电压放大倍数 A_u。

　　在图 6.2.8 中，空载时，将负载 R_L 断开，输出电压为输出端 2-2′ 的开路电压 u_{oc}，即

$$u_{oc} = -i_c R_C = -\beta i_b R_C$$

输入电压为

$$u_i = i_b r_{be}$$

所以，空载电压放大倍数为

$$A_{uo} = \frac{u_{oc}}{u_i} = -\beta \frac{R_C}{r_{be}} \tag{6.2.6}$$

式中：负号"一"只表明输出与输入信号反相，与放大能力的大小无关。

当电路带负载 R_L 时，输入电压 u_i 未变，而输出电压 u_o 发生了变化，即

$$u_o = -i_c R'_L = -\beta i_b R'_L$$

其中，$R'_L = R_C /\!/ R_L$，称为放大电路的交流等效负载。所以，负载电压放大倍数为

$$A_u = \frac{u_o}{u_i} = -\beta \frac{R_C /\!/ R_L}{r_{be}} = -\beta \frac{R'_L}{r_{be}} \tag{6.2.7}$$

根据图 6.2.1 的电路参数以及前述静态值，静态发射极电流为

$$I_E = (1+\beta)I_B = (1+75) \times 0.04 \approx 3.04 (\text{mA})$$

由 r_{be} 的经验公式，得

$$r_{be} \approx 200 + (1+\beta)\frac{26}{I_E} = 200 + (1+75) \times \frac{26}{3.04} = 850(\Omega) \tag{6.2.8}$$

式 (6.2.6)、式 (6.2.7) 代入数据，得：$A_{uo} = -176.47$，$A_u = -105.88$。比较式 (6.2.6)、式 (6.2.7) 可见，放大电路带负载后，负载电压放大倍数比空载电压放大倍数有所下降；若下降较大，表明放大电路的带负载能力较弱。

综上所述，电压放大倍数除了与 β、R_C、R_L 等电路参数有关以外，还与三极管的输入电阻 r_{be} 相关，而 r_{be} 与 I_E 相关，进而说明电压放大倍数与静态工作值有关。所以，当静态值发生变化时，电压放大倍数也随之变化。

2）输入电阻。在图 6.2.8 中，所谓输入电阻是指从放大电路的输入端 1-1'，往放大电路内部方向看进去的等效电阻，记作 r_i。如图 6.2.8 可见，放大电路的输入电阻 r_i 相当于信号源的负载电阻，并与信号源的内阻 R_S 串联。

由基尔霍夫电流定律（KCL），得

$$i_i = i_{R_B} + i_b$$

$$\frac{i_i}{u_i} = \frac{i_{R_B}}{u_i} + \frac{i_b}{u_i}$$

$$\frac{1}{r_i} = \frac{1}{R_B} + \frac{1}{r_{be}}$$

所以

$$r_i = \frac{u_i}{i_i} = R_B /\!/ r_{be} \approx r_{be} \tag{6.2.9}$$

一般来说，$R_B \gg r_{be}$，故 r_i 约等于 r_{be}。另外在图 6.2.8 中，输入电阻 r_i 还可以视为 R_B 与 r_{be} 的并联等效电阻。式 (6.2.9) 代入数据，得 $r_i = 850\Omega$。

综上所述，研究输入电阻 r_i 的意义在于，讨论放大电路与信号源之间的关系。一般来说，放大电路的输入电阻 r_i 越大越好，既减轻了信号源的负担，又使放大电路的输入信号趋于稳定。进一步来讲，输入电阻 r_i 是反映信号源的负担大小与放大电路输入稳定性的性能指标。在工程实践中，当信号源与放大电路的阻抗匹配时，信号源输出最大功率。

3）输出电阻。在图 6.2.8 中，所谓输出电阻是指从放大电路的输出端 2-2'，往放大电路内部方向看进去的等效电阻，记作 r_o。显然，r_o 不包括负载 R_L。电路视若空载时，输出端口 2-2' 的开路电压

$$u_{oc} = -i_c R_C = -\beta i_b R_C$$

输出端口 2-2' 的短路电流为

$$i_{sc} = -i_c = -\beta i_b$$

所以，输出电阻为

$$r_o = \frac{u_{oc}}{i_{sc}} = R_C \qquad (6.2.10)$$

另外，由图 6.2.8 可见，输出电阻 r_o 也可视为 R_C 与受控电流源内阻 R'_s 的并联等效电阻，一般认为 $R'_s \rightarrow \infty$，所以 $r_o = R_C /\!/ R'_s \approx R_C$。式（6.2.10）代入数据，得 $r_o = 2k\Omega$。

由式（6.2.6）、式（6.2.7）发现，若使放大电路具有足够强的带负载能力，须满足 $|A_u| \approx |A_{uo}|$，则 $R'_L = R_C /\!/ R_L \approx R_C$，须使 $r_o = R_C \rightarrow 0$，或者 $R_C \ll R_L$。可见，研究输出电阻 r_o 的意义在于，讨论放大电路与负载（或后级电路）之间的关系。一方面，输出电阻 r_o 是反映放大电路带负载能力的性能指标，r_o 越小，放大电路的带负载能力越强；再者，在工程实践中，需要考虑放大电路的输出电阻与负载的匹配问题，以输出最大功率。

3. 静态与动态的图解分析

下面通过图解分析法，讨论放大电路的常规分析（放大原理）与非线性失真现象。

（1）交流负载线。动态工作依托于静态所提供的放大条件，放大过程基于静态和动态的共同作用。动态分析是在静态工作点（静态值）确立后，分析电压和电流的交流量。在静态下，直流负载线 MN 的斜率 $k = -1/R_C$；而在动态下，结合图 6.2.7、图 6.2.8 可见，交流负载为 R_C 与 R_L 的并联等效电阻，即交流等效负载 $R'_L = R_C /\!/ R_L$。三极管管压降的交流分量 u_{ce} 为

$$u_{ce} = u_o = -i_c R'_L = -(i_C - I_{CQ})R'_L \qquad (6.2.11)$$

在交、直流的共同作用下，三极管管压降 u_{CE} 为直流分量 U_{CEQ} 与交流分量 u_{ce} 的叠加，即

$$u_{CE} = U_{CEQ} + u_{ce} = U_{CEQ} - (i_C - I_{CQ})R'_L \qquad (6.2.12)$$

式（6.2.12）为 i_C 与 u_{CE} 的一次方程，对应的直线称为交流负载线 M′N′（斜率 $k' = -1/R'_L$）。前述式（6.2.3）中的静态工作点 Q（$u_{CE} = U_{CEQ}$，$i_C = I_{CQ}$）满足式（6.2.12），表明交流负载线 M′N′ 与直流负载线 MN 相交于静态工作点 Q 处，并由 i_B 的变化范围及交流负载线 M′N′，据以确定 i_C 和 u_{CE} 的动态范围在 Q′-Q″ 之间，从而画出 i_C 和 u_{CE} 的波形，如图 6.2.9 所示。

（2）常规分析。假设图 6.2.1 的电路

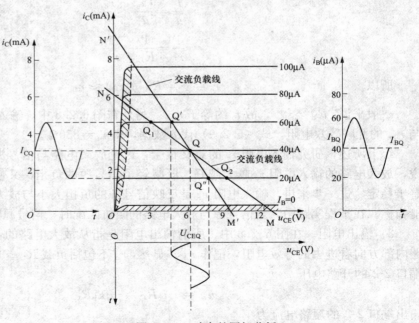

图 6.2.9 动态的图解分析

空载，则交、直流负载线重合。设 $u_i = 0.02\sin\omega t$ V，静态与动态的图解分析如图 6.2.10 所示，输入 u_i 使三极管发射结的电压 u_{BE} 以静态值 0.7V 为中轴线按正弦规律变化，因为输入小信号、工作于线性区，小的基极电流 i_B 控制产生了大的集电极电流 i_C，进而转换为电压 u_{CE} 以静态值 6V 为中轴线发生大幅度变化，再经耦合电容 C_2 的隔直作用，输出幅值较大的正弦电压 u_o，从而实现了电压放大作用。

图 6.2.10 中，输出 u_o 与输入电压 u_i 反相，且输出电压的幅值约为 $U_{om} \approx 9.4 - 6 = 3.4$(V)。则估算空载电压放大倍数为

$$A_{uo} = \frac{u_o}{u_i} = -\frac{U_{om}}{U_{im}} = -\frac{3.4}{0.02} = -170 \qquad (6.2.13)$$

前述式（6.2.6）的运算结果为 $A_{uo} = -176.47$，与式（6.2.13）运算结果的相对误差不足 4%。显然，图解法估算的电压放大倍数与式（6.2.6）的计算结果大约相等，从而验证了动态图解分析法的正确性。

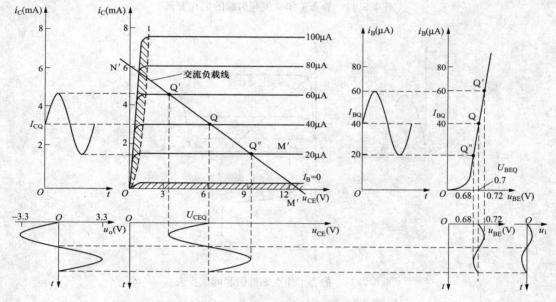

图 6.2.10 放大电路静态与动态的图解分析

（3）非线性失真。若三极管进入非线性区（截止区或饱和区），或因三极管自身的非线性而导致的失真现象，称为非线性失真。下面，主要讨论因为静态工作点 Q 的位置不合适、输入信号过大、温度变化所引起的非线性失真，后续逐一分析。

1）静态工作点的位置不合适引起的失真。如图 6.2.11 所示，由于静态工作点 Q 偏高，靠近饱和区而发生的失真现象，称为饱和失真。如图 6.2.12 所示，由于静态工作点 Q 偏低，靠近截止区而发生的失真现象，称为截止失真。显而易见，放大电路之所以预设合适的静态工作点，意在避免工作点不合适而发生失真现象。实质上，是借助静态提供的三极管放大的外部条件，使之工作于线性区。否则，需要输入信号克服死区电压，不仅仅是发生失真，甚至于无法放大。如果失真很严重，则失去了放大的意义。

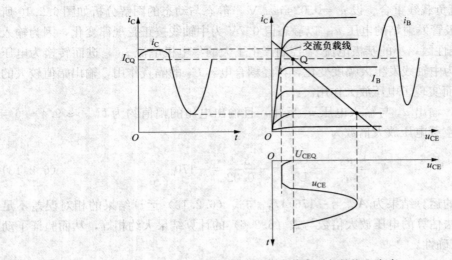

图 6.2.11　静态工作点偏高引起的饱和失真

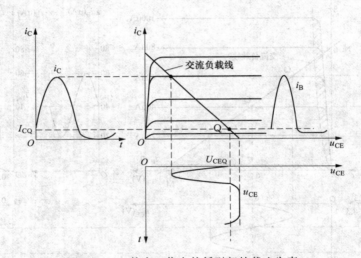

图 6.2.12　静态工作点偏低引起的截止失真

　　下面讨论静态工作点与电路参数的关系，进而寻求改善失真的方法。由式（6.2.1）可知，影响静态工作点的电路参数为 β、R_B、R_C、U_{CC}。当三极管一旦选定，β 视为常数，因此无须考虑 β 的影响。

　　首先，讨论 R_B 对静态工作点的影响。如图 6.2.12 所示，结合式（6.2.1）的结论，若 R_B 阻值增大，其他参数不变，则基极电流 I_B 减小，而直流负载线 MN 不变，静态工作点 Q 沿 MN 下移靠近截止区，容易发生截止失真；显然，减小 R_B 的阻值可以改善截止失真。反之，如图 6.2.11 所示，静态工作点上移靠近饱和区，易发生饱和失真；很明显，增大 R_B 的阻值可以改善饱和失真。

　　其次，讨论 R_C 对静态工作点的影响。如图 6.2.13 所示，增大 R_C 的阻值，若其他参数不变，基极电流 I_B 不变、M 点不变，而点 N$(0, U_{CC}/R_C)$ 下移至 N′，直流负载线由 MN 左倾至 MN′，静态工作点 Q 沿着原特性曲线左移靠近饱和区，则容易发生饱和失真。因此，如果发生了饱和失真，减小 R_C 的阻值，失真得以改善。

最后，讨论 U_{CC} 对静态工作点的影响。如图 6.2.14 所示，只改变 U_{CC}，其他参数不变，由式（6.2.1）可以推知，会同步引起 I_B、I_C、U_{CE} 及直流负载线 MN 的变化。当电源 U_{CC} 增大时，不易失真。但在工程实践中，一旦电源确定不宜改动，因为电路元器件、电气设备的额定值与电源大小相关。因此，一般不采用改变 U_{CC} 的方法改善波形失真。

综述可见，因为静态工作点不合适发生失真时，调整 R_B 对于改善失真最为方便。

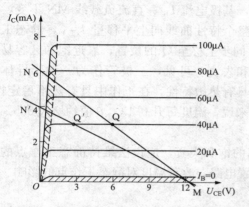

图 6.2.13　R_C 对静态工作点的影响

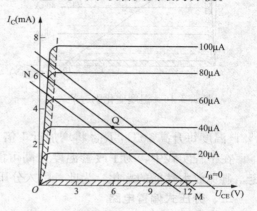

图 6.2.14　U_{CC} 对静态工作点的影响

2）输入信号过大引起的失真。如图 6.2.15 所示，即使静态工作点 Q 合适，如果输入信号过大，则交流信号的动态范围过大，以至于分别进入饱和区和截止区，致使交流信号的正、负半周均发生了失真现象，俗称"截止—饱和失真"，或"饱和—截止失真"。这就是微变等效电路分析法中，限定输入小信号的原因之所在。

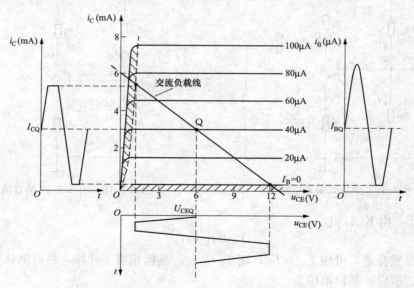

图 6.2.15　输入信号过大引起的失真

3）温度变化引起的失真。在放大电路中，即使静态工作点合适、输入小信号，如果温度

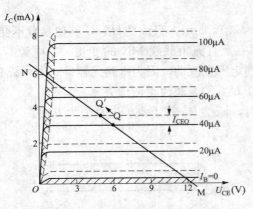

图 6.2.16　温度变化引起的失真

变化较大，也会引起静态工作点 Q 的变化，以至于发生失真现象。由式 $I_C = \beta I_B + (1+\beta)I_{CBO} = \beta I_B + I_{CEO}$ ，在常温下穿透电流 I_{CEO} 很小，忽略为 0，$\beta I_B \gg I_{CEO}$ ，视为 $I_C = \beta I_B$ ；当温度升高到一定程度，以至于 I_{CEO} 与 βI_B 可以比较时，则不能忽略 I_{CEO} 了。如图 6.2.16 所示，当温度上升时，基极电流 I_B 、直流负载线 MN 不变，而引起整个特性曲线向上平移量 I_{CEO} ，静态工作点 Q 同步上移至 Q′的位置，靠近饱和区容易发生饱和失真。可见，三极管作为一种半导体元件，具有热敏特性，在工作中具有热不稳定性。一般来说，温度每升高 1℃，β 值约增大 0.5％～1％；温度每升高 10℃，I_{CBO} 将增加近 1 倍。

在工程实践中，为了改善温度升高可能引起的饱和失真，应设法维持静态工作点的稳定，避免放大性能的恶化。为此，引入分压式偏置电路，改善温度对静态工作点的影响。

二、分压式偏置电路

如图 6.2.17 所示，为分压式偏置电路。已知：$U_{CC} = 15V$ ，$R_{B1} = 60k\Omega$ ，$R_{B2} = 20k\Omega$ ，$R_C = 3k\Omega$ ，$R_E = 2k\Omega$ ，$\beta = 60$ ，$R_L = 3k\Omega$ ，三极管 VT 为硅管。按照前述放大电路的性能指标及一般分析方法，分别进行讨论。

1. 静态分析

（1）求静态工作点。根据界定直流通路的方法，画出直流通路如图 6.2.18 所示。

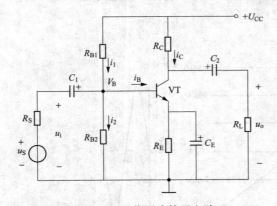

图 6.2.17　分压式偏置电路

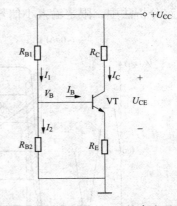

图 6.2.18　图 6.2.17 的直流通路

在基极 B，由 KCL 得

$$I_1 = I_2 + I_B \tag{6.2.14}$$

若电路参数设置合适，可使 $I_2 \gg I_B$ ，则 $I_1 \approx I_2$ ，基极相当于开路，可近似认为 R_{B1} 、R_{B2} 为串联关系。所以，基极电位为

$$V_B = \frac{R_{B2}}{R_{B1} + R_{B2}} U_{CC} \tag{6.2.15}$$

其中，V_B 视为基本恒定而不受温度影响，因为电阻、电源受温度的影响相对于三极管而言，

可以忽略不计。由式（6.2.15），并参照图 6.2.18，可得静态值（即静态工作点）

$$\begin{cases} I_C \approx I_E = \dfrac{V_E}{R_E} = \dfrac{V_B - U_{BE}}{R_E} \approx \dfrac{V_B}{R_E} & (6.2.16) \\[3mm] I_B = \dfrac{I_C}{\beta} & (6.2.17) \\[3mm] U_{CE} = U_{CC} - I_C R_C - I_E R_E & (6.2.18) \end{cases}$$

若静态工作点不合适，可以调整相关的电路参数使之合适，避免发生失真现象。

代入数据，可得：$V_B = 3.75\text{V}$，$I_C \approx I_E \approx 1.88\text{mA}$，$I_B \approx 31\mu\text{A}$，$U_{CE} = 5.6\text{V}$。

（2）改善温度对静态工作点的影响。分压式偏置电路可以有效改善温度对静态工作点的影响。前述已知，当温度上升时，静态工作点 Q 上移靠近饱和区，容易发生饱和失真；同时，基极电流 I_B 基本不变，而穿透电流 I_{CEO} 增大，则 $I_C = \beta I_B + I_{CEO}$ 增大，$I_E = I_B + I_C$ 随之增大，发射极电位 $V_E = I_E R_E$ 升高并反馈回送至输入回路，导致发射结电压 $U_{BE} = V_B - V_E$（其中 V_B 不变）下降，进而基极电流 I_B 减小，集电极电流 I_C 也随之减小。如图 6.2.16，直流负载线 MN 不变，于是静态工作点 Q 转而沿 MN 下移，从而起到稳定静态工作点的作用，Q 远离饱和区从而避免饱和失真。

如上所述，三极管的输出电流 I_C 通过 R_E 所产生的电压降 U_{R_E}（即 V_E），反馈回送至输入回路，影响三极管的输入（即发射结电压 $U_{BE} = V_B - V_E$），从而影响整个电路的工作，这种现象称为直流负反馈，具有稳定静态工作点的作用。另外，为了减少 R_E 造成的交流损失，R_E 并联交流旁路电容 C_E，如图 6.2.17 所示。

2. 动态分析

首先，根据交流通路的画法，图 6.2.17 的交流通路如图 6.2.19（a）所示，经过整理后如图 6.2.19（b）所示。然后根据微变等效电路的画法，图 6.2.19（b）的微变等效电路如图 6.2.20 所示。动态下的三个主要性能指标分析如下：

（1）计算电压放大倍数。由 r_{be} 的经验公式，代入数据可得

$$r_{be} = 200 + (1 + \beta)\frac{26}{I_E} \approx 1.04(\text{k}\Omega)$$

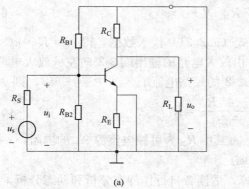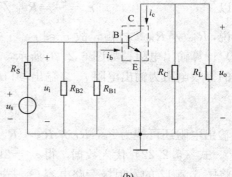

(a)　　　　　　　　　　　　　　(b)

图 6.2.19　图 6.2.17 的交流电路

(a) 整理前的交流通路；(b) 整理后的交流通路

如果电路空载，未接负载电阻 R_L（输出端口 2-2′ 开路），则

$$u_{oc} = -i_c R_C = -\beta i_b R_C$$

$$u_i = i_b r_{be}$$

所以，空载电压放大倍数为

$$A_{uo} = \frac{u_{oc}}{u_i} = -\beta \frac{R_C}{r_{be}} \tag{6.2.19}$$

代入数据，得 $A_{uo} \approx -173$。

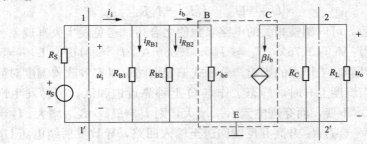

图 6.2.20　图 6.2.19 的微变等效电路

如果接入负载电阻 R_L 时，输入电压 $u_i = i_b r_{be}$ 不变，输出电压为

$$u_o = -i_c R_L' = -\beta i_b R_L'$$

式中：$R_L' = R_C \ /\!/ \ R_L$ 为交流等效负载。则负载电压放大倍数为

$$A_{uo} = \frac{u_o}{u_i} = -\beta \frac{R_L'}{r_{be}} \tag{6.2.20}$$

代入数据，得 $R_L' = R_C \ /\!/ \ R_L = 1.5\text{k}\Omega$，$A_{uo} \approx -86.5$。

（2）计算输入电阻。如图 6.2.20 所示，从输入端 1-1′向右（放大电路内部）看进去的等效电阻为输入电阻 r_i。由 KCL 得

$$i_i = i_{RB1} + i_{RB2} + i_b$$

$$\frac{i_i}{u_i} = \frac{i_{RB1}}{u_i} + \frac{i_{RB2}}{u_i} + \frac{i_b}{u_i}$$

$$\frac{1}{r_i} = \frac{1}{R_{B1}} + \frac{1}{R_{B2}} + \frac{1}{r_{be}}$$

所以　　　　　　　$$r_i = \frac{u_i}{i_i} = R_{B1} \ /\!/ \ R_{B2} \ /\!/ \ r_{be} \approx r_{be} \tag{6.2.21}$$

一般来说，$R_{B1} \ /\!/ \ R_{B2} \gg r_{be}$，故 $r_i \approx r_{be}$。式（6.2.21）代入数据，得 $r_i = 1.04\text{k}\Omega$。

（3）计算输出电阻。如图 6.2.20 所示，由放大电路的输出端 2-2′向左（放大电路内部）看进去的等效电阻为输出电阻 r_o。输出端口 2-2′的短路电流 $i_{sc} = -i_c = -\beta i_b$，则

$$r_o = \frac{u_{oc}}{i_{sc}} = \frac{-\beta i_b R_C}{-\beta i_b} = R_C \tag{6.2.22}$$

另外，输出电阻还可视为 $r_o = R_C \ /\!/ \ R_S' \approx R_C$，其中 R_S' 为可控电流源 βi_b 的内阻，一般认为 $R_S' \to \infty$。式（6.2.22）代入数据，得 $r_o = 3\text{k}\Omega$。

若将图 6.2.17 的发射极旁路电容 C_E 去掉，请读者自行作静态分析和动态分析，并比较有无 C_E 时，电路的静态值、各项动态指标有什么变化。

＊三、负反馈在放大电路中的应用

鉴于分压式偏置电路引入了负反馈，借此简要介绍负反馈在放大电路中的应用。在自动控制系统和电子电路中，广泛利用反馈与闭环控制原理进行自动控制，或用于改善电路的性

能。例如，电冰箱的反馈与闭环控制如图 6.2.21 所示。

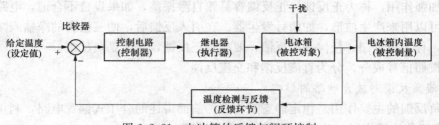

图 6.2.21 电冰箱的反馈与闭环控制

1. 反馈

所谓反馈是指，取电路输出信号（电压或电流）的一部分或全部，通过一定电路回送至输入回路，从而改变电路的输入，从而影响整个电路的工作。如图 6.2.22（a）所示，是无反馈的放大电路，只有正向传输，没有反向传输，称为开环状态；如图 6.2.22（b）所示，反馈电路取输出信号的一定比例，并反向回送至输入回路，称为反向传输。既有正向传输，也有反向传输，称为闭环状态。因此，反馈也称为闭环控制。

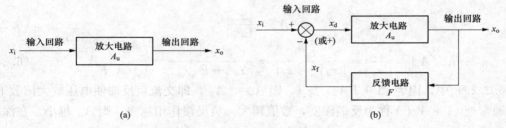

图 6.2.22 放大电路的框图
（a）无反馈的电路；（b）有反馈的电路

在图 6.2.22（b）中，从输出回路取输出信号 x_o 的一定比例，经由反馈环节 F 反向回送至输入回路的信号 x_f，称为反馈信号。在输入回路中，外来输入信号 x_i 与反馈信号 x_f 进行比较叠加后，改变了三极管的净输入，即 $x_d = x_i + x_f$，进而影响了整个电路的工作。

反馈信号 x_f 与输出信号 x_o 的比值称为反馈系数，记作 F，反映了反馈信号取得输出信号的比例，即

$$F = \frac{x_f}{x_o} \tag{6.2.23}$$

不包含反馈影响时的电压放大倍数称为开环放大倍数，记作 A_u，即

$$A_u = \frac{x_o}{x_d} \tag{6.2.24}$$

含有反馈影响时的电压放大倍数称为闭环放大倍数，记作 A_{uf}，即

$$A_{uf} = \frac{x_o}{x_i} \tag{6.2.25}$$

反馈有以下几种分类方法：

（1）按照采样取自输出信号的类型，分为电压反馈和电流反馈。

（2）按照反馈信号与输入信号的叠加关系，分为串联反馈和并联反馈。

（3）按照反馈所起的作用，分为正反馈和负反馈。在引入反馈后，使三极管的净输入增大而起到加强作用，称为正反馈。正反馈容易致自激振荡，如果设置不合适，电路容易工作失常，但可以用来产生波形，如信号发生器。在引入反馈后，使三极管的净输入减小而起到削弱作用，称为负反馈。任何一个反馈，要么是正反馈，要么是负反馈。

（4）按照信号成分，分为直流反馈和交流反馈。

2. 直流负反馈对放大电路的影响

直流负反馈的主要作用是稳定静态工作点。前面讲述的分压式偏置电路，利用发射极电阻 R_E 的直流负反馈作用，改善了温度对静态工作点的影响。

3. 交流负反馈对放大电路的影响

（1）电压放大倍数下降。如图 6.2.23 所示，因为引入的交流负反馈，如果只考虑信号的大小，则

$$|x_d| = |x_i| - |x_f| \tag{6.2.26}$$

由式（6.2.23）～式（6.2.25），得

$$F = \frac{|x_f|}{|x_o|} \tag{6.2.27}$$

$$A_u = \frac{|x_o|}{|x_d|} \tag{6.2.28}$$

$$A_{uf} = \left|\frac{x_o}{x_i}\right| = \frac{|x_o|}{|x_d| + |x_f|} = \frac{|x_o|}{|x_d| + F|x_o|} = \frac{1}{1 + A_u F} A_u \tag{6.2.29}$$

式（6.2.29）中，因为（$1 + FA_u$）> 1，则 $A_{uf} < A_u$，即交流负反馈使电压放大倍数下降。

通常把（$1 + A_u F$）称为反馈深度，数值越大，负反馈作用越强，则 A_{uf} 越小。在深度负反馈下，$FA_u \gg 1$，则 $A_{uf} \approx \frac{1}{F}$，说明深度负反馈下的电压放大倍数只与反馈系数即反馈环节相关，而与放大电路的原有参数、原放大倍数无关。这个结论，在运算放大器中可以得到实际应用。

（2）提高电压放大倍数的稳定性，即提高放大电路的带负载能力。

（3）改变输入、输出电阻。

（4）拓宽频带。所谓放大电路的频带，是指适合于放大信号的频率范围。三极管有高、中、低频管，分别适合于放大不同频带宽度的信号。就特定的三极管来说，引入交流负反馈拓宽了频带，如图 6.2.24 所示。其中

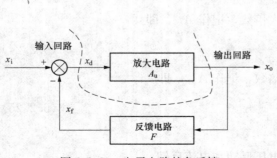

图 6.2.23 电子电路的负反馈

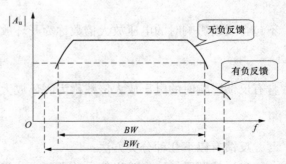

图 6.2.24 交流负反馈拓宽频带

$$BW_f = (1 + |FA_u|)BW \qquad (6.2.30)$$

式（6.2.30）表明，反馈程度越深，频带拓得越宽，放大电路的频率适用范围越大。

6.2.2 共集电极放大电路

共集电极放大电路也是基本放大电路之一，如图6.2.25所示，由发射极输出信号，又称射极输出器。前述已就放大电路的一般分析方法进行了阐述，基于方法类似，在此不做详细讨论。经过动态分析与计算，有几个动态指标需要向读者说明。

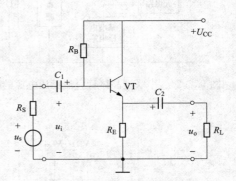

图6.2.25 共集电极放大电路

1. 主要动态指标

（1）负载电压放大倍数为

$$A_u = \frac{u_o}{u_i} = \frac{(1+\beta)R'_L}{r_{be} + (1+\beta)R'_L} > 0 \quad (6.2.31)$$

式中：$R'_L = R_E // R_L$。$A_u > 0$，说明输出 u_o 与输入 u_i同相；一般情况下，$(1+\beta)R'_L \gg r_{be}$，显然 A_u 小于1，又约等于1，说明对电压没有放大作用，但是可以放大电流，故称电压跟随器，或射极跟随器。

（2）输入电阻为

$$r_i = R_B // [r_{be} + (1+\beta)R'_L] \approx R_B // \beta R'_L \qquad (6.2.32)$$

式中：$R'_L = R_E // R_L$。一般 $\beta \gg 1$，$(1+\beta)R'_L \gg r_{be}$。可见，共集电极电路相对于共射极放大电路而言，输入电阻 r_i 要大得多。

（3）输出电阻为

$$r_o = \frac{r_{be} + R_S // R_B}{1+\beta} // R_E \qquad (6.2.33)$$

式中：一般 $R_S \rightarrow 0$，$\beta \gg 1$，则式（6.2.33）可近似等于

$$r_o = \frac{r_{be}}{\beta} // R_E \approx \frac{r_{be}}{\beta} \qquad (6.2.34)$$

式中：r_{be} 一般为几百欧到几千欧，β 一般为几十到上百。可见，共集电极放大电路的输出电阻 r_o 很小。

2. 主要特点及其应用

综合上述结论，共集电极放大电路有以下特点及应用：

（1）输入电阻高。可用于多级放大电路的第一级，提高输入电阻，减轻信号源的负担，并使放大电路的输入相对稳定。

（2）输出电阻低。可用于多级放大电路的末级，减小输出电阻，从而提高电路的带负载能力。

（3）电压放大倍数大于0，但小于1又约等于1。不放大电压，但是可以放大电流，作为功率放大电路使用；输出与输入电压约等、同相，又可以作为电压跟随器使用。

（4）利用输入电阻 r_i 高、输出电阻 r_o 低和 $A_u \approx 1$ 的特点，若置于放大电路的相邻两级之间，可以起到阻抗转换与匹配的作用，称为缓冲级。

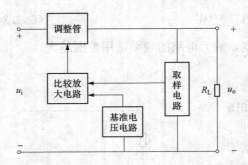

图 6.2.26 串联型晶体管直流稳压电源的框图

【例 6.2.1】 如图 6.2.26 所示，为串联型晶体管直流稳压电源的框图，由调整管、基准电压电路、取样电路、比较放大电路四个部分组成。如图 6.2.27 所示为串联型晶体三极管直流稳压电源的电路图，试分析其工作原理。

解 在图 6.2.27 中，正弦交流电压（市电）经单相桥式整流、电容滤波后，送至稳压电路，即串联型晶体管稳压电路。

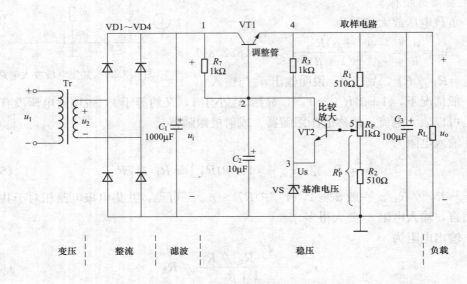

图 6.2.27 串联型晶体管稳压电源电路

稳压电路是电压串联负反馈的闭环系统，其稳压过程为：当电网电压波动或负载变动，引起输出直流电压变化时，取样电路对输出电压采样取出一部分送入比较放大电路，并与基准电压进行比较，产生的差值信号经 VT2 放大后，送至调整管 VT1 的基极，VT1 的管压降变动，继而导致输出电压沿原变化相反的方向调整，从而稳定输出电压。具体分析如下：

（1）电压调整：当调整管 VT1 的基极电位变化时，管压降随之而变，集电极与发射极之间的等效电阻变化，即相当于一个可变电阻，电阻变大，输出电压降低；反之亦然。

（2）基准电压：图 6.2.27 中 R_3 是稳压二极管 VS 的偏流电阻，VS 阴极电位即基准电压值，也即稳压二极管的稳定电压。

（3）取样电路：由 R_1、R_P 和 R_2 构成，若输出电压 u_o 变化，那么 5 号点的电位随之变化，并取样送至比较放大管 VT2 进行放大。

（4）比较放大电路：5 号点的电压变化经比较放大管 VT2 反相放大，去控制调整管 VT1，使输出电压反向调整。

（5）稳压过程：如果稳压电路的输入 u_i 上升或负载阻值变大，均使输出电压 u_o 上升，则取样电路 5 号点的电位同步上升，比较放大管 VT2 的基极电位上升，经 VT2 的集电极电位下降，使得调整管 VT1 的管压降增大，输出电压随之下降，从而起到了稳压作用，即：

$$u_i \uparrow \to u_o \uparrow \to v_{B2} \uparrow \to u_{BE2} \uparrow \to i_{B2} \uparrow \to i_{C2} \uparrow \to v_{B1} \downarrow \to u_{CE1} \uparrow$$
$$u_o \downarrow \longleftarrow$$

输出电压 u_o 由稳压管稳压值 U_S 和取样电路 R_1、R_P 和 R_2 决定，当 R_P 向下滑动时，输出电压上升；反之下降。输出电压可由式（6.2.35）进行计算

$$U_o = \frac{R_1 + R_P + R_2}{R'_P}(U_S + U_{BE1}) = \frac{R_1 + R_P + R_2}{R'_P}(U_S + 0.7) \approx \frac{R_1 + R_P + R_2}{R'_P}U_S(V)$$

$$(6.2.35)$$

式中：R'_P 是 VT2 基极取样位置至"接地点"之间的电压。

需要指出，U_i 必须高出 U_o 约 $2 \sim 3V$ 或 $3V$ 以上，但又不能高得太多，并请读者自行分析原因。

*6.3 多 级 放 大 电 路

在工程实践中，单级放大电路不能满足放大要求时，通常采用多级放大电路，会牵涉到电路的整体放大能力、前后级的信号耦合问题。

一、电压放大倍数

如图 6.3.1 所示，为多级放大电路的一般框图。由前后级之间的输入与输出的电压关系可得，总的电压放大倍数为

$$A_u = \frac{u_o}{u_i} = \frac{u_{o1}}{u_i} \times \frac{u_{o2}}{u_{i2}} \times \frac{u_{o3}}{u_{i3}} = A_{u1} \times A_{u2} \times A_{u3} \qquad (6.3.1)$$

式（6.3.1）可见，总的电压放大倍数 A_u 等于各级放大倍数的连乘积。需要指出，在计算时应考虑每一级为空载或负载电压放大倍数。

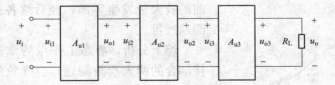

图 6.3.1　多级放大电路的一般框图

二、耦合方式

所谓放大电路的耦合方式，是指信号的传输或传递方式。在信号耦合过程中，应满足两个基本要求：①各级放大电路的静态工作点合适，否则容易失真。②有效传输，不因信号传输而发生失真，并尽可能减小传输中的电压损失、提高传输功率（或效率）。

常用的耦合方式主要有直接耦合、阻容耦合、变压器耦合和光电耦合等。

1. 直接耦合

直接耦合是指信号直接由导线传输，如图 6.3.2 所示。直接耦合的放大电路存在以下两个严重问题，需要加以克服。

（1）静态工作点的牵连。在图 6.3.2 中，假设初始第一级工作点 Q_1 不合适，Q_2 合适。如图 6.3.3 所示，在调整过程中，两级电路的静态工作点相互牵连，并有循环往复之势，以至于很难调整得合适，从而发生失真，这是直接耦合的严重问题之一。

（2）零点漂移。所谓零点漂移是指，在直接耦合的放大电路中，当输入信号为 0 时，输出本应等于某个特定值（未必为 0）。但在实践中，即便将输入端短接（$u_i=0$），输出电压却在缓慢、不规则（非周期性）的变化，偏移原特定值，这个现象称为零点漂移，简称零漂。显然输入外来信号 u_i 时，零漂依然存在，输出偏移 u_i 的原有函数规律，如图 6.3.4 所示。对于负载而言，零漂属于干扰信号，零漂越严重，干扰越大。引起零漂的主要起因之一是温度的变化，也称为温度漂移，简称温漂。这是直接耦合的严重问题之二。在此，只讨论温度变化所引起的零漂现象。

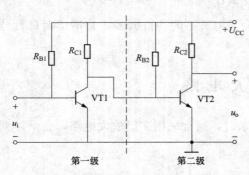

图 6.3.2　直接耦合的多级放大电路举例

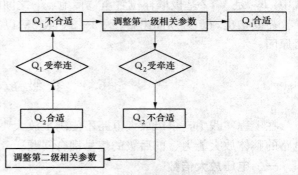

图 6.3.3　直接耦合静态工作点的牵连

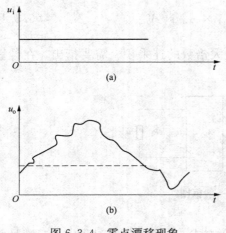

图 6.3.4　零点漂移现象
（a）u_i 不变；（b）u_o 发生零点漂移

在图 6.3.2 中，温度漂移（零漂）的过程如下：假设温度不变时，输出 u_o 为某个特定值；当温度 T $\uparrow \to I_{CEO1} \uparrow \to I_{C1} \uparrow \to U_{CEO1} \downarrow \to U_{BE2} \downarrow \to I_{B2} \downarrow \to I_{C2} \downarrow \to U_{CEO2} \uparrow \to u_o \uparrow = U_{CEO2} \uparrow$；反之温度 $T \downarrow \to u_o \downarrow = U_{CEO2} \downarrow$，如图 6.3.4 所示。显然，越是靠前的放大级发生零漂，经后续各级放大后，输出零漂越严重。

综上分析，静态工作点的牵连、零点漂移是直接耦合的两大严重问题，会导致放大电路信号失真或干扰，必须设法克服，后续介绍的差分放大电路可以解决这两个问题。

2. 阻容耦合

如图 6.3.5 所示为阻容耦合的示例，由于电容的隔直作用，前后级之间的直流信号被隔断，从而避免了静态工作点的牵连与零点漂移的传递，但各级自身的漂移无法克服。

3. 变压器耦合

如图 6.3.6 所示，为变压器耦合的示例。若变压器的二次绕组接有一级放大电路，由于变压器只能传输交流信号，避免静态工作点的牵连，并对零点漂移的传输起到一定的抑制作用。

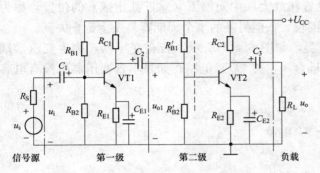

图 6.3.5　阻容耦合放大电路示例

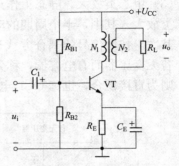

图 6.3.6　变压器耦合示例

4. 光电耦合

如图 6.3.7 所示，为光电耦合器及其传输特性。光电耦合是以光信号为媒介，实现电信号的耦合与传递，因其抗干扰能力强，应用广泛。

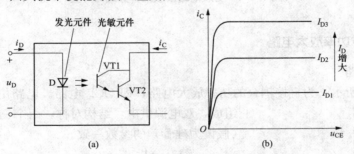

图 6.3.7　光电耦合器及其传输特性

(a) 光电耦合器；(b) 传输特性

6.4　功 率 放 大 电 路

电子电路在处理信号的过程中，信号幅度、功率均需满足要求，并有足够强的带负载能力，才可以有效驱动负载。为此引入功率放大电路，简称功放，通常功放电路采用共集电极放大电路。功率放大电路一般工作于大信号，在信号不失真的前提下，应尽可能提高电源的效率。特别指出，必须注意功放管或集成功放的散热问题，采取必要的散热措施，防范元器件因为过热而损坏或发生其他安全事故。

6.4.1　主要分类

首先，按照静态工作点的位置或三极管的工作状态，功率放大电路分为甲类、乙类、甲乙类放大。

（1）甲类放大。静态工作点 Q 设置在放大区的中间位置，称为甲类放大。优点是不容易失真，但是动态范围较小，放大能力偏小。

（2）乙类放大。静态工作点 Q 设置在截止区，称为乙类放大，那么可放大的半周能达到最大动态范围，但以削掉半个周期的波形为代价。

（3）甲乙类放大。静态工作点 Q 设置在放大区中间偏下（靠近截止区）的位置，称为甲乙类放大。其中，半个周期的动态范围较大，但另外的半个周期容易发生截止失真。

其次，按照信号的耦合方式进行分类，如图 6.4.1 所示，若有变压器，称为变压器耦合；若无变压器而有电容器，称为阻容耦合，也称 OTL 电路；如果不含变压器也没有电容器，则为直接耦合，也称 OCL 电路。

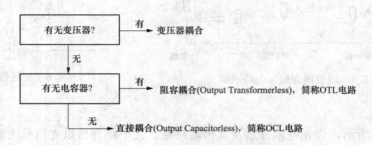

图 6.4.1　功放电路按照耦合方式的分类

6.4.2　基本功率放大电路

一、OCL 电路

如图 6.4.2 所示，为直接耦合的功率放大电路，即 OCL 电路。电路由两个射极输出器组成，双电源供电，结构对称，两个三极管 VT1、VT2（假设为硅管）的参数一致。

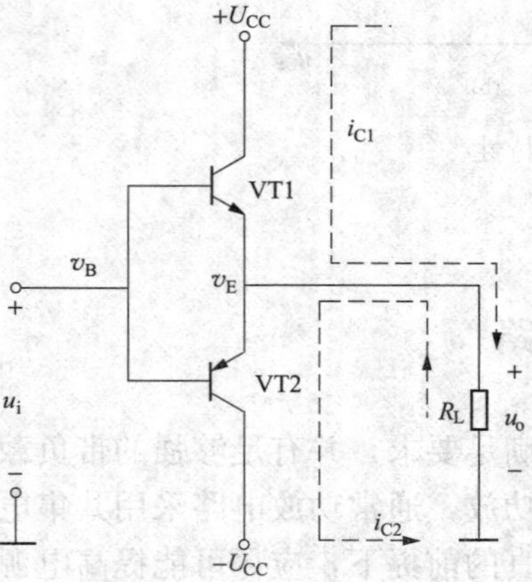

图 6.4.2　OCL 电路

1. 静态分析

在图 6.4.2 中，静态时令 $u_i = 0$。因为结构对称，VT1、VT2 参数一致，则 $V_B = V_E = 0$，所以 $U_{BE1} = U_{EB2} = 0$。显然，为乙类放大。

2. 动态分析

当 $u_i \neq 0$ 时，区分理想和实际工作的状况，分别讨论如下：

（1）假设 VT1、VT2 为理想元件，输出波形如图 6.4.3（b）所示。虽然 VT1、VT2 工作于乙类放大，对于输入信号 u_i 来说，两个三极管互为补充，VT1 放大正半周，VT2 放大负半周。所以，OCL 电路也称为互补对称功率放大电路。

（2）在实际工作时，因为 VT1、VT2 为硅管，在 0.5V 的死区电压内，三极管不具备放大条件，如图 6.4.3（c）所示，在正、负半周的交界处出现了失真，称为交越失真。

3. 改进型 OCL 电路

如图 6.4.4 所示为改进型 OCL 电路。图中,$R_{B1} = R_{B2}$,二极管 VD1、VD2 与三极管同为硅管或锗管,参数一致。在静态下,R_{B1}、R_{B2} 和 VD1、VD2 提供两个三极管的偏置电流,三极管的发射结均处于"微导通"状态,满足放大条件,克服了死区电压,从而克服了交越失真。

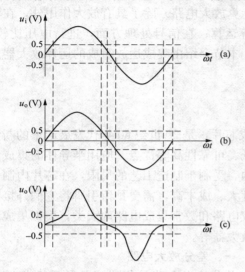

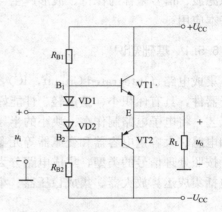

图 6.4.3 图 6.4.2 的波形
(a) u_i 波形;(b) 理想输出波形;(c) 实际输出波形

图 6.4.4 改进型 OCL 电路

二、OTL 电路

如图 6.4.5 所示的功放电路为阻容耦合,即 OTL 电路。图中,$R_{B1} = R_{B2}$,二极管 VD1、VD2 与三极管同为硅管或锗管,参数一致,VT1、VT2 互补放大。在静态下,电容器 C_2 充电后的电压 $u_{C2} = U_{CC}/2$,作为 VT2 的电源。显然,VT1、VT2 的电源电压均为 $U_{CC}/2$。其中,R_{B1}、R_{B2} 和二极管 VD1、VD2 给两个三极管提供偏置电流,两个三极管的发射结均为"微导通"状态并满足放大条件,从而克服了交越失真。

三、变压器耦合的功率放大电路

如图 6.4.6 所示为变压器耦合的功放电路,请读者自行分析,在此不再赘述。

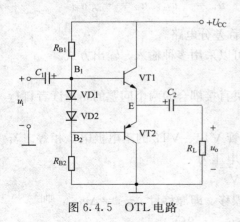

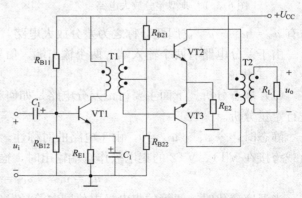

图 6.4.5 OTL 电路

图 6.4.6 变压器耦合的功放电路

6.5　运 算 放 大 器

集成运算放大器是一种直接耦合、高放大倍数、多级放大的集成电路，简称集成运放或运放。以集成运放作为放大器件的运算放大器（运算放大电路）除了具有放大作用外，在信号运算方面，可以实现信号的比例、加减、微分等运算；在信号处理方面，进行电压比较、有源滤波、信号采样与保持、波形产生与转换等。本节介绍由集成运放组成的运算放大器及其基本应用。

6.5.1　基础知识

集成电路（Integrated Circuit，IC），也称集成芯片，是 20 世纪 60 年代发展起来的新型电子器件，具有体积小、重量轻、性能好、功耗低、可靠性高等优点。应用半导体的集成制造工艺，将电子电路制作在一块小的半导体基片内。受制于制造工艺的局限，在芯片内制作诸如电感、大容量电容器和变压器等元器件的难度大、成本高，需要预留引脚将它们外接。

按照处理信号的类型，集成电路分为模拟集成电路和数字集成电路两大类。模拟集成电路包括集成运算放大器、集成稳压器、集成功率放大器等。

一、差分放大电路

差分放大电路是集成运放的重要组成部分。为了解决直接耦合的零点漂移、静态工作点牵连的问题，设计出了差分放大电路，在此不做过多的定量分析。

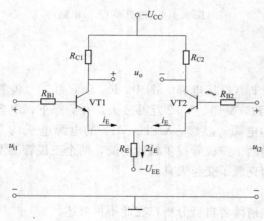

图 6.5.1　典型差分放大电路

如图 6.5.1 所示为典型差分放大电路，结构对称，晶体管 VT1 和 VT2 的特性参数一致，对应电阻元件的阻值相等，采用正、负两个电源供电且两级共用。当输入信号 u_{id} 跨接至两个输入端时，因电路对称，则 VT1、VT2 的对地输入电压分别为

$$u_{i1} = \frac{1}{2}u_{id}; \quad u_{i2} = -\frac{1}{2}u_{id}$$

并有 $u_{id} = u_{i1} - u_{i2}$，因此，称之为差分放大电路，简称差分电路。

由于差分电路有两个输入端、两个输出端，信号可以采用多种输入—输出方式。

1. 工作原理

（1）静态分析。下面主要讨论差分电路是如何解决直接耦合的两个问题的，请读者自行进行定量分析。

静态时，令 $u_{i1} = u_{i2} = 0$，由于电路的对称性，两管 VT1、VT2 的集电极电位相等。若负载跨接在 VT1、VT2 的集电极作双端输出时，输出电压为

$$u_o = v_{C1} - v_{C2} = 0(V)$$

当温度变化时，两管的集电极电位同向等量发生漂移，即漂移量 $\Delta v_{C1} = \Delta v_{C2}$，则

$$u_o = (v_{C1} + \Delta v_{C1}) - (v_{C2} + \Delta v_{C2}) = 0(V)$$

显然，输出没有发生温漂现象。究其原因，是利用差分电路的对称性结构消除或抑制了温漂，而且对称性越好，抑制温度漂移越彻底。

同样因为电路的对称性，静态工作点的牵连问题得到了解决。

（2）动态分析。

1）共模输入。若两输入端分别对地输入大小相等、极性相同的信号 u_{ic}，称为共模输入方式，u_{ic} 称为共模信号，$u_{i1} = u_{i2} = u_{ic}$。双输出端时，VT1、VT2 集电极对地的交流电压大小相等、极性相同，即 $u_{o1} = u_{o2}$；另有静态电位 $V_{C1} = V_{C2}$。双端输出时的输出电压记作 u_{oc}，则

$$u_{oc} = v_{C1} - v_{C2} = (V_{C1} + u_{o1}) - (V_{C2} + u_{o2}) = 0$$

在理想情况下，共模放大倍数为

$$A_c = \frac{u_{oc}}{u_{ic}} = 0$$

可见，差分放大电路对共模信号不仅没有放大作用，而且抑制为 0，像温漂等干扰信号可视为共模信号。共模放大倍数 A_c 越小，抑制温漂等干扰信号的效果越好。

2）差模输入。当输入信号 u_{id} 跨接在图 6.5.1 的两个输入端时，VT1、VT2 对地输入电压的大小相等、极性相反，并均分 u_{id}，$u_{id} = u_{i1} - u_{i2} = 2u_{i1} = -2u_{i2}$，称为差模输入方式，$u_{id}$ 称为差模信号。VT1、VT2 集电极对地的交流电压大小相等、极性相反，即 $u_{o1} = -u_{o2}$；而静态电位相等，即 $V_{C1} = V_{C2}$。则双端输出电压为

$$u_{od} = v_{C1} - v_{C2} = (V_{C1} + u_{o1}) - (V_{C2} + u_{o2}) = 2u_{o1} = -2u_{o2}$$

在理想情况下，差模电压放大倍数为

$$A_d = \frac{u_{od}}{u_{id}} = \frac{2u_{o1}}{2u_{i1}} = \frac{-2u_{o2}}{-2u_{i2}} = A_{d1} = A_{d2} \tag{6.5.1}$$

可见，因为结构对称，总的电压放大倍数 A_d 只等于单级的电压放大倍数。

综上所述，差分放大电路对共模信号并无放大作用，只对差模信号有放大作用。一般地，将有用信号作差模输入，进行放大；干扰信号作共模输入，需要抑制。基于此，将差模放大倍数 A_d 与共模放大倍数 A_c 的绝对值之比，称为共模抑制比 K_{CMRR}，用来衡量差分电路放大差模信号和抑制共模信号的能力，即

$$K_{CMRR} = \left| \frac{A_d}{A_c} \right| \tag{6.5.2}$$

若采用对数形式，记作 K_{CMR}，则

$$K_{CMR} = 20\lg \left| \frac{A_d}{A_c} \right| (\text{dB}) \tag{6.5.3}$$

式中：K_{CMR} 的单位为分贝（dB）。对于完全对称的差分电路，即理想情况下，$A_c = 0$，$K_{CMRR} \rightarrow \infty$；而实际中电路并非完全对称，共模抑制比 K_{CMRR} 越大越好。

2. 输入—输出方式

根据差分电路共有四种输入—输出方式：双端输入—双端输出，双端输入—单端输出；单端输入—双端输出，单端输入—单端输出。

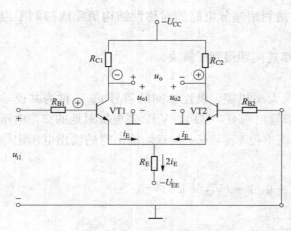

图 6.5.2　差分电路的输入—输出方式

"单端输入—单端输出"如图 6.5.2 所示，VT1 基极与其集电极输出端的信号极性相反，一正（⊕）一负（⊖），则称 VT1 基极为反相输入端；VT1 基极相对于 VT2 的集电极输出端来说，极性相同，则称 VT1 基极为同相输入端。对于 VT2 而言，以此类推。

二、集成运算放大器简介

集成运算放大器一般由输入级、中间级、输出级和偏置电路四部分组成，如图 6.5.3 所示。

（1）输入级。为了克服直接耦合的温度漂移问题，一般由差分放大电路构成。输入电阻高，共模抑制比高，零点漂移小。

（2）中间级。一般由共射放大电路组成，放大倍数可达几万甚至几十万倍，形成了高电压放大倍数。

（3）输出级。一般由射极输出器或互补功率放大电路组成，要求输出足够大的电压、电流，并有足够强的带负载能力。

（4）偏置电路。一般由恒流源、电阻等元器件组成，为各级放大电路提供合适、稳定的静态工作点。

集成运算放大器分为通用型、高速型、低温漂型、低功耗型等类型。如图 6.5.4（a）所示，为集成运算放大器 F007 的引脚排列图；如图 6.5.4（b）所示，为 F007 的符号图与外部接线，相对于输出端 6 号引脚（标注"＋"极性）来说，2 号引脚"－"为反相输入端，简称反相端；3 号引脚"＋"为同相输入端，简称同相端。1 号与 5 号脚之间，接调零电位器。

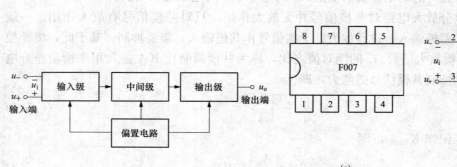

图 6.5.3　运算放大器的组成

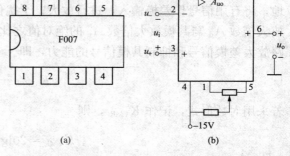

图 6.5.4　集成运算放大器 F007 的引脚图及符号
（a）引脚图；（b）符号图与外部接线

1. 主要参数

正确、合理地使用集成运算放大器，需要了解以下各项参数：

（1）开环电压放大倍数 A_{uo}。集成运放在没有外部反馈时，差模电压放大倍数称为开环

电压放大倍数 A_{uo}，一般为 $10^4 \sim 10^7$。A_{uo} 越高，运放电路的工作越稳定，运算精度也越高。

（2）输入失调电压 U_{IO}。对理想运算放大器而言，当输入电压为零（即 $u_+ = u_- = 0$）时，输出 $u_o = 0$；由于实际运放输入级的差分电路并不完全对称，参数也不完全一致，致使输出 $u_o \neq 0$。而若使 $u_o = 0$，需要在输入端进行小的电压补偿，称之为输入失调电压 U_{IO}，一般为几毫伏。U_{IO} 越小越好，F007 约为 $2 \sim 10\text{mV}$。

（3）输入失调电流 I_{IO}。当输入电压为零时，流入两个输入端的静态基极电流之差，称为输入失调电流 I_{IO}，一般为零点几以下的微安级，数值越小越好。

（4）输入偏置电流 I_{IB}。当输入电压为零时，两个输入端静态基极电流的平均值，称为输入偏置电流 I_{IB}，一般为零点几微安级，数值越小越好。

（5）最大输出电压 U_{OPP}。在输出不失真时的最大输出电压称为最大输出电压 U_{OPP}。F007 的 U_{OPP} 约为 $\pm 13\text{V}$。

（6）最大共模输入电压 U_{ICM}。集成运算对共模信号的抑制作用，须在规定的最大共模输入电压 U_{ICM} 范围内实现；否则，共模抑制性能下降，甚至损毁器件。F007 的 U_{ICM} 约为 $\pm 12\text{V}$。

（7）共模抑制比 K_{CMR}。共模抑制比 K_{CMR} 前已讲述，常采用对数形式表示，F007 的 K_{CMR} 约为 80dB。

2. 使用要点

（1）消振。由于集成运放内部晶体管的极间电容和其他寄生参数的影响，容易产生自激振荡，导致工作不稳定。为此，外加一定的频率补偿网络，以消除自激振荡，称为消振。如图 6.5.5 所示为相位补偿电路，为了防止通过电源内阻造成的低频振荡或高频振荡问题，在正、负电源的输入端与地之间分别加入了一个电解电容和一个高频滤波电容。

（2）调零。由于运算放大器的输入电路不可能完全对称，当输入信号为 0 时，输出往往不等于 0。为了提高运算精度，需要对输入失调电压和失调电流造成的误差进行补偿，即调零。在调零之前，一般先进行消振。若无输入时调零，如图 6.5.4（b）所示，将两个输入端接"地"，电路接成闭环，调节电位器，使输出电压等于 0；若有输入时调零，首先计算输出电压，并将输出电压调整至计算的数值，如图 6.5.6 所示，也是常用的调零电路之一。

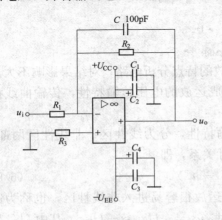

图 6.5.5 运算放大器的消振电路

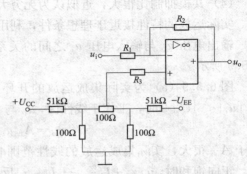

图 6.5.6 运算放大器的常用调零电路

（3）保护。集成运放的安全保护措施主要有电源保护、输入端保护和输出端保护。

1）电源保护。为了防止电源极性接反，可用二极管加以保护，如图 6.5.7（a）所示。

2）输入端保护。若集成运放的输入差模或共模电压过高，当超出极限范围时，会损坏输入级的晶体管。如图 6.5.7（b）所示，为典型的输入端保护电路。

3）输出端保护。当集成运放过载或输出端短路时，若无保护电路容易损坏。如图 6.5.7（c）为输出端保护电路。有些集成运放内置了限流保护或短路保护，无须再加输出端保护。

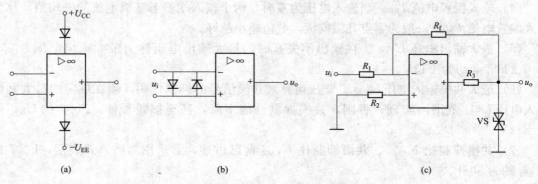

图 6.5.7　集成运放的保护电路

（a）电源保护；（b）输入端保护；（c）输出端保护

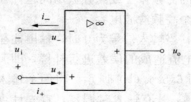

图 6.5.8　理想运算放大器的符号

3. 分析依据

将集成运放理想化为理想运算放大器，图形符号如图 6.5.8 所示。理想化的四个条件或理想运放的四个特点如下：

（1）开环差模电压放大倍数很大，近似认为无穷大，即 $A_{uo} \rightarrow \infty$。

（2）开环差模输入电阻很大，近似认为无穷大，即 $r_{id} \rightarrow \infty$。

（3）开环输出电阻很小，可以忽略为零，即 $r_o \rightarrow 0$。

（4）共模抑制比很大，近似认为无穷大，即 $K_{CMRR} \rightarrow \infty$。

实际运放的特性接近于理想条件，利用理想运放的特点分析电路，对结果影响不大。

输出电压 u_o 与输入电压 u_i 之间的关系称为集成运放的电压传输特性，传输曲线如图 6.5.9 所示。

图 6.5.9（a）为实际集成运放的开环电压传输特性，分为线性区、非线性区两部分。当 $|u_i| < |U_{im}|$ 时，工作于线性区，u_o 与 u_i 为线性关系，即

$$u_o = A_{uo} u_i = A_{uo}(u_+ - u_-) \tag{6.5.4}$$

由于 A_{uo} 很大，实际集成运放的线性范围非常小，运放很容易进入非线性区，也称为饱和区。正向饱和时，$u_o = +U_{om} \approx +U_{CC}$；反向饱和时，$u_o = -U_{om} \approx -U_{EE}$，其中 U_{om} 为饱和值。

理想运放的开环电压传输特性如图 6.5.9（b）所示。由于 $A_{uo} \rightarrow \infty$，当输入电压 u_i 跨

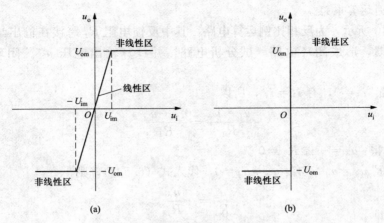

图 6.5.9 运算放大器的电压传输特性

(a) 实际特性；(b) 理想特性

越原点 O 时，输出 u_o 发生跃变并进入非线性饱和区，饱和值同实际运放。

综述可见，若使集成运算放大器工作于线性区，需要引入深度负反馈，即闭环。根据运放理想化的条件，可以推导出以下两个结论，俗称两个推论，作为分析运算放大电路的两个依据。

（1）由于理想运放的开环电压放大倍数 $A_{uo} \to \infty$ ，输出电压 u_o 为有限值。所以，$u_i = \dfrac{u_o}{A_{uo}} \approx 0(\text{V})$ ，表明两输入端之间的电压近似等于零，相当于短路；但又非真正短路，故称"虚假短路"，简称虚短。在理想情况下，视为

$$u_- = u_+ \qquad\qquad (6.5.5)$$

式（6.5.5）视作推论 I，即：反相端与同相端的电位相等。

（2）由于开环输入电阻 $r_{id} \to \infty$ ，输入电流 $i_i = \dfrac{u_i}{r_{id}} \approx 0(\text{A})$ ，两个输入端相当于断路，但实际上并未真正断路，故称"虚假断路"，简称虚断。根据基尔霍夫电流定律的推广，在理想情况下，有

$$i_- = i_+ = 0 \qquad\qquad (6.5.6)$$

式（6.5.6）视作推论 II，即：反相端与同相端的电流相等，并等于零。

需要指出，"虚短""虚断"是运放电路引入深度负反馈的结果。只有在闭环状态下，运算放大电路处于线性工作区时，才存在"虚短"现象，否则"虚短"现象不存在。

6.5.2　基本运算电路

基本运算电路包括比例运算，加法、减法、积分和微分电路。下面通过比例运算电路，详细阐述基本运算电路的一般分析方法与步骤，其他电路只做简要性分析，请读者举一反三。

一、比例运算电路

输入信号按比例放大与运算的电路，称为比例运算电路，分为反相比例、同相比例运算。

1. 反相比例运算电路

如图 6.5.10 所示，为反相比例运算电路，其中反馈电阻 R_f 跨接在输出与输入端之间，引入深度负反馈，形成闭环电路。试分析电路，并计算输出电压 u_o、闭环电压放大倍数 A_{uf}。

根据"虚断" $i_-=0$，有 $i_1=i_f$，所以

$$\frac{u_i-u_-}{R_1}=\frac{u_--u_o}{R_f} \tag{6.5.7}$$

又由 $i_+=0$，可得：$u_+=-i_+R_2=0$

根据"虚短" $u_-=u_+$，有：$u_-=u_+=0$，代入式（6.5.7），则

$$\frac{u_i}{R_1}=-\frac{u_o}{R_f}$$

得

$$u_o=-\frac{R_f}{R_1}u_i \tag{6.5.8}$$

所以，闭环电压放大倍数为

$$A_{uf}=\frac{u_o}{u_i}=-\frac{R_f}{R_1} \tag{6.5.9}$$

式（6.5.8）、式（6.5.9）中的"—"号表示 u_o 与 u_i 反相，二者呈比例关系。当 $R_1=R_f$ 时，$u_o=-u_i$，称为反相器。

在图 6.5.10 中，在 R_f 引入深度负反馈的情形下，式（6.5.9）表明闭环电压放大倍数 A_{uf} 只取决于反馈电路，而与集成运放本身的放大能力无关。另外，为了维持集成运放差分输入级的对称性，同相端不直接接地，而是通过平衡电阻 R_2 接地。其中，$R_2=R_1 /\!/ R_f$。

2. 同相比例运算电路

同相比例运算电路如图 6.5.11 所示。试分析计算输出电压 u_o、闭环电压放大倍数 A_{uf}。

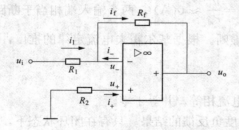

图 6.5.10 反相比例运算电路

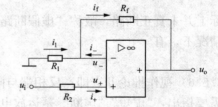

图 6.5.11 同相比例运算电路

根据"虚断" $i_-=0$，则 $i_1=i_f$，即

$$\frac{0-u_-}{R_1}=\frac{u_--u_o}{R_f} \tag{6.5.10}$$

又 $i_+=0$，所以 $u_{R_2}=R_2i_+=0$，则 $u_+=u_i$。

根据"虚短" $u_+=u_-$，有 $u_-=u_+=u_i$，代入式（6.5.10），则

$$u_o=\left(1+\frac{R_f}{R_1}\right)u_i \tag{6.5.11}$$

所以，闭环电压放大倍数为

$$A_{uf} = \frac{u_o}{u_i} = 1 + \frac{R_f}{R_1} \qquad (6.5.12)$$

式（6.5.11）、式（6.5.12）中 A_{uf} 为正值，说明输出 u_o 与输入 u_i 为同相比例运算关系。平衡电阻 $R_2 = R_1 /\!/ R_f$。

在图 6.5.11 中，当 $R_1 = \infty$（开路），或 $R_f = 0$ 时，则 $A_{uf} = 1$，$u_o = u_i$，构成了电压跟随器，也称同相器，如图 6.5.12 所示。

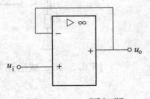

图 6.5.12 同相器

二、加法运算电路

如图 6.5.13 所示，为反相加法运算电路。试分析计算输出电压 u_o。

根据"虚断" $i_- = 0$，由基尔霍夫电流定律，得

$$i_f = i_{11} + i_{12}$$

所以

$$\frac{u_{i1} - u_-}{R_{11}} + \frac{u_{i2} - u_-}{R_{12}} = \frac{u_- - u_o}{R_f} \qquad (6.5.13)$$

又有 $u_+ = u_- = 0$，所以

$$u_o = -\frac{R_f}{R_{11}} u_{i1} - \frac{R_f}{R_{12}} u_{i2} = -\left(\frac{R_f}{R_{11}} u_{i1} + \frac{R_f}{R_{12}} u_{i2} \right) \qquad (6.5.14)$$

若令 $R_{11} = R_{12} = R_1$，则

$$u_o = -\frac{R_f}{R_1} (u_{i1} + u_{i2}) \qquad (6.5.15)$$

可见图 6.5.13 实现了反相加法运算，并可以推广至更多输入信号的加法，以及同相加法运算。平衡电阻 $R_2 = R_{11} /\!/ R_{12} /\!/ R_f$。

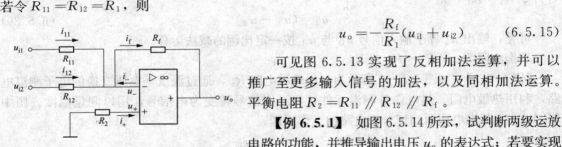

图 6.5.13 反相加法运算电路

【例 6.5.1】 如图 6.5.14 所示，试判断两级运放电路的功能，并推导输出电压 u_o 的表达式；若要实现 $u_o = 5u_{i1} - 2u_{i2}$，请设定电路应满足的参数条件。

解 第一级为反相比例运算，则 $u_{o1} = -\frac{R_{f1}}{R_1} u_{i1}$；第二级为加法运算，则 $u_o = -\frac{R_{f2}}{R_3} u_{o1} - \frac{R_{f2}}{R_4} u_{i2}$。所以

$$u_o = \frac{R_{f2}}{R_3} \times \frac{R_{f1}}{R_1} u_{i1} - \frac{R_{f2}}{R_4} u_{i2}$$

令 $\frac{R_{f2}}{R_3} \times \frac{R_{f1}}{R_1} = 5$，$\frac{R_{f2}}{R_4} = 2$，即可实现 $u_o = 5u_{i1} - 2u_{i2}$。

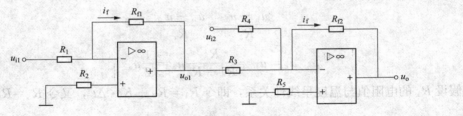

图 6.5.14 ［例 6.5.1］的图

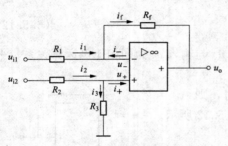

图 6.5.15　减法运算电路

三、减法运算电路

如图 6.5.15 所示为减法运算电路，试分析计算输出电压 u_o。

根据"虚断" $i_- = 0$，可得 $i_1 = i_f$，即

$$\frac{u_{i1} - u_-}{R_1} = \frac{u_- - u_o}{R_f} \tag{6.5.16}$$

又 $i_+ = 0$，可得 $i_2 = i_3$，即

$$\frac{u_{i2} - u_+}{R_2} = \frac{u_+ - 0}{R_3} \tag{6.5.17}$$

根据"虚短" $u_+ = u_-$，代入式（6.5.16）、式（6.5.17）并整理，得

$$u_o = \left(1 + \frac{R_f}{R_1}\right) \frac{R_3}{R_2 + R_3} u_{i2} - \frac{R_f}{R_1} u_{i1} \tag{6.5.18}$$

若令 $\dfrac{R_3}{R_2} = \dfrac{R_f}{R_1}$，得

$$u_o = \frac{R_f}{R_1}(u_{i2} - u_{i1}) \tag{6.5.19}$$

若再令 $R_1 = R_f$，则

$$u_o = (u_{i2} - u_{i1}) \tag{6.5.20}$$

可见，输出 u_o 等于输入信号 u_{i2} 与 u_{i1} 按一定比例的减法运算。

平衡电阻 $R_2 \parallel R_3 = R_1 \parallel R_f$。

【例 6.5.2】　如图 6.5.16 所示为利用热敏电阻 R_t，通过温度—电压变换的电子测温电路，利用热敏电阻、热电偶等测温元件，将温度信号转变为电信号，用以测量温度。图中 MC1403 为基准电压源，试分析电路的工作原理。

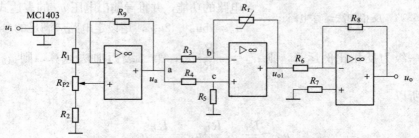

图 6.5.16　温度—电压变换电路

解　经过分压电路和电压跟随器后，使得 a 点电压 u_a 与基准电压成正比。取 $R_4 = R_5$，根据运算放大器的特点可知

$$\frac{u_a - u_b}{R_3} = \frac{u_b - u_{o1}}{R_t}$$

$$u_c = u_b = \frac{R_5}{R_4 + R_5} u_a = \frac{1}{2} u_a$$

假设 R_t 的电阻值与温度呈线性关系，即令 $R_t = R_0 + K \cdot \Delta t$，又令 $R_3 = R_0$，可得

$$u_{o1} = -\frac{u_a}{2R_0} K \cdot \Delta t$$

$$u_o = \frac{R_8}{R_6} \frac{u_a}{2R_0} K \cdot \Delta t$$

可见输出电压与温度变化成正比，实现了温度—电压转换，可用于测量温度。

四、积分运算电路

如图 6.5.17（a）所示，为积分运算电路。试分析计算输出电压 u_o。

根据"虚断" $i_- = 0$，可得

$$i_1 = i_f = \frac{u_i - u_-}{R_1} \tag{6.5.21}$$

又 $i_+ = 0$，则 $u_+ = 0$。有 $u_- = u_+ = 0$，代入（6.5.21），则

$$i_1 = i_f = \frac{u_i}{R_1}$$

又 $u_o = -u_C$，所以

$$u_o = -\frac{1}{C_f} \int i_f \mathrm{d}t = -\frac{1}{R_1 C_f} \int u_i \mathrm{d}t \tag{6.5.22}$$

由式（6.5.22）可见，u_o 为 u_i 的积分运算。如图 6.5.17（b）所示，当 u_i 为阶跃电压时，$u_o = -\frac{U_i}{R_1 C_f} t$，$u_o$ 先是随时间线性增大，直至达到负向饱和值（$-U_{OM}$）为止。

平衡电阻 $R_2 = R_1$。

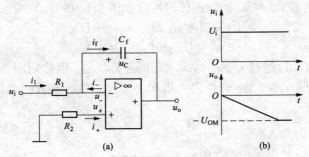

图 6.5.17　积分运算电路及其阶跃响应波形
(a) 电路；(b) 波形

五、微分运算电路

如图 6.5.18（a）所示，为微分运算电路。试分析计算输出电压 u_o。

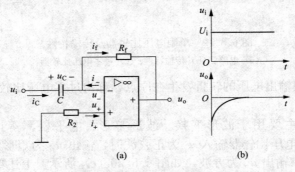

图 6.5.18　微分运算电路及其阶跃响应波形
(a) 电路；(b) 波形

根据"虚断" $i_-=0$，可得

$$i_C = i_f = \frac{u_- - u_o}{R_f}$$

又有 $u_- = u_+ = 0$，则

$$u_o = -R_f i_f = -R_f i_C = -R_f C \frac{du_C}{dt}$$

因为 $u_i = u_C$，所以

$$u_o = -R_f C \frac{du_i}{dt} \tag{6.5.23}$$

由式（6.5.23）可见，u_o 为 u_i 的微分运算。如图 6.5.18（b）所示，当输入电压 u_i 为阶跃电压时，u_o 为尖脉冲电压。因为该电路稳定性较差，少有应用。其中，平衡电阻 $R_2 = R_f$。

*6.5.3　电压比较器

电压比较器是通过输出结果，比较两个输入电压的大小，集成运放工作于开环状态（非线性区），常用于模拟和数字电路的接口电路，在测量、通信、波形变换等方面应用广泛。根据电压传输特性，分为单限比较器、滞回比较器和双限比较器。

下面只讨论单限电压比较器，借以阐述电压比较的原理。如图 6.5.19（a）所示，为单限电压比较器之一。集成运放的同相端接输入信号 u_i，反相端接基准参考电压 U_{REF}，即 $u_- = U_{REF}$，电压比较器 u_o 与 u_i 的电压传输特性如图 6.5.19（b）所示。则有

$$\left. \begin{array}{l} u_i > u_- = U_{REF} \text{ 时，} u_o = +U_{om} \\ u_i < u_- = U_{REF} \text{ 时，} u_o = -U_{om} \end{array} \right\} \tag{6.5.24}$$

式中可见，当输入电压 u_i 经过 U_{REF} 时，u_o 发生跳变，U_{REF} 也称门限电压。从输出结果看，当 $u_o = +U_{om}$ 时，说明 $u_i > U_{REF}$；反之，当 $u_o = -U_{om}$ 时，表明 $u_i < U_{REF}$，此乃电压比较的原理。

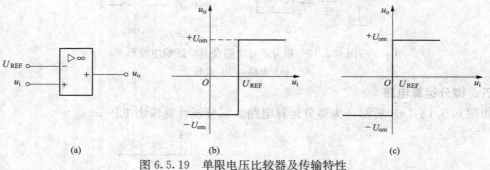

图 6.5.19　单限电压比较器及传输特性
(a) 电路；(b) 传输特性；(c) 过零电压比较器

如果 $U_{REF} = 0$，则输出电压的转折发生在原点，称为过零电压比较器，电压传输特性如图 6.5.19（c）所示。

单限电压比较器主要用于波形变换、波形整形、电平检测等电路中。例如，如图 6.5.20（a）所示，当电压比较器输入 u_i 为正弦波时，输出 u_o 为矩形波，如图 6.5.20（b）所示；当 $U_{REF} = 0$ 时，输出 u_o 为方波，如图 6.5.20（c）所示。上述功能称为波形变换。

如果单限电压比较器的输入 u_i 为不规则的信号，同理分析，可以转换为矩形波信号（未必具有周期性），称之为波形整形。

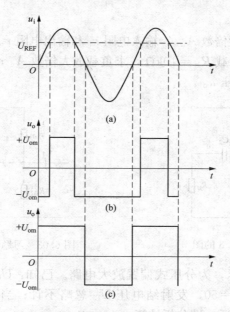

图 6.5.20　单限电压比较器的波形变换

（a）输入波形；（b）输出波形；（c）过零比较器输出波形

习　题　6

6.2.1　如图 6.01 所示为固定偏置放大电路，已知：$U_{CC}=15V$，$R_B=120k\Omega$，$R_C=1.5k\Omega$，$\beta=40$，三极管为硅管。试分析计算：

（1）求静态值 I_B、I_C、U_{CE}；

（2）如果换一只 $\beta=80$ 的晶体管三极管，工作点将如何变化？

（3）求空载电压放大倍数 A_{uo}、输入电阻 r_i 和输出电阻 r_o。

6.2.2　如图 6.01 固定偏置放大电路，已知：$U_{CC}=12V$，$\beta=50$，三极管的发射结电压为 0.3V。实验测得使 $U_{CE}=6V$，$I_C=3mA$，试分析计算 R_C、R_B 的阻值。

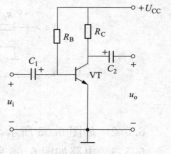

图 6.01　习题 6.2.1、
习题 6.2.2 的图

6.2.3　如图 6.02 所示，为固定偏置放大电路。已知：$u_i=10\sqrt{2}\sin6280t\,mV$，$U_{CC}=15V$，$R_{B1}=50k\Omega$，$R_C=2k\Omega$，电位器的总电阻 $R_P=1M\Omega$，$R_L=2k\Omega$；三极管 $\beta=100$，$U_{BE}=0.6V$。试分析计算：

（1）若三极管 VT 集电极电位 $V_C=7.5V$ 时，静态工作点合适。计算静态值 I_C、I_B、U_{CE}；并估算 R_P 应调节到多大？

（2）在 $V_C=7.5V$ 时，估算三极管的输入电阻 r_{be}；计算：A_u、r_i、r_o，输出电压 u_o 的大小 U_o。

6.2.4　如图 6.03 所示，为分压式偏置电路。已知：$U_{CC}=12V$，$R_{B1}=50k\Omega$，$R_{B2}=10k\Omega$，$R_C=3k\Omega$，$R_E=1k\Omega$，$\beta=80$，三极管 VT 为硅管。试分析计算：

（1）求静态工作点；

（2）计算空载电压放大倍数 A_{uo}、输入电阻 r_i 和输出电阻 r_o；

（3）若放大电路接入负载 $R_L = 10k\Omega$，求负载放大倍数 A_u；画微变等效电路；若输入 $u_i = 5\sin\omega t \, mV$，求输出电压 u_o。

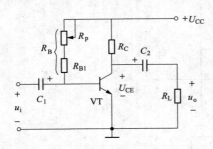
图 6.02　习题 6.2.3 的图

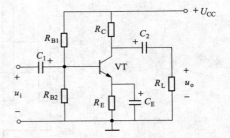
图 6.03　习题 6.2.4 图；习题 6.2.5 图

6.2.5　如图 6.03 所示，为分压式偏置放大电路。已知：$U_{CC} = 12V$，$R_C = 1k\Omega$，$R_E = 1k\Omega$，$R_L = 4k\Omega$；三极管 $\beta = 50$，发射结电压 U_{BE} 忽略不计；当三极管 VT 的发射极电位 $V_E = 3V$ 时，静态工作点合适。试分析计算：

（1）求静态值 I_E、I_C、I_B、U_{CE}。

（2）计算：三极管的输入电阻 r_{be}；空载电压放大倍数 A_{uo}，负载电压放大倍数 A_u。

（3）计算输出电阻 r_o。

6.5.1　电路如图 6.04 所示，分析并得出 u_o 与 u_{i1}、u_{i2} 的运算关系式。

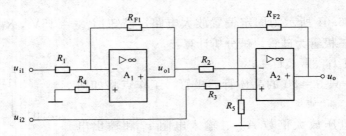
图 6.04　习题 6.5.1 图

6.5.2　如图 6.05 所示，试求输出电压 u_o 与 u_i 的运算关系式。

6.5.3　电路如图 6.06 所示，分析并得出 u_o；当 $u_i = 100mV$ 时，u_o 为多少？

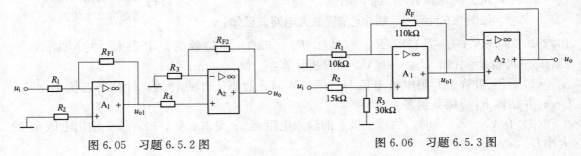
图 6.05　习题 6.5.2 图　　　　　　　　　　图 6.06　习题 6.5.3 图

第7章　数字电路基础

　　数字信号便于压缩、传输和存储，抗干扰性强，在数字电子技术（数字电路）中应用广泛，例如数字仪表、计算机、通信与智能系统、数值与逻辑运算、数据获取与自动控制等。尤其在大数据、云计算、人工智能取得新发展的大背景下，数字电子系统在工程技术领域的作用愈发重要。

　　如图 7.01 所示，为电动机测速系统示意图。电动机转动一周，光源透过圆盘的空隙，使光电转换元件发出一个信号，经放大、整形变换为数字脉冲信号，由秒脉冲信号控制一定时间内通过门电路的脉冲数量，再经计数器计数、译码与显示电路，实现电动机的测速并显示转速。

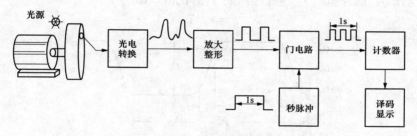

图 7.01　电动机测速系统示意图

　　数字电路研究输出与输入及各单元之间的逻辑关系，又称数字逻辑电路，简称数字电路，包括组合逻辑电路、时序逻辑电路两大类。数字集成电路分为 TTL 系列和 CMOS 系列，本书以 TTL 集成电路为例展开，至于 CMOS 电路及其集成数字芯片，请读者自行查阅相关产品的手册或资料。本章介绍数字信号、基本数字逻辑和数字电路的基本分析方法，了解常用组合逻辑器件和时序逻辑器件及其应用，其中以数字集成电路的选用为主。

7.1　数字信号与数制转换

7.1.1　数字信号

　　数字信号，即数字脉冲信号（如电压或电流），是一种持续时间短暂的跃变信号，在数学上为时间的离散函数。

　　在数字电路中，习惯上将电路中的电位（对地电压）称为电平。例如，当电源为 5V 时，电位 $V \leqslant 0.4V$，视为"低电平"，用逻辑值"0"表示；电位 $V \geqslant 2.4V$，视为"高电平"，用逻辑值"1"表示。如图 7.1.1 所示，为理想矩形波脉冲信号，只有高电平 3V 和低电平 0V，在不同时段，用"1""0"分别表示高、低电平，图例中的波形可用一串数字 10101

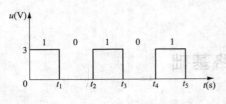

图 7.1.1　理想矩形波脉冲信号

···表示，故称数字信号。显然，上述"1"和"0"并非数学中的代数值，不表示电压数值的具体大小，只反映了电平处于一定范围内的状态，称为逻辑状态，"1"和"0"称为逻辑值；同样，逻辑运算也区别于数学中的代数运算。

如图 7.1.2 所示，为实际矩形波脉冲信号的波形，主要特征参数如下：

(1) 脉冲幅度 U_m：脉冲电压变化的最大值。

(2) 脉冲上升沿 t_r：脉冲波形从 $0.1U_m$ 上升到 $0.9U_m$ 所需的时间。

(3) 脉冲下降沿 t_f：脉冲波形从 $0.9U_m$ 下降到 $0.1U_m$ 所需的时间。

(4) 脉冲宽度 t_p：脉冲上升沿 $0.5U_m$ 至下降沿 $0.5U_m$ 所需的时间。

(5) 脉冲周期 T：相邻两个波形重复出现所需的时间。

(6) 脉冲频率 f：1s 内脉冲出现的次数，$f = 1/T$。

(7) 占空比 q：脉冲宽度 t_p 与脉冲周期 T 的比值，即

$$q = t_p / T \tag{7.1.1}$$

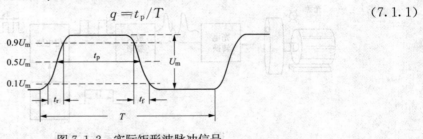

图 7.1.2　实际矩形波脉冲信号

按照跃变规律，脉冲信号分为正脉冲和负脉冲。如图 7.1.3 (a) 所示，脉冲跃变后比初始值高，称为正脉冲；如图 7.1.3 (b) 所示，脉冲跃变后比初始值低，称为负脉冲。

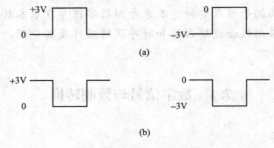

图 7.1.3　正、负脉冲信号
(a) 正脉冲；(b) 负脉冲

7.1.2　数制转换

在数字电路中，以二进制数为基础进行数值和逻辑运算，并与其他数制相互转换。所谓数制，是计数的规则，也称为计数制。以 n 进制为例，在数制中用于表示基本数值大小的不同数字符号，称为数码，含 n 个数码；数制所使用数码的个数，称为基数，基数为 n；在

小数点左侧，左数第 i 位上的 1 所表示数值的大小，称为位权，为 n^{i-1}；在小数点右侧，右数第 i 位的位权为 n^{-i}。每位上的数码与对应位权的乘积称为加权系数。计数规则（进位与借位规则）是"逢 n 进 1，借 1 当 n"。下面只介绍十进制、二级制及其相互转换。

1. 十进制

十进制 D（Decimal）是日常生活中最常用的一种数制，共有 0～9 十个数码，即基数为 10，用于表示十种不同的状态，十进制数的每个数位上是十个数码中的一个；计数规则为"逢十进一，借一当十"。例如十进制数 535.67，有

$$(535.67)_{10} = 5 \times 10^2 + 3 \times 10^1 + 5 \times 10^0 + 6 \times 10^{-1} + 7 \times 10^{-2}$$

可见，十进制数的大小等于各加权系数之和。若在电路中区分 0～9 十种状态，显然非常困难。

2. 二进制

二进制 B（Binary）只有 0、1 两个数码，即基数为 2，对应两种不同的状态，在电路中很容易区分，如高、低电平，开关的闭合与断开等。计数规则为"满二进一，借一当二"，例如二进制数 101.11。

3. 二进制数与十进制数的转换

如果把二进制数 101.11 按照位权展开后相加，有

$$(101.11)_2 = 1 \times 2^2 + 0 \times 2^1 + 1 \times 2^0 + 1 \times 2^{-1} + 1 \times 2^{-2} = (5.75)_{10}$$

可见，若把二进制数转换为十进制数，二进制数按位权展开的加权系数之和即为对应的十进制数。

如果把十进制数转换为二进制数，整数和小数分别进行转换。整数部分采用"除 2 取余法"，小数部分采用"乘 2 取整法"。例如，把十进制数 13.39 转换为二进制数，转换方法如图 7.1.4 所示，整数部分转换为 1101，小数部分若取小数点后五位，则

$$(13.39)_{10} = (1101.01100)_2$$

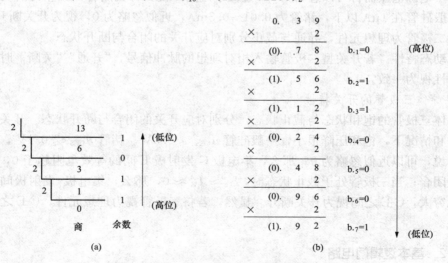

图 7.1.4 十进制数转换为二进制数示例
(a) 除 2 取余法；(b) 乘 2 取整法

常用数制还有八进制、十六进制、二十四进制、三十二进制等，不再赘述。

7.2 逻 辑 门 电 路

逻辑门电路简称门电路，是实现一定逻辑关系的开关电路，也是数字电路的最基本单元之一。从功能的复杂性上，门电路分为基本逻辑门电路和复合逻辑门电路；从构成上，门电路分为分立元件门电路和集成门电路，集成门电路又分 TTL 门电路和 CMOS 门电路。本节阐述基本逻辑关系及其电路的实现、常用逻辑门电路，在实践中主要使用集成门电路。

7.2.1 半导体元件的开关特性

在数字电路中，半导体二极管、三极管和场效晶体管等作为开关元件使用，即电子开关，理应具备开关的状态和特性。

理想开关的两种状态及其特性如下：

图 7.2.1　开关的两种状态
(a) 闭合；(b) 断开

（1）静态特性。如图 7.2.1 所示，在开关 S 闭合状态下，两端电压为 0，等效电阻视为 0；在 S 断开状态下，通过的电流为 0，开关两端的等效电阻视为 ∞ 。

（2）动态特性。开通时间 $t_{off} = 0$，关断时间 $t_{off} = 0$，即开关动作瞬间完成。

当然，上述开关特性只是开关元器件的理想化模型。

1. 半导体二极管的开关特性

开关型二极管可以作为开关元件使用。

（1）静态特性。在实际工作下，当开关型二极管导通时，正向特性曲线非常陡峭，导通压降相对于电源电压而言可以忽略为 0，近似于短路，视为开关闭合；截止时的反向电流非常小，一般硅管在 1μA 以下，锗管为 0.01~0.3mA，近似忽略为 0，视为开关断开。

假设二极管为理想元件，导通与截止分别对应开关的闭合与断开状态。

（2）动态特性。若开关型二极管输入相对理想的脉冲信号，"开通""关断"时间与开关的动态特性视为一致。

2. 半导体三极管的开关特性

半导体三极管的饱和状态与截止状态，分别对应开关的闭合与断开状态。开关型三极管在深度饱和情况下，饱和压降很小，一般硅管 $u_{CES} \leqslant 0.3V$、锗管 $u_{CES} \leqslant 0.1V$，相对于电源电压来说，可以近似忽略为 0。那么，集电极 C-发射极 E 间的等效电阻趋于 0，C-E 之间视为开关闭合；当三极管处于截止状态时，$I_C \approx I_E \approx 0$，那么，集电极-发射极间的等效电阻趋于无穷大，C-E 之间视为开关断开。显然，若将三极管视为理想元件，C-E 之间相当于理想开关。

7.2.2 基本逻辑门电路

在现实生活与工程中的许多客观现象，可以转换为相应的逻辑问题及逻辑关系。其中，"与""或""非"关系称为基本逻辑关系，分别由与门、或门、非门三种基本逻辑门实现。

一、与门电路

所谓"与"逻辑关系是指，只有当一个事件的所有条件都满足时，事件才会发生。如图 7.2.2 所示，为"与逻辑关系"举例。假设灯 Y 亮与否作为一个事件，若灯 Y 亮时，事件发生；灯 Y 不亮，事件未发生；事件发生的条件是开关闭合。显然，只有开关 A 与 B 均闭合时，"灯 Y 亮"这个事件才会发生，即"与"逻辑关系，简称与关系。

实现"与"逻辑关系的电路，称为与门电路，简称与门。如图 7.2.3 所示，为两输入的二极管与门电路。根据二极管的隔离作用和钳位作用，可得输出 Y 与输入 A、B 的电压状态表，如表 7.2.1 所示。

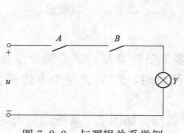

图 7.2.2　与逻辑关系举例

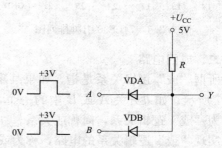

图 7.2.3　两输入二极管与门电路

针对图 7.2.3 作以下逻辑定义：假设"输出 Y 为高电平 1 或低电平 0"作为一个事件，即输出 Y 为 1，事件发生；否则 Y 为 0，事件未发生。事件发生的条件是输入高电平 1；否则，若输入低电平 0，则条件不满足。将表 7.2.1 转换为如表 7.2.2 所示的逻辑状态表（也称真值表），显然，图 7.2.3 的输出 Y 与输入 A、B 实现了"与"逻辑关系，即与门电路。"与"逻辑关系式为

$$Y = A \cdot B = AB \tag{7.2.1}$$

由表 7.2.2、式（7.2.1），可以归纳出与门的逻辑功能，即："有 0 出 0，全 1 出 1"。

表 7.2.1　与门的电压状态表

V_A	V_B	V_Y
0V	0V	0V
0V	+3V	0V
+3V	0V	0V
+3V	+3V	+3V

表 7.2.2　与门的逻辑状态表

A	B	Y
0	0	0
0	1	0
1	0	0
1	1	1

如图 7.2.4 所示，为与门的逻辑符号。如图 7.2.5 所示，为两输入四与门集成芯片 74LS08 的引脚排列图，其中 14 号引脚 $+U_{CC}$ 接电源正极，7 号引脚 GND 接电源负极。另外指出，与门电路并不局限于两个输入端。

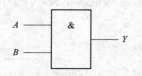

图 7.2.4　与门的逻辑符号

【例 7.2.1】　如图 7.2.6 所示，已知两输入与门 A、B 端的输入波形，根据与逻辑关系，画出输出 Y 的波形图。

解　输出 Y 的波形图如图 7.2.6 所示。

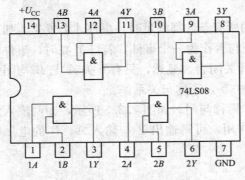

图 7.2.5　74LS08 引脚排列图

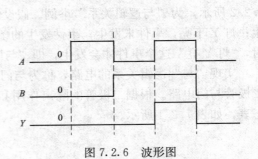

图 7.2.6　波形图

二、或门电路

所谓"或"逻辑关系是指，如果某事件的一个或多个条件满足，事件就会发生。如图 7.2.7 所示，如果开关 A 或 B 中的一个，或者两个均闭合时，灯 Y 亮这个事件就会发生，显然为"或"逻辑关系，简称或关系。

实现"或"逻辑关系的电路，称为或门电路，简称或门。如图 7.2.8 所示，为两输入的二极管或门电路。根据二极管的隔离作用和钳位作用及与门电路的逻辑定义规则，可得逻辑状态表（真值表），如表 7.2.3 所示。本例电路实现了"或"逻辑关系，为或门电路，或门的逻辑符号如图 7.2.9 所示。"或"逻辑关系式为

$$Y = A + B \tag{7.2.2}$$

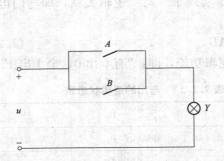

图 7.2.7　或逻辑关系举例

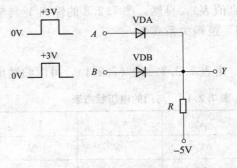

图 7.2.8　两输入二极管或门电路

由表 7.2.3、式（7.2.2）可以归纳出或门的逻辑功能，即："有 1 出 1，全 0 出 0"。

如图 7.2.10 所示，为两输入四或门集成芯片 74LS32 的引脚排列图，其中 14 号引脚 $+U_{\mathrm{CC}}$ 接电源正极，7 号引脚 GND 接电源负极。另外指出，或门电路也不局限于两个输入端。

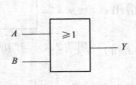

图 7.2.9　或门的逻辑符号

表 7.2.3　或门的逻辑状态表

A	B	Y
0	0	0
0	1	1
1	0	1
1	1	1

【例 7.2.2】　如图 7.2.11 所示，已知 A、B 两个输入端的波形，根据或逻辑关系，画出输出 Y 的波形图。

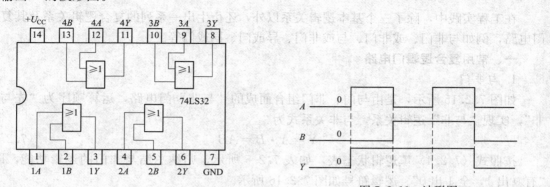

图 7.2.10　74LS32 引脚排列图

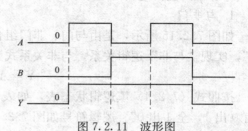

图 7.2.11　波形图

解　输出 Y 的波形图如图 7.2.11 所示。

三、非门电路

所谓"非"逻辑关系是指，当一个事件的条件满足时，事件不发生；当条件不满足时，事件反而发生。通俗地讲，就是求"反"。如图 7.2.12 所示，事件"灯 Y 亮"与条件"开关 A 闭合"之间，即为"非"逻辑关系，简称非关系。

实现"非"逻辑关系的电路，称为非门电路，简称非门。如图 7.2.13 所示，为三极管非门电路。当 A 输入低电平 0 时，三极管 VT 截止，输出电压为 5V，即高电平 1；当输入高电平 3V 时，三极管 VT 饱和，若 VT 为硅管，输出 $U_Y \leqslant 0.3V$；若 VT 为锗管，输出 $U_Y \leqslant 0.1V$，即低电平 0。根据与门电路的逻辑定义规则，显然为非逻辑关系，逻辑状态表如表 7.2.4 所示，非门的逻辑符号如图 7.2.14 所示。"非"逻辑关系式为

$$Y = \overline{A} \tag{7.2.3}$$

图 7.2.12　非逻辑关系举例

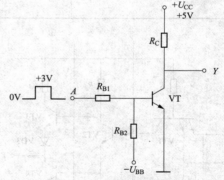

图 7.2.13　三极管非门电路

表 7.2.4　非门的逻辑状态表

A	Y
0	1
1	0

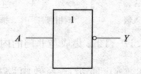

图 7.2.14　非门的逻辑符号

7.2.3 复合逻辑门电路

在工程实践中，除了三个基本逻辑关系以外，还衍生出一系列的复合逻辑关系及其复合门电路，例如与非门、或非门、与或非门、异或门、同或门等。

一、常用复合逻辑门电路

1. 与非门

如图 7.2.15 所示，是由与门、非门组合而成的"与非"门电路，运算顺序为"先与后非"，实现"与非"逻辑关系，与非关系式为

$$Y = \overline{A \cdot B} = \overline{AB} \tag{7.2.4}$$

按照式（7.2.4）填逻辑状态表，如表 7.2.5 所示，归纳总结与非门的逻辑功能，即："有 0 出 1，全 1 出 0"。逻辑符号如图 7.2.16 所示。

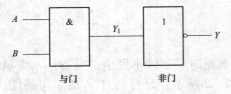

图 7.2.15　与非门的组成

图 7.2.16　与非门的逻辑符号

表 7.2.5 　　　　　　　　　　　　　　**与非门的逻辑状态表**

A	B	$Y = \overline{A \cdot B}$
0	0	1
0	1	1
1	0	1
1	1	0

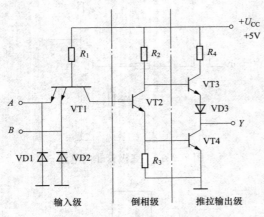

图 7.2.17　TTL 集成与非门的内部电路

TTL（Transistor-Transistor Logic）集成门电路，也即晶体管—晶体管逻辑门电路，属于双极型集成器件。TTL 集成门电路的种类很多，有基本门电路、与非门、或非门和异或门等。在此以 74 标准系列为例，简要介绍 TTL 与非门的基本原理，重点在于器件的选型和使用。

*（1）TTL 与非门。如图 7.2.17 所示，为 TTL 集成与非门的内部电路，共分为输入级、倒相级和推拉输出级三级，图中的半导体元件均为硅管。

输入级中的 VT1 为多射极三极管，符号如图 7.2.18（a）所示，等效电路如图 7.2.18（b）所示，VT1 相当于一个与门电路。

倒相级为共射极电路，VT2 集电极、发射极同时输出两个逻辑电平相反的信号，分别驱动 VT3 和 VT4。VD1、VD2 为钳位二极管，用来抑制输入端的负极性干扰信号，当输入

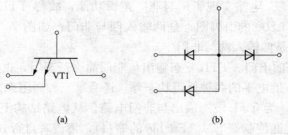

图 7.2.18 两射极三极管

（a）符号；（b）等效电路

信号正常时，VD1、VD2 不工作；当输入负极性干扰电压的绝对值大于二极管导通电压时，VD1、VD2 导通，输入端的电压被钳位在 $-0.7V$，既抑制了负极性输入信号的干扰，又对 VT1 起到保护作用。

输出级 VT3、VT4 构成推拉式输出结构，用以提高电路的带负载能力。

1）$A = B = 1$。假设 A、B 端均加高电平 3.6V，VT1 集电结及 VT2、VT4 发射结正偏导通，则 VT1 基极电位钳位为

$$V_{B1} = U_{BC1} + U_{BE2} + U_{BE4} = 0.7 \times 3 = 2.1(V)$$

所以，VT1 的两个发射结反偏截止，电源提供大电流 $I_{B1} = I_{B2}$，VT2 饱和，则有

$$V_{C2} = U_{CES2} + U_{BE4} = 0.3 + 0.7 = 1(V)$$

因为 $V_{C2} = 1V$，不能同时驱动 VT3、VD3，则 VT3 截止；U_{R3} 足够大，则 VT4 亦饱和。所以

$$V_Y = U_{CES4} = 0.3V$$

可见，逻辑功能为：全 1 出 0。

2）若有输入端输入低电平 0。假设 B 端输入低电平 $U_{iL} = 0.3V$，则 VT1 对应的发射结导通，具有钳位作用，VT1 基极电位为

$$V_{B1} = U_{iL} + U_{BE1} = 0.3 + 0.7 = 1(V)$$

显然不足以提供 VT2 基极电流，VT2、VT4 截止，则

$$I_{B2} = I_{C1} = 0$$

又 R_2 的电压 $R_2 I_{B3}$ 很小，可以忽略为 0。所以 $V_{C2} \approx 5V$，使 VT3、VD3 导通，则

$$V_Y = U_{CC} - I_{B3} R_2 - U_{BE3} - U_{VD3} = 5 - 0 - 0.7 - 0.7 = 3.6(V)$$

显然，只要有一个输入端输入低电平 0，则输出高电平 1，即：有 0 出 1。

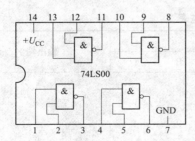

图 7.2.19 74LS00 与非门的引脚图

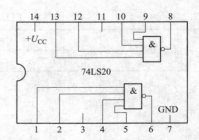

图 7.2.20 74LS20 与非门的引脚图

综上所述，图 7.2.17 电路实现了"与非"逻辑功能，故称 TTL 与非门。如图 7.2.19 为 TTL 集成与非门 74LS00 的引脚图，是两输入四与非门；如图 7.2.20 为 TTL 集成与非门 74LS20 的引脚图，是四输入两与非门。

＊（2）TTL 三态输出门。TTL 三态输出与非门简称三态门，也称为 TS 门。所谓三态是指，除正常输出高、低电平的两种低阻状态外，还有第三种高阻态。

如图 7.2.21 所示，为 TTL 三态输出与非门电路。从电路结构上看，为图 7.2.17 的改进型电路，增加一个使能控制端 EN（Enable 的缩写），请读者自行分析电路的原理。

首先，当 $EN=0$（低电平 0.3V）时，VT2、VD3、VT3、VT4 均截止，输出端相当于悬空，呈高阻状态，从而使 A、B 端的信号被封闭。

其次，当 $EN=1$（高电平 3.6V）时，电路按照"与非"功能正常工作，即与非门。

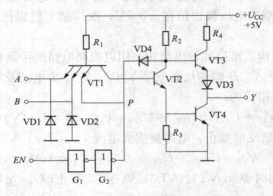

图 7.2.21　TTL 三态输出与非门电路

如图 7.2.22 所示，为三态门的逻辑符号。图 7.2.22（a）控制端为 EN，高电平有效，逻辑状态表如表 7.2.6 所示；图 7.2.22（b）控制端为 $\overline{EN}$，低电平有效。例如，集成三态门 74LS125 为双输入四三态门。

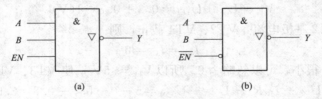

图 7.2.22　逻辑符号

表 7.2.6　　　　　　　　　　　　　　　TTL 三态门的逻辑状态表

控制端 EN	输 入 端		输出端 Y
	A	B	
1	0	0	1
	0	1	1
	1	0	1
	1	1	0
0	×	×	高阻

在数字电子电路中，利用三态门的高阻态组成总线结构，可以将不同三态门的信号分时传送至总线（也称母线）。如图 7.2.23 所示，在任何时刻，只有一个 $EN=1$ 的三态门将信号输出至总线；未选中的三态门，相当于和总线断开。

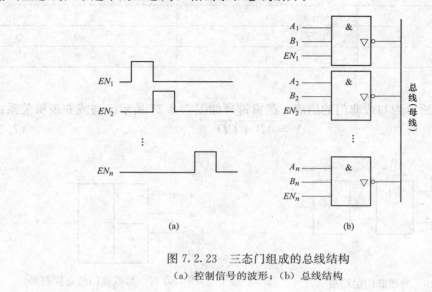

图 7.2.23　三态门组成的总线结构
（a）控制信号的波形；（b）总线结构

2. 或非门

如图 7.2.24 所示，是由或门、非门组合而成的或非门，运算顺序为"先或后非"，实现"或非"逻辑关系，或非关系式为

$$Y = \overline{A + B} \qquad (7.2.5)$$

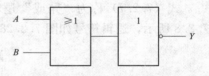

图 7.2.24　或非门的组成

按式（7.2.5）填逻辑状态表，如表 7.2.7 所示。归纳或非门的逻辑功能，即："有 1 出 0，全 0 出 1"。或非门的逻辑符号如图 7.2.25（a）所示，集成或非门 CC4001 的引脚图如图 7.2.25（b）所示。

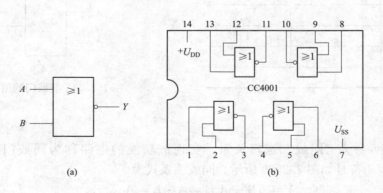

图 7.2.25　或非门逻辑符号与集成或非门 CC4001 的引脚图
（a）或非门的逻辑符号；（b）集成或非门 CC4001 的引脚图

表 7.2.7　　　　　　　　　　　**或非门的逻辑状态表**

A	B	$Y=\overline{A+B}$
0	0	1
0	1	0
1	0	0
1	1	0

3. 与或非门

如图 7.2.26 所示为与或非门的组成，逻辑符号如图 7.2.27 所示。与或非逻辑关系式为

$$Y=\overline{AB+CD} \tag{7.2.6}$$

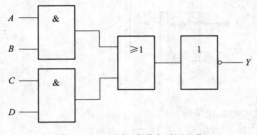

图 7.2.26　与或非门的组成

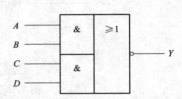

图 7.2.27　与或非门的逻辑符号

4. 异或门

式（7.2.7）称为"异或"逻辑关系，实现该功能的电路称为异或门。真值表如表 7.2.8 所示，逻辑符号如图 7.2.28 所示。异或关系式为

$$Y=A\overline{B}+\overline{A}B=A\oplus B \tag{7.2.7}$$

根据真值表，归纳总结异或门的逻辑功能，即："同 0 异 1"。

表 7.2.8　　**异或门的真值表**

A	B	Y
0	0	0
0	1	1
1	0	1
1	1	0

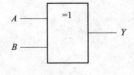

图 7.2.28　异或门的逻辑符号

5. 同或门

式（7.2.8）称为"同或"逻辑关系，实现该功能的电路称为同或门。真值表如表 7.2.9 所示，逻辑符号如图 7.2.29 所示。同或关系式为

$$Y=AB+\overline{A}\,\overline{B}=A\odot B=\overline{A\oplus B} \tag{7.2.8}$$

根据真值表，归纳总结同或门的逻辑功能，即："同 1 异 0"。

由异或门、同或门的真值表可知，二者互为"非"逻辑关系。

表 7.2.9   同或门的真值表

A	B	Y
0	0	1
0	1	0
1	0	0
1	1	1

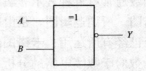

图 7.2.29   同或门的逻辑符号

二、门电路闲置输入端的处理

与门、与非门闲置输入端的处理方式相同，一般有三个处理方法：①闲置端悬空，相当于接高电平"1"；②闲置端接电源，即接高电平"1"；③闲置端连接于某个信号输入端。如图 7.2.30 所示，为与非门闲置输入端的处理，假设 A 为闲置输入端。

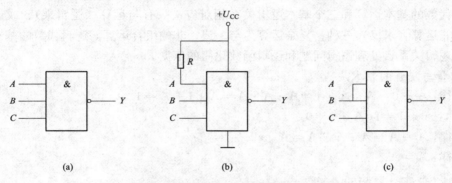

图 7.2.30   与非门闲置输入端的处理
（a）A 端悬空；（b）A 端接电源；（c）A 端与信号输入端连在一起

或门、或非门闲置输入端的处理方式相同，一般有两个处理方法：①闲置端接地，相当于接低电平"0"；②若前级有足够的驱动能力，将闲置输入端连接于某个信号输入端。如图 7.2.31 所示，为或非门闲置输入端的处理，假设 C 为闲置输入端。

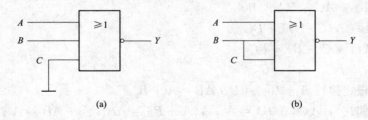

图 7.2.31   或非门多余输入端的处理
（a）C 端接地；（b）C 端与信号输入端连在一起

7.3 逻 辑 函 数

所谓逻辑函数，是指输出与输入逻辑变量之间的函数关系。逻辑函数式也称为逻辑关系式，或逻辑式，例如：

$$Y = \underbrace{f(A、B、C、D\cdots)}_{\text{有限个输入变量}}$$

逻辑函数通常有五种表示方法，即逻辑函数式、逻辑状态表（或真值表）、波形图、逻辑图和卡诺图。所谓逻辑图，是由逻辑符号组成的概括性电路原理图。其中，前四种方法在本章 7.2 节已经有所运用；卡诺图的表示法后续讨论。

逻辑函数对于数字电路的分析与设计至关重要，运算的基础是逻辑代数。

7.3.1 逻辑代数

逻辑代数又称布尔代数，是逻辑运算的数学工具。区别于普通代数，逻辑变量的取值只有逻辑"0"和"1"，并非数值大小，用来表示既相关、又对立的两种逻辑状态，如开关的开与关、二极管的截止与导通、是与非、真与假等；逻辑函数反映变量之间的逻辑关系，而非数量关系，那么"＝"也非相等关系，这是逻辑代数与普通代数的本质区别。

逻辑代数的基本运算和三个基本逻辑关系相对应，只有与运算（逻辑乘）、或运算（逻辑加）和非运算（求反）三种；复杂运算为与、或、非的组合运算。逻辑代数的基本运算法则是理解逻辑关系、处理逻辑问题和逻辑函数化简的依据。

1. 常量与变量的基本法则

自等律：$A + 0 = A$，$A \cdot 1 = A$；$A \cdot A = A$；$1 + A = 1$。

0-1 律：$A + 1 = 1$；$A \cdot 0 = 0$。

重叠律：$A + A = A$；$A \cdot A = A$。

还原律：$\overline{\overline{A}} = A$。

互补律：$A + \overline{A} = 1$；$A \cdot \overline{A} = 0$

2. 其他常用基本法则

交换律：$A + B = B + A$；$AB = BA$。

结合律：$(A + B) + C = A + (B + C)$；$(AB)C = A(BC)$。

分配律：① $A(B + C) = AB + AC$；② $(A + B)(A + C) = A + BC$。

证明②：
$$(A + B)(A + C)$$
$$= AA + AC + BA + BC$$
$$= A + A(C + B) + BC$$
$$= A(1 + C + B) + BC$$
$$= A + BC$$

反演律（摩根定律）：$\overline{A + B} = \overline{A}\,\overline{B}$；$\overline{AB} = \overline{A} + \overline{B}$。

吸收律（对偶式）：$A(A + B) = A$；$A(\overline{A} + B) = AB$；$A + AB = A$；
$$A + \overline{A}B = A + B；AB + A\overline{B} = A；(A + B)(A + \overline{B}) = A。$$

7.3.2 逻辑函数及其化简

逻辑函数是否为最简函数式，在分析逻辑电路时，影响电路功能的分析与判断；在电路设计时，决定所设计的电路是否最简化，显然电路设计越简化，越是节省元器件、降低成本，优化生产制作工艺，提高系统的可靠性。

逻辑函数的化简方法有代数化简法、卡诺图化简法。

一、代数化简法

代数化简法，是利用逻辑代数运算法则的一系列公式进行化简，也称公式化简法。化简时，依赖于对公式和法则的熟练记忆，需要累积经验和技巧。不同形式的逻辑函数式，有不同的最简式。常用两种最简式的参照标准如下：

（1）最简"与或"式。首先介绍"与项"的概念，与项是指逻辑变量之间的"与"运算式，如 AC、$\overline{A}BC$。"与或"式的最简标准为："与项"的个数最少，每个"与项"中的变量数最少。

（2）最简"与非"式。"非项"的数量最少，每个"非"号下的变量个数最少。

下面，举例说明几种常用的代数化简方法。

1. 并项法

利用公式 $AB + A\overline{B} = A$，$A + \overline{A}B = A + B$ 等将某些项合并，称为并项法。例如：

$$Y = AB + \overline{A}C + \overline{B}C$$
$$= AB + (\overline{A} + \overline{B})C$$
$$= AB + \overline{AB}C$$
$$= AB + C \tag{7.3.1}$$
$$= \overline{\overline{AB + C}} = \overline{\overline{AB} \cdot \overline{C}} \tag{7.3.2}$$

式（7.3.1）为最简"与或"式，逻辑图如图 7.3.1（a）所示，需要两输入四或门 74LS32、两输入四与门 74LS10 集成芯片各一个；式（7.3.2）为"与非"式，逻辑图如图 7.3.1（b）所示，只需要两输入四与非门 74LS00 一个集成芯片，相对比较经济，又因为选用同一类型的芯片，电路的一致性好。需要指出，在逻辑函数化简之后，往往根据需要进行形式变换，以便于器件资源的整合与选型。例如，通过逻辑函数的形式变换，用"与非"门实现以下多种逻辑关系，请读者自行画出逻辑图。

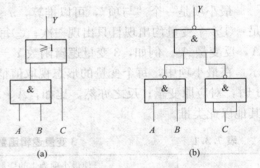

图 7.3.1　逻辑图
（a）"与或"式；（b）"与非"式

（1）$Y = AB = \overline{\overline{AB}}$

（2）$Y = A + B = \overline{\overline{A + B}} = \overline{\overline{A} \cdot \overline{B}}$

（3）$Y = \overline{A} = \overline{1 \cdot A}$

（4）$Y = \overline{A + B} = \overline{A}\,\overline{B} = \overline{\overline{\overline{A}\,\overline{B}}}$

2. 配项法

利用互补率 $A + \overline{A} = 1$ 配项，将一项变为两项，再与其他"与项"合并，称之为配项法。例如：

$$Y = AB + \overline{A}\,\overline{C} + B\overline{C}$$

$$=AB+\overline{A}\,\overline{C}+B\overline{C}(A+\overline{A})$$

$$=AB+AB\overline{C}+\overline{A}\,\overline{C}+\overline{A}B\overline{C}$$

$$=AB(1+\overline{C})+\overline{A}\,\overline{C}(1+B)$$

$$=AB+\overline{A}\,\overline{C}$$

3. 加项法

根据需要，在"与或"式中增加已有的一个与项，原函数式不变，称之为加项法。例如：

$$Y=ABC+\overline{A}BC+A\overline{B}C$$

$$=ABC+\overline{A}BC+A\overline{B}C+ABC$$

$$=BC(A+\overline{A})+AC(\overline{B}+B)$$

$$=BC+AC$$

代数化简法还有很多，但是化简方向往往不明确，化简结果是否最简也不容易判断，并无一套系统的完整方法，所以不做过多介绍。

二、卡诺图化简法

卡诺图化简法是逻辑函数化简的重要数学工具，具有一套系统完整的方法可循，根据化简规则，很容易得到最简结果。

1. 最小项

最小项是一个"与项"，可以推算，n 变量逻辑函数共有 2^n 个最小项，每个最小项须满足：①n 个变量均出现且只出现一次；②每个变量以原变量或反变量的形态出现，如原变量 A，反变量 $\overline{A}$。例如，3 变量逻辑函数 $Y=f(A，B，C)$ 所有最小项的真值表如表 7.3.1 所示，在最小项中，每个变量的形态视取值情况而定，当取值为 0 时，对应反变量；当取值为 1 时，对应原变量；反之亦然。比如，A、B、C 分别取值为 0、1、1 时，最小项为 $\overline{A}BC$，其他以此类推。

表 7.3.1　　　　　　　　3 变量逻辑函数所有最小项的真值表

最小项	使最小项为 1 的变量取值			对应十进制数	编号
	A	B	C		
$\overline{A}\,\overline{B}\overline{C}$	0	0	0	0	m_0
$\overline{A}\,\overline{B}C$	0	0	1	1	m_1
$\overline{A}B\overline{C}$	0	1	0	2	m_2
$\overline{A}BC$	0	1	1	3	m_3
$A\overline{B}\,\overline{C}$	1	0	0	4	m_4
$A\overline{B}C$	1	0	1	5	m_5
$AB\overline{C}$	1	1	0	6	m_6
ABC	1	1	1	7	m_7

在表 7.3.1 中，最小项还可以表示为 m_i，其中 m 表示最小项，下标 i 为编号；并且，变量的取值使最小项为 1 所对应的二进制数，转换为十进制数的数值即编号 i，m_i 与最小项一一对应。归纳表 7.3.1 可见，在输入变量的任何一组取值下，最小项具有以下三个性质：

（1）在变量的所有取值中，必有而且只有一个最小项的值为 1。

（2）所有最小项之"和"（或运算）为 1，即 $\sum\limits_{i=0}^{2^n-1} m_i = 1$。

（3）任意两个最小项的"乘积"为 0，即 $m_i \cdot m_j = 0$（其中，$i \neq j$）。

【最小项定理】　任何逻辑函数，均可以转换为最小项的"与或"表达式，而且式子唯一。显然，最小项定理为多变量逻辑函数的卡诺图化简法提供了可能性。

2. 卡诺图

将 n 变量逻辑函数的全部最小项，各用一个小方格表示，画出卡诺图，并可以推算出，共有 2^n 个小方格。如图 7.3.2 所示，分别为 2、3、4 变量逻辑函数的卡诺图。需要指出，卡诺图中小方格的分布，几何位置相邻的最小项，必须具有逻辑相邻性。关于逻辑相邻性，下面举例说明。有一个三变量逻辑函数的化简过程为

$$f(A, B, C) = \overline{A}BC + ABC = (\overline{A} + A)BC = BC$$

式中：$\overline{A}BC$、ABC 是具有逻辑相邻性的两个最小项，二者之"和"（或运算）可以消去一个互反的变量，而且合并为一项。所谓逻辑相邻性是指两个最小项中，只有一个因子的形态不同，并且互为反变量，称之为逻辑相邻性。具有逻辑相邻性的最小项，互称逻辑相邻项。

对于 n 变量逻辑函数而言，在填卡诺图时，最小项的原变量取值为 1，反变量取值为 0，继而得到一个 n 位的二进制数，再转换为十进制数，为对应最小项（小方格）的编号。反之亦然。照此方法，请读者将图 7.3.2 中的每一个小方格，按照编号填入相应的最小项，并验证其逻辑相邻性。

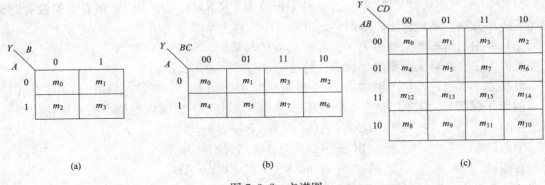

图 7.3.2　卡诺图

（a）2 变量卡诺图；（b）3 变量卡诺图；（c）4 变量卡诺图

3. 用卡诺图表示逻辑函数

由于每个逻辑函数均有唯一的最小项"与或"表达式，那么，可以用卡诺图表示逻辑函数。将逻辑函数填入卡诺图时，有以下两种方法：

（1）按函数式填卡诺图。首先，将逻辑函数转换为最小项的"与或"式，再将各最小项在卡诺图对应的方格中分别填入 1；函数式中没有的其他最小项，对应的方格空白（或填 0，为了使卡诺图看上去简洁明了，通常空白不填）。另外，也可以根据函数式直接填写卡诺图，但是容易出错，稳妥的方法如上所述。

（2）按真值表（逻辑状态表）填卡诺图。将真值表中输出变量取值为 1 的对应最小项，

分别在对应的小方格内填入 1，输出变量为 0 的最小项，对应的小方格空白。

　　4. 卡诺图化简方法

　　卡诺图化简法的依据是互补律 $A+\overline{A}=1$，将 2^i 个逻辑相邻项合并化简为一个与项，并消去 i 个变量，如表 7.3.2 所示为逻辑相邻项的合并规律。特别指出，化简后的函数式，为各个与项的"与或"表达式。

表 7.3.2　　　　　　　　　　　　　　　　**逻辑相邻项的合并规律**

逻辑相邻项的个数	可消去的变量个数
$2=2^1$	1
$4=2^2$	2
$8=2^3$	3
2^i	i

　　下面，举例说明卡诺图化简法的步骤与方法。

　　【例 7.3.1】　试用卡诺图表示 $Y=\overline{A}B\overline{C}+\overline{A}BC+AB\overline{C}+ABC$，并化简。

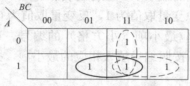

图 7.3.3　〔例 7.3.1〕的卡诺图

　　解　(1) 画卡诺图，并填写。如图 7.3.3 所示，将函数式中的最小项在对应方格内填 1；没有的最小项空白。

　　(2) 划圈归并逻辑相邻项。在图 7.3.3 中，将具有逻辑相邻性的最小项划在一个圈内。需要指出，圈内小方格的个数应为 2^i（$i=1$，2，…）；填有 1 但没有逻辑相邻项的小方格，单独划圈。本例共划出左、中、右三个圈。

　　(3) 根据逻辑相邻项消去因子、并项的方法与规则。每个圈合并为一个"与项"，并消去互反的因子。最后，由圈组得到函数的最简"与或"表达式。

　　根据表 7.3.2，若某个圈内有 2^i 个逻辑相邻项，消去 i 个变量（即互反的因子消去、相同的因子保留），最终合并为一个与项。图 6.3.3 中，三个圈内的最小项分别化简为

左圈：　　　　　　　　$\overline{A}\overline{B}C+ABC=AC(\overline{B}+B)=AC$　　　　　　　　(7.3.3)

中圈：　　　　　　　　$\overline{A}BC+ABC=(\overline{A}+A)BC=BC$　　　　　　　　(7.3.4)

右圈：　　　　　　　　$ABC+AB\overline{C}=AB(C+\overline{C})=AB$　　　　　　　　(7.3.5)

由式（7.3.3）～式（7.3.5）可见，每个圈最终化简为一个与项。Y 的最简"与或"函数式为

$$Y=AC+BC+AB$$

由本例进一步指出，在划圈时需要把握以下原则：

　　(1) 圈内"填 1"的小方格数一定是 2^i 个，并且圈内所包围的方格呈矩形。

　　(2) 循环逻辑相邻的特性包括：上、下底相邻，左、右边相邻，正方形卡诺图的四角相邻。

　　(3) 同一个小方格至少被圈划一次，也可以重复圈划多次，但是新划的圈中至少要有未曾圈过的"填 1"方格（特别注意！）；若某一方格没有逻辑相邻项，则单独划圈。

　　(4) 圈尽可能圈划的大，即：能划大的，不划小的。如此，消去的变量越多，圈的数目越少（与项少）。

按照上述原则划圈，即可得到最简的"与或"逻辑式。

【例 7.3.2】　用卡诺图法，将函数 $Y = \sum (m_0,$ $m_2,\ m_4,\ m_6,\ m_8 \sim m_{15})$ 化简为最简"与或"式。

解　画出卡诺图如图 7.3.4 所示，将函数 Y 中的最小项在对应小方格内填入 1；没有的最小项，对应的小方格空白。然后划圈合并，可得化简后的函数式为

$$Y = A + \overline{D}$$

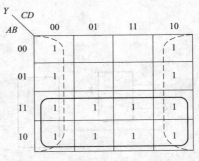

图 7.3.4　［例 7.3.2］的卡诺图

7.4　组 合 逻 辑 电 路

图 7.4.1　组合逻辑电路的一般框图

所谓组合逻辑电路是指，任一时刻的输出只决定于当时的输入，而与之前、之后的输入、输出状态无关的数字电路。组合逻辑电路的一般框图如图 7.4.1 所示，基本单元为门电路，视为没有记忆功能。

本节主要介绍组合逻辑电路的分析与设计、常用组合逻辑器件。

7.4.1　组合逻辑电路的分析与设计

一、组合逻辑电路的分析

所谓组合逻辑电路的分析是指，由逻辑图组成的组合逻辑电路已经给定，分析判断它的逻辑功能和作用。一般分析步骤如图 7.4.2 所示，首先根据逻辑图写出逻辑函数式，化简、填真值表（逻辑状态表），然后据以分析、归纳出逻辑功能和作用。相对于比较简单的电路而言，分析步骤可以简化或跳跃。

图 7.4.2　组合逻辑电路的分析流程框图

【例 7.4.1】　如图 7.4.3 所示，为奇偶校验电路的逻辑图，试分析电路的功能。

解　（1）由逻辑图，写出 Y_2 的逻辑函数式，并化简为

$$Y_1 = A \oplus B$$

$$Y_2 = A \oplus B \oplus C = (A \oplus B)\overline{C} + \overline{A \oplus B} \cdot C = \overline{A}\,\overline{B}C + \overline{A}B\overline{C} + A\,\overline{B}\,\overline{C} + ABC$$

$$\tag{7.4.1}$$

（2）将化简后式（7.4.1）中的最小项填入真值表，如表 7.4.1 所示。

（3）分析逻辑功能。由表 7.4.1，逻辑功能归纳为：当 A、B、C 三个输入变量中有奇数个 1 时，输出为 1；否则输出为 0。可见，本例为三位判奇电路，又称奇偶校验电路。

表 7.4.1　[例 7.4.1] 的真值表

输　入			输　出
A	B	C	Y
0	0	0	0
0	0	1	1
0	1	0	1
0	1	1	0
1	0	0	1
1	0	1	0
1	1	0	0
1	1	1	1

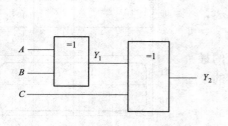

图 7.4.3　[例 7.4.1] 图的奇偶校验电路

【例 7.4.2】 分析图 7.4.4 的逻辑功能。

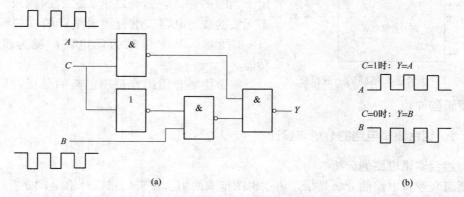

$$(a)\qquad\qquad\qquad(b)$$

图 7.4.4　[例 7.4.2] 的选通电路举例

解　按照上述一般分析步骤，由逻辑图写出逻辑函数式，并化简为

$$Y=\overline{\overline{\overline{AC}}\,\overline{\overline{B\overline{C}}}}=AC+B\overline{C}$$

因化简后的函数式比较简单，无须填列真值表。功能分析如下：

当 $C=1$ 时，$Y=A$，即选取 A 的信号通过；当 $C=0$ 时，$Y=B$，即选取 B 的信号通过。可见，本例为信号选通电路。

二、组合逻辑电路的设计

所谓组合逻辑电路的设计，是根据给定的逻辑功能与要求，设计出相应的组合逻辑电路，并画出逻辑图。设计的一般步骤和流程如图 7.4.5 所示，在设计初期首先进行方案论证，旨在理清给定的功能要求及其逻辑关系，分析抽象出电路模型的输出与输入变量，并赋予逻辑值，然后填列真值表（逻辑状态表），据以写出逻辑函数式，经化简或变换后，画出逻辑图。需要指出，一个优化合理的完整设计，往往需要上述过程的反复校验、修正才能完成。当然，元器件的选型还要符合安全、经济、合理的基本原则。

【例 7.4.3】 设计三地控制一盏灯的控制电路。一个 T 形走廊的交会处有一盏灯，在进出走廊的 A、B、C 三个出入口各有一个开关，均能独立控制。要求：任意闭合一个开关，

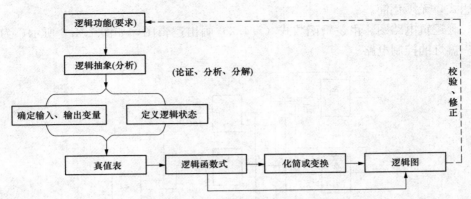

图 7.4.5 组合逻辑电路的一般设计流程框图

灯亮；任意闭合两个开关，灯灭；三个开关同时闭合，灯亮。

解 （1）逻辑分析。首先，本例中的事件为"灯 Y 亮"，设 Y 为输出变量。当灯亮时，Y 取逻辑"1"；灯若不亮，Y 取逻辑"0"。

其次，事件"灯 Y 亮"的条件是开关闭合。设 A、B、C 代表三个开关（输入变量），当某个开关闭合时，取逻辑"1"；断开时取逻辑"0"。

同时发现，事件"灯 Y 亮"发生时，使 $Y=1$ 的每个开关组合中，三个输入变量之间为"与"关系，分别对应一个最小项；就整个事件而言，Y 等于上述各个最小项的或运算。

（2）填列逻辑状态表（真值表）。根据上述逻辑分析的因果关系，填列逻辑状态表，如表 7.4.2 所示。本例为 3 变量，共有 $2^3=8$ 种输入组合（最小项）。

表 7.4.2　　　　　　　　　　　　　　**逻辑状态表（真值表）**

A	B	C	Y	$Y=1$ 的最小项
0	0	0	0	
0	0	1	1	$\overline{A}\,\overline{B}C$
0	1	0	1	$\overline{A}B\overline{C}$
0	1	1	0	
1	0	0	1	$A\overline{B}\,\overline{C}$
1	0	1	0	
1	1	0	0	
1	1	1	1	ABC

（3）列逻辑函数式。逻辑状态表反映了输出与输入变量之间的逻辑关系，可以写出 $Y=1$（或 $Y=0$）的逻辑函数式，通常选择 $Y=1$ 时的函数式。

首先列出对应于 $Y=1$ 的各个最小项。设定某输入变量取值为 1 时，对应原变量，如 A；取值为 0 时，对应反变量，如 $\overline{A}$。例如，表 7.4.2 中第二行对应的最小项为 $\overline{A}\,\overline{B}C$。

前述已知，使 $Y=1$ 的各最小项之间为"或"逻辑关系。据此，列出逻辑函数式为

$$Y=\overline{A}\,\overline{B}C+\overline{A}B\overline{C}+A\overline{B}\,\overline{C}+ABC \tag{7.4.2}$$

（4）化简逻辑函数式。利用卡诺图化简法，化简式（7.4.2）。发现式（7.4.2）为最简

与或表达式，无须化简。

（5）画逻辑电路图。由逻辑函数式（7.4.2）画出逻辑图，如图 7.4.6 所示，为本例三地控制一盏灯的控制电路。

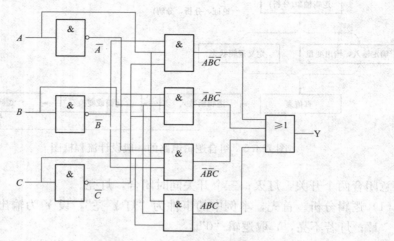

图 7.4.6　式（7.4.2）的逻辑图

【例 7.4.4】　某生产企业的 A、B、C 三个车间，由自备电站的两台发电机 G_1、G_2 供电，其中 G_1 容量是 G_2 的两倍。若一个车间开工，只需 G_2 运行；若两个车间同时开工，只需 G_1 运行；若三个车间同时开工，G_1 和 G_2 均需运行。试设计车间供电运行的控制电路，画出逻辑图。

解　（1）逻辑分析。该企业三个车间的开工情况决定了两台发电机的运行机制，因此将三个车间分别设为输入变量 A、B、C，若某车间开工，对应变量赋逻辑值 1；不开工，赋逻辑值 0；输出有两个变量，分别为发电机 G_1 和 G_2，若某发电机运行，对应变量赋逻辑值 1；不运行时，赋逻辑值 0。

（2）列逻辑状态表，如表 7.4.3 所示。

（3）列逻辑函数式。综述可见，本例输出变量是关于输入变量最小项的与或逻辑函数式。

首先列出使输出 G_1、G_2 为 1 的各个最小项；然后，将输出 G_1、G_2 为 1 的各个最小项进行"或"运算，即得逻辑函数式，分别为

$$G_1 = \overline{A}BC + A\overline{B}C + AB\overline{C} + ABC \qquad (7.4.3)$$

$$G_2 = \overline{A}\,\overline{B}C + \overline{A}B\overline{C} + A\overline{B}\,\overline{C} + ABC \qquad (7.4.4)$$

（4）用卡诺图法化简逻辑函数。G_1、G_2 的卡诺图如图 7.4.7（a）、（b）所示。由图 7.4.7（b）可知，G_2 已为最简与或函数式，无须化简；G_1 化简后为

$$G_1 = AB + BC + AC \qquad (7.4.5)$$

将式（7.4.3）、式（7.4.5）转化为"与非"函数式，然后画出逻辑图，如图 7.4.7（c）所示。

$$G_1 = \overline{\overline{AB + BC + AC}} = \overline{\overline{AB} \cdot \overline{BC} \cdot \overline{AC}}$$

$$G_2 = \overline{\overline{\overline{A}\,\overline{B}C} \cdot \overline{\overline{A}B\overline{C}} \cdot \overline{A\overline{B}\,\overline{C}} \cdot \overline{ABC}}$$

表 7.4.3　　　　　　　　　　　　　　　[例 7.4.4] 的逻辑状态表

A	B	C	G_1	G_2
0	0	0	0	0
0	0	1	0	1
0	1	0	0	1
0	1	1	1	0
1	0	0	0	1
1	0	1	1	0
1	1	0	1	0
1	1	1	1	1

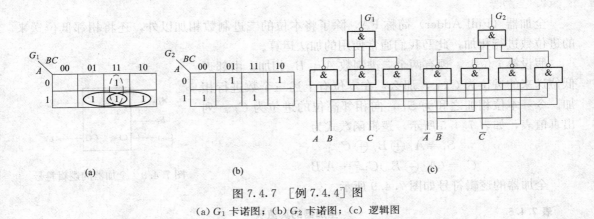

图 7.4.7　[例 7.4.4] 图
(a) G_1 卡诺图；(b) G_2 卡诺图；(c) 逻辑图

7.4.2　常用组合逻辑器件

在电气电子工程实践中，有些逻辑电路被大量、反复使用。为此，电子元器件生产商为了规模化、标准化生产，制造出了诸如中规模集成电路（MSI）的不同系列通用集成器件，具有通用性强、兼容性好、功率损耗小、工作可靠和成本低廉等优点。常用组合逻辑器件的系列产品包括加法器、编码器、译码器、数据选择器、数据分配器和数值比较器等。

一、加法器

在计算机、计算器、组合逻辑电路等数字系统中，二进制加法器是基本器件之一。所谓加法器，是指实现加法运算的数字电路，分为半加器、全加器。本书只介绍二进制加法器，至于 4、8、10、16、32、64 等其他数制的加法运算，可以通过数制转换实现。

1. 半加器

半加器（Half Adder）简称 HA，只将同位的二进制数相加，而不考虑邻近低位向本位的进位，称之为半加器。假设第 i 位上，现有两个二进制数 A_i、B_i 相加，而相邻低位向本位的进位为 C_{i-1}，并不作加法运算。令：本位相加之和为 S_i，向相邻高位的进位为 C_i。根据半加器的定义，填列真值表，如表 7.4.4 所示。

由真值表，写出逻辑函数式，即

$$S_i = A_i \overline{B_i} + \overline{A_i} B_i = A_i \oplus B_i \tag{7.4.6}$$

$$C_i = A_i B_i \tag{7.4.7}$$

半加器的逻辑符号如图 7.4.8 所示。

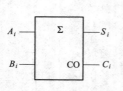

图 7.4.8 半加器的逻辑符号

表 7.4.4   半加器的真值表

输	入	输	出
A_i	B_i	C_i	S_i
0	0	0	0
0	1	0	1
1	0	0	1
1	1	1	0

2. 全加器

全加器（Full Adder）简称 FA，除了将本位的二进制数相加以外，还将相邻低位送来的进位数进行相加，此乃我们通常使用的加法运算。

假设第 i 位上，现有两个二进制数 A_i、B_i 相加，由邻近低位送来的进位为 C_{i-1}，那么，在本位有上述三个数进行相加。令：本位相加之和为 S_i，向相邻高位的进位为 C_i。列出真值表，如表 7.4.5 所示。逻辑函数式为

$$S_i = A_i \oplus B_i \oplus C_{i-1}$$
$$C_i = (A_i \oplus B_i)C_{i-1} + A_i B_i$$

全加器的逻辑符号如图 7.4.9 所示。

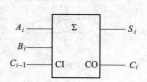

图 7.4.9 全加器的逻辑符号

表 7.4.5   全加器的真值表

输		入	输	出
A_i	B_i	C_{i-1}	C_i	S_i
0	0	0	0	0
0	0	1	0	1
0	1	0	0	1
0	1	1	1	0
1	0	0	0	1
1	0	1	1	0
1	1	0	1	0
1	1	1	1	1

二、编码器、译码器及其显示电路

在日常生活中，诸如邮政编码、电话号码、身份证号码、学生证编号等，均属于编码。用数字、规定的文字与字母等符号按照一定的规则进行编制，用来表示某一对象的信息或信号的过程，称为编码。编码及编码器的作用在于，将信号或人们所熟悉的信息编制为数字系统所能识别并据以运算的"机器码"；相反，"机器码"大多是人们所不熟悉、难以或无法识别的信息，例如，计算机、计算器、电子钟通过译码器进行译码后，"翻译"为人们所熟悉的信息，显示在输出终端显示屏上。可见，编码和译码的作用相反。

1. 编码器

在数字电路中，编码是按一定规则将特定含义的信息编制成二进制代码的过程。实现编码功能的组合逻辑电路称为编码器，分为普通编码器和优先编码器。可以推知，n 位二进制代码共有 2^n 种组合，若对 N 个信息进行编码，应满足

$$N \leqslant 2^n \tag{7.4.8}$$

（1）普通编码器。

1）8/3 线二进制编码器。若将 I_0、I_1、I_2、I_3、I_4、I_5、I_6、I_7 共 8 个输入信号编制成二进制代码，则输出为三位二进制代码（$2^n = 8$，故 $n=3$）$Y_2Y_1Y_0$，即组成 8/3 线编码器。任一时刻，编码器只能将 $I_0 \sim I_7$ 中的一个输入为高电平 1 的信号进行编码，编码表如表 7.4.6 所示，可得逻辑函数式并变换为与非式，有

$$Y_2 = I_4 + I_5 + I_6 + I_7 = \overline{\overline{I_4} \cdot \overline{I_5} \cdot \overline{I_6} \cdot \overline{I_7}} \tag{7.4.9}$$

$$Y_1 = I_2 + I_3 + I_6 + I_7 = \overline{\overline{I_2} \cdot \overline{I_3} \cdot \overline{I_6} \cdot \overline{I_7}} \tag{7.4.10}$$

$$Y_0 = I_1 + I_3 + I_5 + I_7 = \overline{\overline{I_1} \cdot \overline{I_3} \cdot \overline{I_5} \cdot \overline{I_7}} \tag{7.4.11}$$

由式（7.4.9）～式（7.4.11）画出逻辑图，如图 7.4.10 所示。当 $I_1 \sim I_7$ 均为 0 时，输出 $Y_2Y_1Y_0 = 000$，即 I_0 的编码。

表 7.4.6　　　　　　　　　　8/3 线二进制编码器的编码表

输　　入								输　　出		
I_0	I_1	I_2	I_3	I_4	I_5	I_6	I_7	Y_2	Y_1	Y_0
1	0	0	0	0	0	0	0	0	0	0
0	1	0	0	0	0	0	0	0	0	1
0	0	1	0	0	0	0	0	0	1	0
0	0	0	1	0	0	0	0	0	1	1
0	0	0	0	1	0	0	0	1	0	0
0	0	0	0	0	1	0	0	1	0	1
0	0	0	0	0	0	1	0	1	1	0
0	0	0	0	0	0	0	1	1	1	1

2）二—十进制编码器。二—十进制码的编码规则为：用四位二进制数表示一位十进制数，即 Binary-Coded Decimal，简称 BCD 码，也称 8421 码，得名于 $Y_3Y_2Y_1Y_0$ 从高位（左起）至低位的位权分别为 8、4、2、1。

二—十进制编码器的编码表如表 7.4.7 所示，输入信号 $I_0 \sim I_9$ 高电平有效，输出为原码。编码器输出的逻辑函数式分别为

$$Y_3 = I_8 + I_9 \tag{7.4.12}$$

$$Y_2 = I_4 + I_5 + I_6 + I_7 \tag{7.4.13}$$

$$Y_1 = I_2 + I_3 + I_6 + I_7 \tag{7.4.14}$$

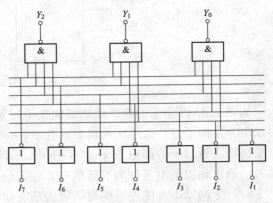

图 7.4.10　8/3 线三位二进制编码器的逻辑图

$$Y_0 = I_1 + I_3 + I_5 + I_7 + I_9$$

$$(7.4.15)$$

将式（7.4.12）～式（7.4.15）转换为与非式后，可以画出逻辑图（略）。

表 7.4.7　　　　　　　　　　　　10/4 线二一十进制编码器的编码表

输　　　　入										输　　出			
I_0	I_1	I_2	I_3	I_4	I_5	I_6	I_7	I_8	I_9	Y_3	Y_2	Y_1	Y_0
1	0	0	0	0	0	0	0	0	0	0	0	0	0
0	1	0	0	0	0	0	0	0	0	0	0	0	1
0	0	1	0	0	0	0	0	0	0	0	0	1	0
0	0	0	1	0	0	0	0	0	0	0	0	1	1
0	0	0	0	1	0	0	0	0	0	0	1	0	0
0	0	0	0	0	1	0	0	0	0	0	1	0	1
0	0	0	0	0	0	1	0	0	0	0	1	1	0
0	0	0	0	0	0	0	1	0	0	0	1	1	1
0	0	0	0	0	0	0	0	1	0	1	0	0	0
0	0	0	0	0	0	0	0	0	1	1	0	0	1

（2）优先编码器。当多个输入端的信号同时请求编码时，按照优先权的序列排队，只对优先权级别最高的一个信号编码，而其他信号不予理睬；往下以此类推。例如，如图7.4.11 所示的优先编码器应用示例，为物联网技术下的网络智能家居案例，当同时出现若干危险程度依次递减的险情时，家用电器控制器按照优先顺序进行编码、发送警报，经由自动控制设备或人工进行应急处置。

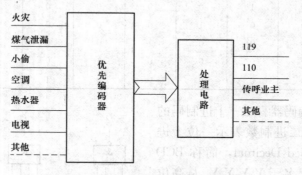

图 7.4.11　优先编码器应用示例

如图 7.4.12 所示为 8/3 线集成优先编码器 74LS148 的引脚图，功能表如表 7.4.8 所示。74LS148 附加了 $\overline{ST}$ 选通输入端，只有 $\overline{ST}=0$ 时，编码器才能正常编码；而 $\overline{ST}=1$ 时，所有输出端均被封锁为高电平 1，不得编码。选通输出端 Y_S、扩展端 Y_{EX} 用于扩展编码功能。输入、输出均以低电平作为有效信号，输入信号的优先权从 $\overline{I}_7 \sim \overline{I}_0$ 依次递减。

8/3 线 74LS148 优先编码器的引脚功能如下：

（1）$\overline{I}_0 \sim \overline{I}_7$：编码输入端（低电平有效）。

（2）$\overline{ST}$：选通输入端（低电平有效）。

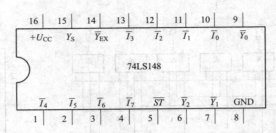

图 7.4.12 8/3 线 74LS148 优先编码器的引脚图

（3）$\overline{Y}_0 \sim \overline{Y}_2$：编码输出端（低电平有效，即反码输出）。

（4）$\overline{Y}_{EX}$：扩展端（低电平有效）。

（5）Y_S：选通输出端。

表 7.4.8   8/3 线 74LS148 优先编码器的功能表

输　　入								输　　出				
$\overline{ST}$	$\overline{I}_0$	$\overline{I}_1$	$\overline{I}_2$	$\overline{I}_3$	$\overline{I}_4$	$\overline{I}_5$	$\overline{I}_6$	$\overline{I}_7$	$\overline{Y}_2$	$\overline{Y}_1$	$\overline{Y}_0$	$\overline{Y}_{EX}$	Y_S
1	×	×	×	×	×	×	×	×	1	1	1	1	1
0	1	1	1	1	1	1	1	1	1	1	1	1	0
0	×	×	×	×	×	×	×	0	0	0	0	0	1
0	×	×	×	×	×	×	0	1	0	0	1	0	1
0	×	×	×	×	×	0	1	1	0	1	0	0	1
0	×	×	×	×	0	1	1	1	0	1	1	0	1
0	×	×	×	0	1	1	1	1	1	0	0	0	1
0	×	×	0	1	1	1	1	1	1	0	1	0	1
0	×	0	1	1	1	1	1	1	1	1	0	0	1
0	0	1	1	1	1	1	1	1	1	1	1	0	1

注 ×表示任意状态。

2. 译码器及显示电路

所谓译码，是对二进制代码进行"翻译"，并输出还原为编码信息的原本意涵，或转换为人们所熟悉信息的过程；实现译码功能的电路，称为译码器。译码器是一个多输入、多输出的组合逻辑电路，分为通用译码器和显示译码器两大类，前者又分变量译码器和代码变换译码器。

（1）变量译码器。变量译码器又称二进制译码器。显然，n 位二进制代码对应着 2^n 个不同的组态，若对 n 位二进制代码进行译码，则有 n 个输入变量，2^n 个译码输出变量，每个输出对应于 n 变量逻辑函数的一个最小项。根据输入与输出变量的数目，有 2/4 线、3/8 线和 4/16 线等译码器。

如图 7.4.13（a）、（b）所示，分别为 3/8 线集成译码器 74LS138 的逻辑图和引脚图。其中，A_2、A_1、A_0 为地址输入端，$\overline{Y}_0 \sim \overline{Y}_7$ 为译码输出端（低电平有效），S_1、$\overline{S}_2$、$\overline{S}_3$ 为使能控制端。表 7.4.9 为 74LS138 的功能表。

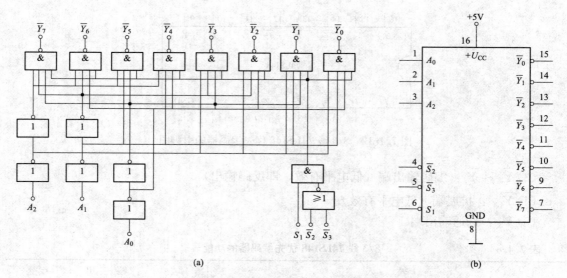

图 7.4.13　3/8 线集成译码器 74LS138 的逻辑图和引脚图

（a）逻辑图；（b）引脚排列图

表 7.4.9 　　　　　　　　　　　　　　**3/8 线译码器 74LS138 的功能表**

输　　　　入					输　　　　出							
S_1	$\overline{S}_2 + \overline{S}_3$	A_2	A_1	A_0	$\overline{Y}_0$	$\overline{Y}_1$	$\overline{Y}_2$	$\overline{Y}_3$	$\overline{Y}_4$	$\overline{Y}_5$	$\overline{Y}_6$	$\overline{Y}_7$
1	0	0	0	0	0	1	1	1	1	1	1	1
1	0	0	0	1	1	0	1	1	1	1	1	1
1	0	0	1	0	1	1	0	1	1	1	1	1
1	0	0	1	1	1	1	1	0	1	1	1	1
1	0	1	0	0	1	1	1	1	0	1	1	1
1	0	1	0	1	1	1	1	1	1	0	1	1
1	0	1	1	0	1	1	1	1	1	1	0	1
1	0	1	1	1	1	1	1	1	1	1	1	0
0	×	×	×	×	1	1	1	1	1	1	1	1
×	1	×	×	×	1	1	1	1	1	1	1	1

注　×表示任意状态。

当 $S_1 = 1$、$\overline{S}_2 + \overline{S}_3 = 0$ 时，允许译码。由地址码 $A_2 A_1 A_0$ 输入的二进制代码，在指定输出端输出低电平 0，其他所有的输出端均输出为 1，从而实现译码功能。

当 $S_1 = 0$、$\overline{S}_2 + \overline{S}_3 = ×$ 时；或 $S_1 = ×$、$\overline{S}_2 + \overline{S}_3 = 1$ 时，禁止译码，所有输出同时为 1。

根据表 7.4.9 中的状态，可以写出逻辑式为

$$\overline{Y}_0 = \overline{S_1(\overline{S}_2 + \overline{S}_3) \cdot \overline{A}_2\,\overline{A}_1\,\overline{A}_0} \qquad \overline{Y}_1 = \overline{S_1(\overline{S}_2 + \overline{S}_3) \cdot \overline{A}_2\,\overline{A}_1 A_0}$$

$$\overline{Y}_2 = \overline{S_1(\overline{S}_2 + \overline{S}_3) \cdot \overline{A}_2 A_1\,\overline{A}_0} \qquad \overline{Y}_3 = \overline{S_1(\overline{S}_2 + \overline{S}_3) \cdot \overline{A}_2 A_1 A_0}$$

$$\overline{Y_4} = \overline{S_1(\overline{S_2} + \overline{S_3}) \cdot A_2 \overline{A_1} \overline{A_0}} \qquad \overline{Y_5} = \overline{S_1(\overline{S_2} + \overline{S_3}) \cdot A_2 \overline{A_1} A_0}$$

$$\overline{Y_6} = \overline{S_1(\overline{S_2} + \overline{S_3}) \cdot A_2 A_1 \overline{A_0}} \qquad \overline{Y_7} = \overline{S_1(\overline{S_2} + \overline{S_3}) \cdot A_2 A_1 A_0}$$

（2）二—十进制（BCD 码）显示译码器。数字电路（系统）的输出经译码器译码后，通常用人们所熟悉的十进制数码或其他信息代码、文字、字符等在设备或电路的终端显示。具有译码与显示功能的译码器，称为显示译码器。二—十进制（BCD 码）显示译码器译成十进制数（0-9）后，驱动数码管进行显示。

1）七段发光二极管数码管。发光二极管（LED）数码管是目前最常用的显示器件之一，如图 7.4.14（a）、（b）所示，分别为发光二极管的共阴极接法、共阳极接法。

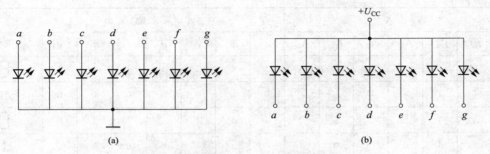

图 7.4.14　七段 LED 数码管的接法

(a) 共阴极接法；(b) 共阳极接法

如图 7.4.15（a）、（b）所示，为七段数码管的字型结构与实物图片，其中图 7.4.15（a）为共阴极接法，阳极接高电平才能驱动发光二极管点亮；图 7.4.15（b）为共阳极接法，阴极接低电平方可驱动点亮；图 7.4.15（c）为实物图片。

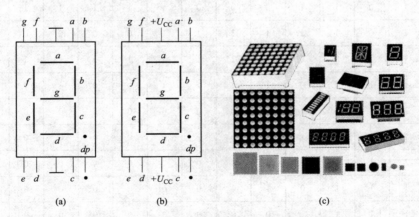

图 7.4.15　七段 LED 数码管的字型结构与实物图片

（a）共阴极数码管；（b）共阳极数码管；（c）实物图片

2）七段显示译码器。8421（BCD）码七段译码驱动器的型号有 74LS47（共阳极）、74LS48（共阴极）和 CC4511（共阴极）等。如图 7.4.16 所示为 CC4511 的引脚图。CC4511 具有锁存/七段译码/驱动功能，各引脚功能如下：

①BCD 码输入端：D、B、C、A（A_3、A_2、A_1、A_0）。

②译码输出端 a、b、c、d、e、f、g：输出高电平 1 有效，驱动七段共阴极 LED 数码管。

③测试输入端 $\overline{LT}$：$\overline{LT}=0$ 时，译码输出全为 1，七段数码管均点亮。

④消隐输入端 $\overline{BI}$：$\overline{BI}=0$ 时，译码输出全部为低电平 0，数码管熄灭。

⑤锁存端 LE：$LE=0$ 时正常译码；$LE=1$ 时译码器处于锁存（保持）状态，输出保持在 $LE=0$ 时的数值。

CC4511 还有拒伪码功能，当输入码大于 1001 时，输出全为"0"，数码管熄灭。如表 7.4.10 所示为 CC4511 的功能表。

表 7. 4. 10　　　　　　　　　　CC4511 的功能表

输　入							输　出							显示字形
LE	$\overline{BI}$	$\overline{LT}$	A_3	A_2	A_1	A_0	a	b	c	d	e	f	g	
×	×	0	×	×	×	×	1	1	1	1	1	1	1	8
×	0	1	×	×	×	×	0	0	0	0	0	0	0	消隐
0	1	1	0	0	0	0	1	1	1	1	1	1	0	0
0	1	1	0	0	0	1	0	1	1	0	0	0	0	1
0	1	1	0	0	1	0	1	1	0	1	1	0	1	2
0	1	1	0	0	1	1	1	1	1	1	0	0	1	3
0	1	1	0	1	0	0	0	1	1	0	0	1	1	4
0	1	1	0	1	0	1	1	0	1	1	0	1	1	5
0	1	1	0	1	1	0	0	0	1	1	1	1	1	6
0	1	1	0	1	1	1	1	1	1	0	0	0	0	7
0	1	1	1	0	0	0	1	1	1	1	1	1	1	8
0	1	1	1	0	0	1	1	1	1	0	0	1	1	9
0	1	1	1	0	1	0	0	0	0	0	0	0	0	消隐
0	1	1	1	0	1	1	0	0	0	0	0	0	0	消隐
0	1	1	1	1	0	0	0	0	0	0	0	0	0	消隐
0	1	1	1	1	0	1	0	0	0	0	0	0	0	消隐
0	1	1	1	1	1	0	0	0	0	0	0	0	0	消隐
0	1	1	1	1	1	1	0	0	0	0	0	0	0	消隐
1	1	1	×	×	×	×	锁　　　存							锁存

注　×表示任意状态。

如图 7.4.17 所示为 CC4511 驱动一位数码管的电路图。CC4511 内部接有上拉电阻，只需在输出端与数码管的字段输入端之间串接限流电阻，接通＋5V 电源，BCD 码接至对应输

入端 A_3、A_2、A_1、A_0，经译码后显示为 0～9 中的一个十进制数码。

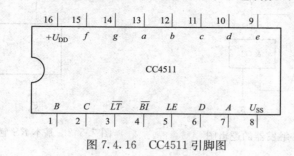

图 7.4.16　CC4511 引脚图

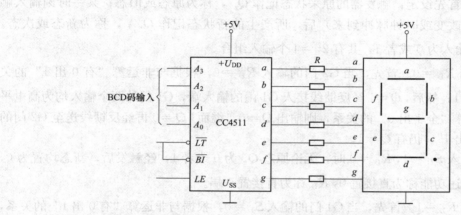

图 7.4.17　CC4511 驱动一位 LED 数码管

7.5　时序逻辑电路

所谓时序逻辑电路是指，某一时刻的输出不仅取决于当时的输入，而且与电路的原来状态有关，并影响后续状态的数字电路，基本单元是触发器，上述特性视为具有记忆功能。本节介绍双稳态触发器的原理及其功能，常用时序逻辑器件及其应用。

7.5.1　双稳态触发器

双稳态触发器是指，一个触发器能存储一位二进制数码，有"0"或"1"两个稳定状态。通过输入信号的设置，可以将触发器的输出置为"0"或"1"态，而输入信号消失后，被置成的状态能够保存，即记忆功能。

一、RS 触发器

1. 基本 RS 触发器

如图 7.5.1 所示，为基本 RS 触发器的逻辑图，与非门 G_1、G_2 交叉连接。如图 7.5.2 所示，为基本 RS 触发器的逻辑符号。

基本 RS 触发器的两个输入端分别为 $\overline{S}_D$、$\overline{R}_D$，两个输出端 Q、$\overline{Q}$ 的状态互反。通常，触发器的状态是指 Q 的输出状态，当 $Q=0$，$\overline{Q}=1$ 时，称为 0 态，或复位状态；当 $Q=1$，$\overline{Q}=0$ 时，称为 1 态，或置位状态。

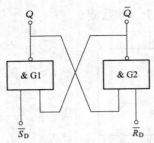
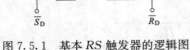

图 7.5.1 基本 RS 触发器的逻辑图

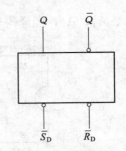

图 7.5.2 基本 RS 触发器的逻辑符号

在分析之前首先设定：触发器的原来状态记作 Q_n，称为原态或旧态；某一时刻输入触发信号（指输入改变或时钟脉冲到来）后，所产生的新状态记作 Q_{n+1}，称为新态或次态。其中，$\overline{S}_D$、$\overline{R}_D$ 输入为 0 或者 1，共有 $2^2 = 4$ 个输入组合。

(1) $\overline{S}_D = 1, \overline{R}_D = 0$。首先，当 G2 门的输入 $\overline{R}_D = 0$，根据与非运算"有 0 出 1"的关系，则输出 $\overline{Q} = 1$；然后，$\overline{Q} = 1$ 经反馈线接入 G1 门的输入端，G1 门的两个输入均为高电平 1，根据与非运算"全 1 出 0"的关系，则输出 $Q = 0$。继而，$Q = 0$ 再经反馈线送至 G2 门的输入端，"有 0 出 1"，仍有 $\overline{Q} = 1$。

可见，当输入 $\overline{S}_D = 1, \overline{R}_D = 0$ 时，无论原态 Q_n 为 0 或者 1，经触发后，新态均置为 0，即 $Q_{n+1} = 0$。上述功能称为直接置 0，$\overline{R}_D$ 称为直接置 0 端。

(2) $\overline{S}_D = 0, \overline{R}_D = 1$。首先，当 G1 门的输入 $\overline{S}_D = 0$，根据与非运算"有 0 出 1"的关系，输出 $Q = 1$；然后，$Q = 1$ 经反馈线接入 G2 门的输入端，G2 门的两个输入均为高电平 1，根据与非运算"全 1 出 0"的关系，$\overline{Q} = 0$。继而，$\overline{Q} = 0$ 再经反馈线送至 G1 门的输入端，"有 0 出 1"，仍有 $Q = 1$。

可见，当输入 $\overline{S}_D = 0, \overline{R}_D = 1$ 时，无论原态 Q_n 为 0 或者 1，经触发后，新态均置为 1，即 $Q_{n+1} = 1$。上述功能称为直接置 1，$\overline{S}_D$ 称为直接置 1 端。

(3) $\overline{S}_D = 1, \overline{R}_D = 1$。若输入 $\overline{S}_D = 1, \overline{R}_D = 1$ 时，若触发器的原态 $Q_n = 0$，新态 $Q_{n+1} = 0$；若原态 $Q_n = 1$，新态 $Q_{n+1} = 1$。可见，总有 $Q_{n+1} = Q_n$，称为保持功能。

(4) $\overline{S}_D = 0, \overline{R}_D = 0$。当输入 $\overline{S}_D = 0, \overline{R}_D = 0$ 时，根据与非运算关系"有 0 出 1"，则输出 $Q = 1, \overline{Q} = 1$。显然，Q、$\overline{Q}$ 的状态违背了互反的逻辑要求，既非"0 态"，也非"1 态"；并且，因为电路波动等因素，以至于有新的输入时，难以确定输出状态。因此，这种输入方式禁止使用，当为禁用。

基本 RS 触发器的逻辑状态表，如表 7.5.1 所示。

表 7.5.1　　　　　　　　　　　　　　基本 RS 触发器的逻辑状态表

$\overline{S}_D$	$\overline{R}_D$	Q_n	Q_{n+1}	功能
1	0	0	0	直接置 0
		1		
0	1	0	1	直接置 1
		1		

续表

$\overline{S}_D$	$\overline{R}_D$	Q_n	Q_{n+1}	功能
1	1	0	0	保持
		1	1	
0	0	0	$\times$	禁用
		1		

$\overline{S}_D$、$\overline{R}_D$ 称为直接置位端，低电平有效。基本 RS 触发器是其他双稳态触发器的组件之一，利用其直接置位功能，可以预置触发器的初始状态。

2. 钟控 RS 触发器

如图 7.5.3 所示，为钟控 RS 触发器的逻辑图，也称可控 RS 触发器。图中，G1、G2 构成基本 RS 触发器，G3、G4 组成导引电路；CP 端称为时钟输入端，输入时钟脉冲信号 CP，简称时钟信号。$\overline{S}_D$、$\overline{R}_D$ 用以预置触发器的初始状态。正常工作时，$\overline{S}_D$、$\overline{R}_D$ 均须设置为高电平 1（无效电平），或者悬空，即 $\overline{S}_D = \overline{R}_D = 1$。如图 7.5.4 所示为钟控 RS 触发器的逻辑符号。

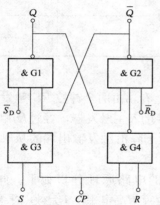

图 7.5.3　钟控 RS 触发器的逻辑图

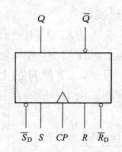

图 7.5.4　钟控 RS 触发器的逻辑符号

（1）时钟脉冲 CP。当 $CP=0$ 时，G3 和 G4 的输出状态均为 1，则基本 RS 触发器的输出 Q 和 $\overline{Q}$ 保持原态不变，与 R、S 的信号无关，相当于将 R、S 的输入信号关闭在外。

当 $CP=1$ 时，G3 的输出 $Q_3 = \overline{S \cdot CP} = \overline{S \cdot 1} = \overline{S}$，G4 的输出 $Q_4 = \overline{R \cdot CP} = \overline{R \cdot 1} = \overline{R}$。此时，$R$、$S$ 的输入信号导引至基本 RS 触发器的输入端，从而影响其输出。

从钟控 RS 触发器的触发过程来看，输入信号 R、S 与时钟脉冲信号 CP 在时间上实现了同步触发。在时序逻辑电路中，常用时钟脉冲信号 CP 控制电路触发翻转的时刻。

（2）逻辑功能。下面按照图 7.5.3 进行分析。当 $CP=1$ 时，在 R、S 的不同输入下，分析钟控 RS 触发器的逻辑功能。同时指出，$\overline{S}_D$、$\overline{R}_D$ 均已设置为高电平 1（无效电平），或者悬空，即 $\overline{S}_D = \overline{R}_D = 1$。

（1）若 $S=1$，$R=0$。则 G3 的输出 $Q_3 = \overline{S} = 0$，G4 的输出 $Q_4 = \overline{R} = 1$。进而，根据基本 RS 触发器的逻辑功能，直接置 1，即 $Q_{n+1} = 1$。就同步 RS 触发器而言，输出置为 1 态，称为置 1 功能，S 称为置 1 端。

（2）若 $S=0$，$R=1$。则 G3 的输出 $Q_3=\overline{S}=1$，G4 的输出 $Q_4=\overline{R}=0$。与上述（1）同理，始终有 $Q_{n+1}=0$，称为置 0 功能，R 称为置 0 端。

（3）若 $S=0$，$R=0$。则 G3、G4 的输出 $Q_3=Q_4=1$。与上述（1）同理，始终有 $Q_{n+1}=Q_n$，称为保持功能。

（4）若 $S=1$，$R=1$。则 G3、G4 的输出 $Q_3=Q_4=0$。根据基本 RS 触发器的逻辑功能，禁止输入。就同步 RS 触发器而言，也为禁用状态。

钟控 RS 触发器的逻辑状态表，如表 7.5.2 所示。

表 7.5.2　　　　　　　　　　　　钟控 RS 触发器的逻辑状态表

S	R	Q_n	Q_{n+1}	功能
0	1	0	0	置0
		1		
1	0	0	1	置1
		1		
0	0	0	0	保持
		1	1	
1	1	0	×	禁用
		1		

二、JK 触发器

如图 7.5.5 为主从型 JK 触发器的逻辑图。从结构上看，由两个钟控 RS 触发器分两级构成，分别为主触发器 $F_{主}$ 和从触发器 $F_{从}$。CP 脉冲直接接入主触发器，经过反相器后，接入从触发器。可见，CP 脉冲的上升沿触发主触发器，而下降沿触发输出端的从触发器。因此，就输出而言，由 CP 脉冲的下降沿触发。

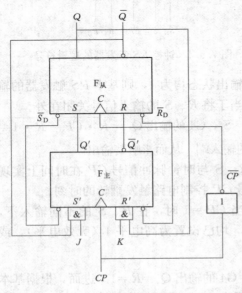

图 7.5.5 的电路原理分析如下。同时指出，$\overline{S}_D$、$\overline{R}_D$ 均已设置为高电平 1（无效电平），或者悬空，即 $\overline{S}_D=\overline{R}_D=1$。在图 7.5.5 中，主触发器 $F_{主}$ 的 S'、R' 端的信号分别为

$$S'=J\overline{Q} , R'=KQ \qquad (7.5.1)$$

（1）$J=0$，$K=0$。无论触发器的初始状态 Q_n 如何，均有 $S'=J\overline{Q}_n=0$，$R'=KQ_n=0$。那么，$F_{主}$ 为"保持"功能，当 CP 脉冲的上升沿到来时，$F_{主}$ 受到触发，输出状态保持不变，并作为 $F_{从}$ 的输入信号。$F_{从}$ 输入未变，当脉冲 CP 下降沿到来时，$F_{从}$ 受触发后，输出状态也不变。

综述可见，当 $J=0$，$K=0$ 时，一个 CP 脉冲过后，即下降沿到来时，JK 触发器的输出保持原态不变，$Q_{n+1}=Q_n$，为"保持"功能。

（2）$J=0$，$K=1$。首先，假设触发器的初始

图 7.5.5　主从型 JK 触发器的逻辑图

状态 Q_n 为 0，即 $Q_n=0$，$\overline{Q}_n=1$。则 $S'=J\overline{Q}_n=0$，$R'=KQ_n=0$。与上述（1）同理，JK 触发器的输出状态保持 0 不变，$Q_{n+1}=Q_n=0$。

然后，假设触发器的初始状态 Q_n 为 1，即 $Q_n=1$，$\overline{Q}_n=0$。则 $S'=J\overline{Q}_n=0$，$R'=KQ_n=1$，主触发器 $F_{主}$ 为"置 0"功能，当 CP 脉冲上升沿到来时，经触发后，$F_{主}$ 输出状态为 0。那么，$F_{从}$ 的输入 $S=Q'=0$，$R=\overline{Q}'=1$，$F_{从}$ 为"置 0"功能。当 CP 脉冲下降沿到来时，$F_{从}$ 受到触发，状态翻转为 0，即 $Q_{n+1}=0$，$\overline{Q}_{n+1}=1$。

综述可见，当 $J=0$，$K=1$ 时，一个 CP 脉冲过后，即下降沿到来时，无论原态为 0 或者 1，新的输出状态均置为 0，即 $Q_{n+1}=0$，为"置 0"功能。

（3）$J=1$，$K=0$。与上述（2）的分析过程与方法类似，当 $J=1$，$K=0$ 时，一个 CP 脉冲过后，无论原态为 0 或者 1，新的输出状态均置为 1，即 $Q_{n+1}=1$，为"置 1"功能。

（4）$J=1$，$K=1$。首先，假设触发器的初始状态 Q_n 为 0，即 $Q_n=0$，$\overline{Q}_n=1$。则 $S'=J\overline{Q}_n=1$，$R'=KQ_n=0$。与上述（3）同理，JK 触发器为"置 1"功能，当第一个脉冲过后的下降沿到来时，输出的新态 Q_{n+1} 发生翻转，即 $Q_{n+1}=1$，$\overline{Q}_{n+1}=0$。显然，触发器翻转了一次。

继而，再以触发器的上个状态 $Q_{n+1}=1$，$\overline{Q}_{n+1}=0$ 作为原态。则 $S'=J\overline{Q}_{n+1}=0$，$R'=KQ_{n+1}=1$。与上述（2）同理，JK 触发器为"置 0"功能，当第二个脉冲过后的下降沿到来时，输出新态 Q'_{n+1} 再次翻转，即 $Q'_{n+1}=0$，$\overline{Q}'_{n+1}=1$。很显然，触发器发生了第二次翻转。可见，当 $J=1$，$K=1$ 时，如果接续送入的是一串 CP 时钟脉冲，每当送入一个 CP 脉冲（即下降沿到来的时刻），输出状态就翻转一次，则依次重复实现 $Q_{n+1}=\overline{Q}_n$。显然，通过输出状态的翻转次数，可以推定 CP 脉冲个数，从而实现计数，称之为"计数"功能，也是计数原理之所在。

JK 触发器的逻辑状态表，如表 7.5.3 所示。

表 7.5.3　　　　　　　　　　　　　　　JK 触发器逻辑状态表

J	K	Q_n	Q_{n+1}	功能
0	0	0	0	（$Q_{n+1}=Q_n$）保持
		1	1	
0	1	0	0	置 0
		1		
1	0	0	1	置 1
		1		
1	1	0	1	（$Q_{n+1}=\overline{Q}_n$）计数
		1	0	

如图 7.5.6 所示，为主从型 JK 触发器的逻辑符号；如图 7.5.7 所示，为集成主从型 JK 触发器 74LS112 的引脚排列图。

三、D 触发器

就钟控触发器而言，除了主从型以外，还有边沿型触发器，又分上升沿触发和下降沿触发。边沿触发器的新态只取决于 CP 脉冲边沿（上升沿或下降沿）到达时刻的输入信号，而与边沿时刻之外的输入信号无关，触发器不受触发，输出状态不变。

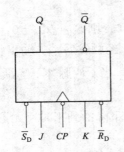

图 7.5.6　主从型 JK 触发器的逻辑符号

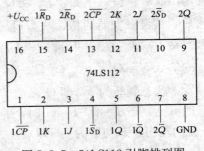

图 7.5.7　74LS112 引脚排列图

如图 7.5.8 所示，为维持阻塞型 D 边沿触发器的逻辑图，只有一个 D 输入端，故称 D 触发器。电路由六个与非门组成，其中 G1、G2 构成基本 RS 触发器；G3、G4 为时钟控制电路；G5、G6 为数据输入电路。

在图 7.5.8 中，假定 $\overline{S}_D$、$\overline{R}_D$ 均已设置为高电平 1（无效电平），或者悬空，即 $\overline{S}_D = \overline{R}_D = 1$。

当 $CP = 0$ 时，输入信号 D 被阻塞关闭，G3、G4 门的输出均为 1（与 D 无关），并输出至基本 RS 触发器的输入端，触发器保持原态不变；当 CP 由 0 上跳变为 1（上升边沿）时，也即 $CP = 1$ 时，触发器才对输入信号 D 打开，允许通过 G3、G4 门。因此，维持阻塞型 D 触发器是 CP 上升沿触发的触发器。逻辑状态表如表 7.5.4 所示。

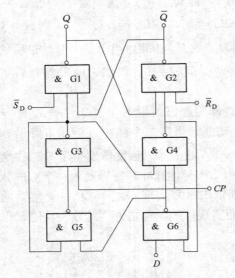

图 7.5.8　D 触发器的逻辑图

1. $D = 0$

当 CP 脉冲的上升沿到来之前，$CP = 0$，G4、G3 和 G6 门均输出 1，基本 RS 触发器维持原态不变。此时，G5 门输出为 0。

当 CP 由 0 上跳变为 1（上升边沿）的时刻，也即 $CP = 1$ 时，G5、G6 与 G3 输出未变，而 G4 因为"全 1 出 0"而输出由 1 翻转为 0，一则使基本 RS 触发器"置 0"，二则将 G4 的输出"0"经反馈线回送至 G6 门的输入端，使得 G6 门"有 0 出 1"，从而在 $CP = 1$ 的非上升沿期间，无论 D 如何变化，触发器均维持 0 态不变。

2. $D = 1$

当时钟脉冲到来之前，$CP = 0$，G4、G3 均输出为 1，基本 RS 触发器维持原态不变。与此同时，G6 门输出为 0，G5 门输出为 1。

当 CP 由 0 上跳变为 1（上升边沿）的时刻，也即 $CP = 1$ 时，G3 输出由 1 翻转为 0，从而基本 RS 触发器置 1。与此同时，G3 输出的"0"反馈给 G4、G5 门的输入端，则在 $CP = 1$ 的非上升沿期间，无论 D 如何变化，也只能改变 G6 门的输出，其他所有门的输出均不变化，而触发器始终维持 1 态不变。

如图 7.5.9 所示，为 D 边沿触发器的逻辑符号；如图 7.5.10 所示，为集成 D 边沿触发器 74LS74 的引脚图，内部集成了两个 D 触发器。

表 7.5.4　D 触发器的逻辑状态表

D	Q_n	Q_{n+1}
0	0	0
	1	
1	0	1
	1	

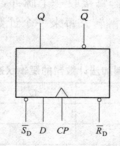

图 7.5.9　D 触发器的逻辑符号

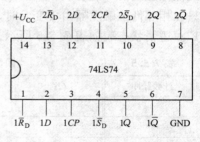

图 7.5.10　74LS74 引脚图

7.5.2　常用时序逻辑器件

本部分介绍常用的时序逻辑器件，包括计数器、寄存器，简介 555 定时器及其基本应用。

一、计数器

计数器一般有三种分类方法。

（1）按照数的进制，分为二进制计数器、十进制计数器和 N（任意）进制计数器。

（3）按照计数功能，即计数过程中的数值增减，分为加法、减法和加减可逆的计数器三种。

（3）按照计数脉冲的引入方式，分为同步计数器和异步计数器。

所谓异步计数器是指，计数脉冲 CP 只送给最低位触发器的时钟端，其他触发器的时钟端接收不同的时钟信号，进而各触发器受触发的时刻会出现不同的步调，也即异步。

所谓同步计数器是指，计数脉冲 CP 同时送入各位触发器时钟端的计数器。显然，各触发器受触发的时刻与计数脉冲同步。

1. 二进制计数器

二进制计数器按照二进制的进制规律计数，也是其他进制计数器的基础。若构成 n 位的二进制计数器，需要 n 个具有计数功能的触发器。

（1）异步二进制计数器。如 7.5.11 所示，为四位异步二进制加法计数器。

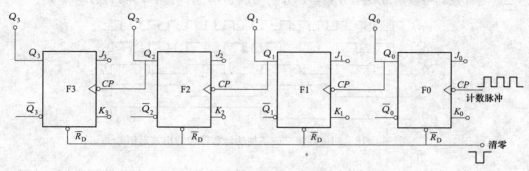

图 7.5.11　四位异步二进制加法计数器

图 7.5.11 可见，计数器由四个主从型 JK 触发器 F0～F3 构成，每个触发器作为二进制

数的一位。所有触发器的 J、K 端均悬空，相当于高电平 1，为计数功能。计数脉冲 CP 从最低位触发器 F0 的时钟端输入。计数器每接收一个脉冲，Q_0 翻转一次；其余高位触发器，只在相邻低位触发器由 1 变 0 时，触发翻转。每来一个计数脉冲，实现加 1 运算，"逢 2 进 1"。逻辑状态表如表 7.5.5 所示。

表 7.5.5　　　　　　　　　　四位二进制加法计数器的逻辑状态表

计数脉冲	Q_3	Q_2	Q_1	Q_0	十进制数
0	0	0	0	0	0
1	0	0	0	1	1
2	0	0	1	0	2
3	0	0	1	1	3
4	0	1	0	0	4
5	0	1	0	1	5
6	0	1	1	0	6
7	0	1	1	1	7
8	1	0	0	0	8
9	1	0	0	1	9
10	1	0	1	0	10
11	1	0	1	1	11
12	1	1	0	0	12
13	1	1	0	1	13
14	1	1	1	0	14
15	1	1	1	1	15
16	0	0	0	0	0

　　如图 7.5.12 所示，为该计数器的波形图。图中可见，Q_0 波形的频率是计数脉冲 CP 的二分之一，则为二分频；同理，Q_1、Q_2 和 Q_3 分别为计数脉冲 CP 的四分频、八分频和十六分频。可见，计数器可以作为分频器使用。由本例可以推知，相对于计数脉冲 CP 来说，n 位的二进制计数器可以形成 n 个分频器，分别实现 2^i 分频，其中 $i = 1, 2, \cdots, n$。

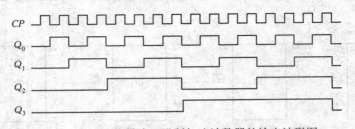

图 7.5.12　四位异步二进制加法计数器的输出波形图

　　（2）同步二进制计数器。如图 7.5.13 所示，为四位同步二进制加法计数器。电路由四个主从型 JK 触发器 F3～F0 构成，计数脉冲 CP 同时输入到各位触发器的时钟输入端，所有触发器受到的触发时刻同步，至于状态是否翻转，由 J、K 的输入信号决定，此乃同步触发原理。

根据图 7.5.13，可以得出各位触发器 J、K 端的逻辑关系式，即：

（1）最低位触发器 F0，$J_0 = K_0 = 1$，为计数功能，每来一个计数脉冲，则 Q_0 翻转一次；

（2）第二位触发器 F1，$J_1 = K_1 = Q_0$。当 $Q_0 = 1$ 时，再来一个计数脉冲，则 Q_1 翻转一次；

（3）第三位触发器 F2，$J_2 = K_2 = Q_1 Q_0$。当 $Q_1 = Q_0 = 1$ 时，再来一个计数脉冲，则 Q_2 翻转一次；

（4）第四位触发器 F3，$J_3 = K_3 = Q_2 Q_1 Q_0$。当 $Q_2 = Q_1 = Q_0 = 1$ 时，再来一个计数脉冲，则 Q_3 翻转一次。

逻辑状态也如表 7.5.5 所示，按二进制数加法的计数法则进行计数，"逢二进一"。

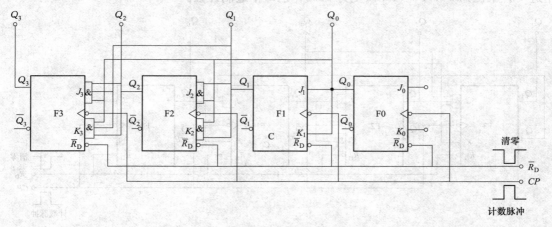

图 7.5.13 四位同步二进制计数器的逻辑图

2. 十进制计数器

如图 7.5.14 所示，为一位同步十进制加法计数器的逻辑图，由四个 JK 触发器 F3～F0 构成。其中，四位二进制数为 (8421) BCD 码，故称二—十进制计数器，或采用 8421 码的十进制计数器。逻辑状态表如表 7.5.6 所示。

表 7.5.6   十进制计数器的逻辑状态表

计数脉冲	Q_3	Q_2	Q_1	Q_0	十进制数
0	0	0	0	0	0
1	0	0	0	1	1
2	0	0	1	0	2
3	0	0	1	1	3
4	0	1	0	0	4
5	0	1	0	1	5
6	0	1	1	0	6
7	0	1	1	1	7
8	1	0	0	0	8
9	1	0	0	1	9
10	0	0	0	0	0

由表7.5.6可见，十进制加法计数器"逢10进1，本位归0"。根据图7.5.14，可以得出各位触发器 J、K 端的逻辑关系式，即：

（1）最低位触发器 F0，$J_0 = K_0 = 1$，为计数功能，每来一个计数脉冲，则 Q_0 翻转一次。

（2）第二位触发器 F1，$J_1 = \overline{Q_3}Q_0$，$K_1 = Q_0$。当 $\overline{Q_3} = 1$，$Q_0 = 1$ 时，再来一个计数脉冲，则 Q_1 翻转一次。

（3）第三位触发器 F2，$J_2 = K_2 = Q_1 Q_0$。当 $Q_1 = Q_0 = 1$ 时，再来一个计数脉冲，则 Q_2 翻转一次。

（4）第四位触发器 F3，$J_3 = Q_2 Q_1 Q_0$，$K_3 = Q_0$。当 $Q_2 = Q_1 = Q_0 = 1$ 时，再来一个计数脉冲，则 Q_3 翻转一次；而当第 10 个脉冲到来时，所有的触发器均翻转为 0，从而实现"逢十进一，本位归 0"，F3～F0 恢复为 0000，也即十进制计数。

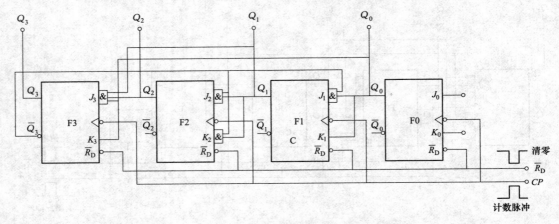

图 7.5.14　同步十进制加法计数器的逻辑图

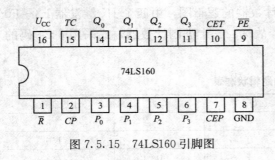

图 7.5.15　74LS160 引脚图

3. 集成计数器

在实际应用中，直接采用集成计数器更为方便。下面介绍集成计数器 74LS160，它是一个具有预置数功能的同步十进制加法计数器集成芯片。如图 7.5.15 所示为 74LS160 芯片的引脚图，各引脚的功能分别是：

U_{CC}：16 号引脚为 ＋5V 电源的正极接入端。

GND：8 号引脚为"地"接入端，即电源负极。

$\overline{R}$：1 号引脚为计数器的清零端（复位端），低电平有效。

CP：2 号引脚为计数脉冲输入端，上升沿触发。

$Q_0 \sim Q_3$：11～14 号引脚为计数器的输出端。

TC：15 号引脚为进位输出端。

CEP、CET：7 号引脚和 10 号引脚为计数器控制端，当两者中有其一为低电平 0 时，计数器处于保持功能；当两者均为高电平 1 时，计数。

$P_0 \sim P_3$：3～6 号引脚为计数器的预置数输入端，可以预置一个四位二进制数的初始状态。

$\overline{PE}$：9 号引脚为同步平行置数控制端，低电平 0 有效。当 $\overline{PE} = 0$ 时，计数器输出将变为 $P_0 \sim P_3$ 所预置的初始状态。

74LS160 芯片的功能表如表 7.5.7 所示。

表 7.5.7　　　　　　　　74LS160 同步十进制加法计数器功能表

$\overline{R}$	$\overline{PE}$	CET	CEP	功能
0	×	×	×	复位
1	0	×	×	将预置数存入
1	1	1	1	计数
1	1	0	×	保持
1	1	×	0	保持

注　×表示任意状态。

4. 任意进制计数器

在数字电路中，常用的计数器主要是二进制和十进制计数器，在工程应用中，若需要其它任意一种进制的计数器，可以通过数制转换，将现成的计数器改接实现。改接的主要方法有反馈清零法和置数法。

下面只通过反馈清零法（也称清零法），介绍计数器的转换原理与改接方法。实质上，清零法是将计数器的输出，按照要求反馈接入清零端（置 0 端）实现清零。具体来说，假设改接构成 N 进制计数器，首先把 N 转换为二进制数码，作为计数器的输出组合，根据需要通过一定的电路反馈接入计数器清零端（置 0 端）。当计数器恰好输出该二进制数码状态时，计数器清零，从而实现"逢 N 进 1，本位归 0"的功能，即 N 进制计数器。

【例 7.5.1】　利用十进制计数器 74LS160，改成六进制计数器。

解　十进制数 6 对应的四位二进制数为 0110，如图 7.5.16 所示，将计数器的输出端 Q_2、Q_1 经过与非门接入清零端（置 0 端）$\overline{R}$，当输入计数脉冲的个数至 6 时，输出为 0110，"与非"运算的结果为 0，计数器旋即清零，实现了"逢 6 进 1，本位归 0"，也即六进制加法计数。

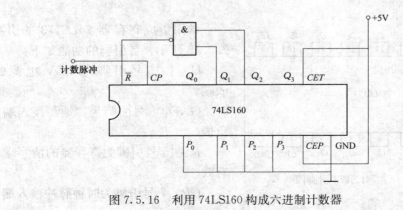

图 7.5.16　利用 74LS160 构成六进制计数器

　　需要指出，将十进制计数器改为 N 进制计数器（$N<10$）时，一般采用清零法。在改接时，应特别注意清零端（置 0 端）的有效电平。

二、寄存器

　　寄存器用来存放数码（或指令），由触发器和门电路组成。一个触发器只能存放一位的二进制数码（或指令）；若存放 n 位二进制数，需要 n 个触发器。

　　寄存器的输入与输出（存取）方式，分为并行、串行两种。并行方式，是将所寄存的数码同时输入（或输出）；串行方式，是在触发脉冲的作用下，将数码依次输入（或输出）。

　　从功能上看，寄存器分为数码（或指令）寄存器、移位寄存器两种，下面分别介绍。

1. 数码寄存器

　　只具有寄存数码和清除原有数码功能的寄存器，称为数码寄存器。如图 7.5.17 所示，为四位数码寄存器的逻辑图，存取四位二进制数码 $d_3 d_2 d_1 d_0$。

　　（1）数据存入。首先令 $\overline{R}_D$ 悬空或接高电平 1。当输入控制信号 $IE=0$ 时，输入端 d_3、d_2、d_1、d_0 被封闭，数据无法存入；当 $IE=1$ 时，允许数据存入，$d_3 d_2 d_1 d_0$ 并行通过四个与非门，分别输入至四位基本 RS 触发器，并在 Q 端输出保持。

　　（2）数据读取。当输出控制信号 $OE=0$ 时，输出端 Q_3、Q_2、Q_1、Q_0 读不出数据；当 $OE=1$ 时，则允许数据输出，并读取所存入的 $d_3 d_2 d_1 d_0$。

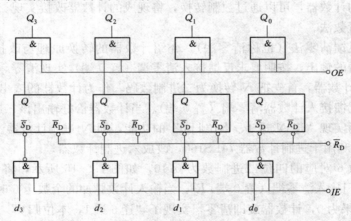

图 7.5.17　四位数码寄存器的逻辑图

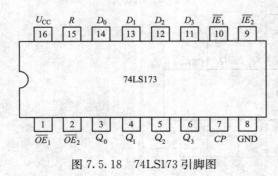

图 7.5.18　74LS173 引脚图

　　常用集成寄存器 74LS173 的引脚图如图 7.5.18 所示，各引脚的功能如下：

　　U_{CC}：16 号引脚为 +5V 电源的正极接入端。

　　GND：8 号引脚为"地"接入端，即电源负极。

　　R：15 号引脚为寄存器的清零端，高电平有效。

　　CP：7 号引脚为时钟脉冲输入端，上升沿触发。

$D_3 \sim D_0$：11～14 号引脚为寄存器的数据输入端。

$Q_0 \sim Q_3$：3～6 号引脚为寄存器的数据输出端。

$\overline{IE_1}$，$\overline{IE_2}$：9 号引脚和 10 号引脚为寄存器的输入控制端，当两者均为低电平 0 时，允许数据输入；当两者有其一为高电平 1 时，寄存器保持原来状态。

$\overline{OE_1}$，$\overline{OE_2}$：1 号引脚和 2 号引脚为寄存器的输出控制端，当两者均为低电平 0 时，允许数据输出。

集成寄存器 74LS173 的逻辑功能如表 7.5.8 所示。

表 7.5.8　　　　　　　　　　　　　　74LS173 功能表

R	CP	$\overline{IE_1}$	$\overline{IE_2}$	D_n	Q_n
1	×	×	×	×	0
0	0	×	×	×	Q_n
0	↑	1	×	×	Q_n
0	↑	×	1	×	Q_n
0	↑	0	0	0	0
0	↑	0	0	1	1

注　×表示任意状态。

2. 移位寄存器

具有移位功能的寄存器称为移位寄存器，每来一个移位脉冲 CP，数据移动一位。按照移位的方向，分为单向移位寄存器和双向移位寄存器。

如图 7.5.19 所示，是由 4 个 JK 触发器组成的 4 位左移位寄存器。利用前述知识，将 JK 触发器 F0 转换改接成 D 触发器。假设将数码 1010 存入寄存器，并从输出端输出。

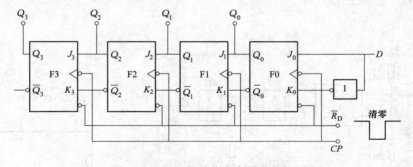

图 7.5.19　四位移位寄存器的逻辑图

（1）存入数据之前，先将寄存器清零。令 $\overline{R_D} = 0$，则输出端为 0000；然后，令 $\overline{R_D} = 1$。

（2）数据从 D 端依次串行输入寄存器。首先，送入 $D = 1$，第一个移位脉冲 CP 到来时，Q_0 翻转为 1，输出为 0001。然后送入 $D = 0$，此时，触发器 F0 的输入端 $J_0 = 0$，$K_0 = 1$（置 0 态）；触发器 F1 的输入端 $J_1 = Q_0 = 1$，$K_1 = \overline{Q_0} = 0$（置 1 态），当第二个脉冲 CP 到来时，Q_0 翻转为 0，而 Q_1 翻转为 1，输出为 0010。依次输入移位脉冲，直到第四个脉冲 CP 到来之后，四位数码全部存入寄存器，输出端状态为 1010。可见，将四位二进制数码依次左移位存入寄存器，可以一直保持至下一脉冲的到来。

若继续有脉冲 CP 输入，则数据 1010 将从 Q_3 端依次串行输出，请读者自行分析。

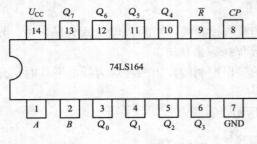

图 7.5.20　74LS164 引脚图

常用寄存器集成芯片 74LS164 为八位移位寄存器，引脚图如图 7.5.20 所示，其中：

U_{CC}：14 号引脚为 +5V 电源接入端。

GND：7 号引脚为"地"接入端，电源负极。

$\overline{R}$：9 号引脚为寄存器的清零端，低电平 0 有效。

CP：8 号引脚为移位脉冲输入端，上升沿触发。

$Q_0 \sim Q_7$：3～6，10～13 号引脚为寄存器的输出端。

A、B：1、2 号引脚为寄存器的数据串行输入端，实际输入数据为 $A \cdot B$ 的结果。

*7.5.3　555 定时器及其应用

555 定时器作为一种多用途、数字与模拟电路混合的集成芯片，应用广泛，通过不同的连接方式，可以构成施密特触发器、单稳态触发器和多谐振荡器等电路。

1. 555 定时器

如图 7.5.21 所示为集成 555 定时器的电路图和引脚图，其功能取决于两个比较器的输出电压，控制 RS 触发器和放电管 VT 的状态。接入电源，当 5 脚 CO 悬空时，电压比较器 A1 同相输入端的参考电压为 $\frac{2}{3}U_{CC}$，A2 反相输入端的参考电压为 $\frac{1}{3}U_{CC}$。若触发输入端 $\overline{TR}$ 的电压小于 $\frac{1}{3}U_{CC}$，则比较器 A2 的输出低电平 0，RS 触发器置 1，输出端 $OUT = 1$。如果

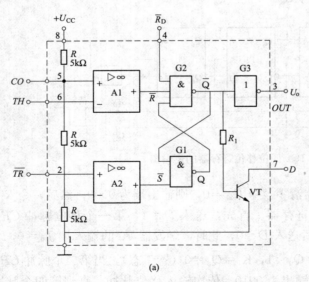

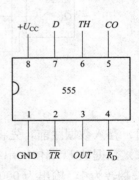

图 7.5.21　555 定时器

（a）电路图；（b）引脚图

阈值输入端 TH 的电压 $U_{TH}>\dfrac{2}{3}U_{CC}$，同时 $\overline{TR}$ 端的电压 $U_{\overline{TR}}>\dfrac{1}{3}U_{CC}$，则 A1 输出低电平 0，A2 输出高电平 1，进而 RS 触发器置 0，OUT 输出低电平 0。

　　为防止干扰，电压控制端 CO 悬空时，应接一个滤波电容到地；在电压控制端 CO 外加电压时，可以改变电压比较器的参考电压，555 定时器的逻辑功能如表 7.5.9 所示。

表 7.5.9　　　　　　　　　　　　　　　555 定时器功能表

$\overline{R}_D$	U_{TH}	$U_{\overline{TR}}$	$OUT(U_o)$	放电端 D
0	×	×	0	与地导通
1	$>\dfrac{2}{3}U_{CC}$	$>\dfrac{1}{3}U_{CC}$	0	与地导通
1	$<\dfrac{2}{3}U_{CC}$	$>\dfrac{1}{3}U_{CC}$	保持原状态不变	保持原状态不变
1	$<\dfrac{2}{3}U_{CC}$	$<\dfrac{1}{3}U_{CC}$	1	与地断开

注　×表示任意状态。

2. 施密特触发器

　　如图 7.5.22 所示，为 555 定时器改接而成的施密特触发器。设输入信号 u_i 为正弦波信号，幅度大于 555 定时器的参考电压 $\dfrac{2}{3}U_{CC}$（电压控制端 5 通过滤波电容接地），电路输入/输出波形如图 7.5.23 所示。

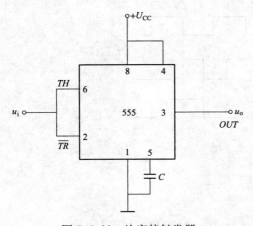

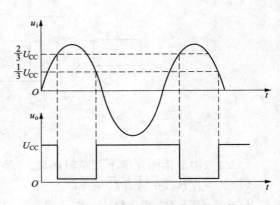

图 7.5.22　施密特触发器　　　　　　　图 7.5.23　施密特触发器输入/输出信号

根据 555 定时器的功能表，得：

（1）当 u_i 处于 $u_i\leqslant\dfrac{1}{3}U_{CC}$ 的上升区间时，$OUT=1$；

（2）当 u_i 处于 $\dfrac{1}{3}U_{CC}<u_i<\dfrac{2}{3}U_{CC}$ 的上升区间时，OUT 仍保持原状态"1"不变；

（3）当 u_i 处于 $u_i\geqslant\dfrac{2}{3}U_{CC}$ 区间时，OUT 将由 1 态变为 0 态；

（4）当 u_i 处于 $\frac{1}{3}U_{CC}<u_i<\frac{2}{3}U_{CC}$ 的下降区间时，OUT 保持原来的 0 态不变；

（5）当 u_i 处于 $u_i\leqslant\frac{1}{3}U_{CC}$ 区间时，OUT 又将由 0 态变为 1 态。

施密特触发器的典型应用之一，即实现波形变换，可以将任何符合特定条件的输入信号转换为对应的矩形波输出信号。如图 7.5.24 所示，将三角波变换为矩形波信号。

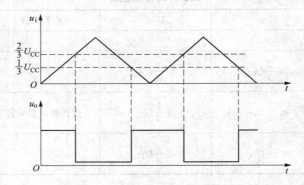

图 7.5.24　将三角波变换为矩形波

习 题 7

7.2.1　与非门的逻辑符号及输入波形如图 7.01 所示，试画出输出 Y 的波形。

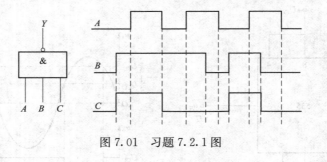

图 7.01　习题 7.2.1 图

7.3.1　用卡诺图化简下列逻辑函数。

（1）$Y=\overline{A}\,\overline{B}\,\overline{C}+\overline{A}\,B\,\overline{C}+\overline{A}\,C$

（2）$Y(A,B,C,D)=\Sigma m(2,6,7,8,9,10,11,13,14,15)$

7.3.2　用卡诺图化简下列逻辑函数，并将化简后的结果用与非门实现。

（1）$Y=A\,\overline{B}\,C+ABC+AB\,\overline{C}+\overline{A}BC$

（2）$Y=AC+ABD+BC+BD$

7.4.1　如图 7.02 所示，A、B 为数据输入端，C 为控制端。试分析：在控制信号 $C=0$ 和 $C=1$ 时，输出 Y 与数据输入 A、B 之间的关系。

7.4.2　组合逻辑电路如图 7.03 所示，写出输出 Y 的逻辑式，并分析电路的逻辑功能。

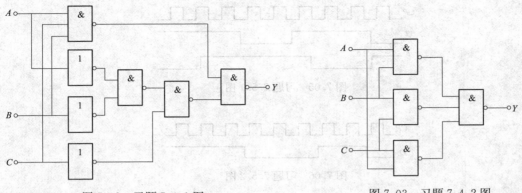

图 7.02　习题 7.4.1 图　　　　　　　图 7.03　习题 7.4.2 图

7.4.3　某实验室有红、黄两个故障灯，用来表示三台设备的运行状态。当只有一台设备有故障时，黄灯亮；若两台设备同时产生故障，红灯亮；若三台设备均发生故障时，红灯、黄灯同时亮。试设计该故障预警的逻辑电路，并画出逻辑图。

7.4.4　A、B、C 三台电机的运行要求如下：A 开机时，B 必须开机；B 开机时，C 必须开机。如不满足要求，应发出报警信号。试设计该报警电路，并与非门实现上述功能。

7.4.5　某雷达站有 A、B、C 三部雷达，其中 A、B 的功率相等，C 的功率是 A 功率的两倍。三部雷达由两台发电机 X 和 Y 供电，发电机 X 的最大功率等于雷达 A 的功率，发电机 Y 的最大功率是 X 的 3 倍。要求：设计一个逻辑控制电路，能够根据各雷达的启动和关闭，以最节约电能的方式启、停两台发电机。

7.4.6　如图 7.04 所示为密码锁控制电路。开锁须满足两个条件：①拨对密码；②插入钥匙将开关 S 闭合。当两个条件同时满足时，开锁信号为 1，锁打开；否则报警信号为 1，接通警铃。试分析密码 $ABCD$ 是多少？

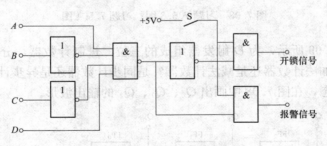

图 7.04　习题 7.4.6 图

7.4.7　某工厂进行电工技能考试，有三名评判员，其中 A 为主评判员，B、C 为副评判员。在评判时，遵循少数服从多数的原则通过；但主评判员认为合格，也可通过。试设计该评判电路，并用与非门实现其逻辑功能。

7.5.1　如图 7.05 所示，试画出主从 JK 触发器输出 Q 的波形（设初始状态为 0）。

7.5.2　如图 7.06 所示，试画出 D 触发器输出 Q 的波形（设初始状态为 0）。

7.5.3　如图 7.07 所示，为 JK 触发器组成的三位二进制计数器，分析工作原理。判断该二进制计数器是加法计数器还是减法计数器？是同步计数器还是异步计数器？假设各触发器的初始状态为 0 态，在图 7.08 中画出 Q_0、Q_1、Q_2 的输出波形。

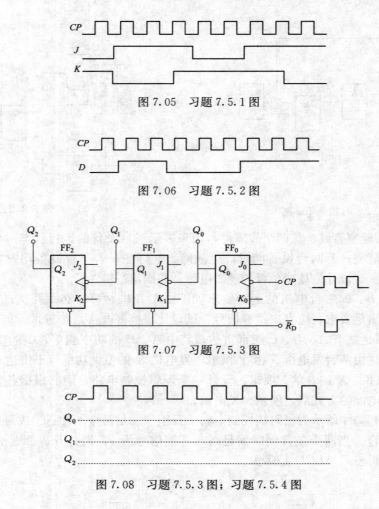

图 7.05　习题 7.5.1 图

图 7.06　习题 7.5.2 图

图 7.07　习题 7.5.3 图

图 7.08　习题 7.5.3 图；习题 7.5.4 图

7.5.4　如图 7.09 所示，为 D 触发器组成的三位二进制计数器，分析工作原理。判断该二进制计数器是加法计数器还是减法计数器？是同步计数器还是异步计数器？假设各触发器的初始状态为 0 态，在图 7.08 中画出 Q_0、Q_1、Q_2 的输出波形。

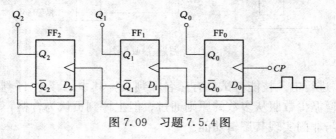

图 7.09　习题 7.5.4 图

*7.5.5　试用 74LS160 构成五进制计数器。

部分习题参考答案

习题 1

1.1.2 (1) 元件 1、2 为电源；元件 3、4、5 为负载；

1.1.3 S 断开时，$V_A = 4V$；S 闭合时，$V_A = 7.2V$。

1.1.4 $I = 1.5A$。

1.2.1 $I_2 = 3A$，$I_3 = 2A$。

1.2.2 $V_A = 4V$，$I_1 = 0.4mA$，$I_2 = 0.6mA$。

1.2.3 $I_1 = -0.1A$，$U_{S1} = -2V$，$U_{S1} = -4V$，$P_{S1} = 0.2W$，电流源 I_{S1} 起负载作用；
$P_{S2} = -0.8W$，电流源 I_{S2} 起电源作用。

1.3.1 $I_1 = 6A$，$I_2 = 3A$，$I_3 = 2A$。

1.4.1 $I_2 = 0.2A$。

1.4.2 $I_1 = 3A$，$I_2 = -1A$，$I_3 = 2A$。

1.5.1 $I_3 = -2.5A$。

1.5.2 $I = -2A$。

1.6.1 $u_C(0_+) = 6V$；$i_C(0_+) = 0.5mA$；$u_{R1}(0_+) = 5V$。

1.6.2 $u_C(t) = (-6 + 16e^{-t})V$；变化曲线略。

1.6.3 $u_C(t) = (4 + 4e^{-t})V$；$i_C(t) = -2e^{-t}A$；变化曲线略。

1.6.4 $u_L = -2 + 4e^{-500t}A$，$u_L = -48e^{-500t}V$。

习题 2

2.1.1 $i = 10\sqrt{2}\sin(314t + 45°)$ A。

2.2.1 (1) $U_m = 220\sqrt{2}V$，$U = 220V$。 (2) $T = 0.02s$，$f = 50Hz$，$\omega = 314rad/s$。
(3) $\psi = -60°$。 (4) $314t - 60°$。

2.2.2 (1) $f = 50Hz$
S 合向 a 时：$I = 2.2A$，$P = 484W$，$Q = 0kvar$。
S 合向 b 时：$I \approx 2.2A$，$P = 0$，$Q_C \approx 484var$。
S 合向 c 时：$I \approx 2.2A$，$P = 0$，$Q_L \approx 484var$。
(2) $f = 500Hz$。
S 合向 a 时：$I = 2.2A$，$P = 484W$，$Q = 0var$。
S 合向 b 时：$I = 22A$，$P = 0$，$Q_C = 4840var$。
S 合向 c 时：$I = 0.22A$，$P = 0$，$Q_L = 48.4var$。

2.2.3 (1) $\dot{I}_R = 11\angle0°A$，$\dot{I}_L = 11\angle-90°A$，$\dot{I}_C = 11\angle90°A$，$\dot{I} = 11\angle0°A$。
(2) $P = 2420W$，$Q = 0var$，$S = 2420V \cdot A$，$\cos\varphi = 1$。

2.2.4　$I \approx 5.29A$；$Z_2 = 154.93\angle{-75.96°}$，容性负载。

2.3.1　(1) $Z = 100\angle{53.1°}\Omega$，$|Z| = 100\Omega$，$I = 2.2A$。

　　　　(2) $\cos\varphi = 0.6$，$P = 290.4W$，$Q = 387.2var$，$S = 484VA$。

　　　　(3) $C = 44.89\mu F$。

2.3.2　(1) $P = 3kW$，$Q = 3.41kvar$，$S = 4.54kVA$，$I = 20.64A$，$\cos\varphi = 0.66$。

　　　　(2) $C = 130\mu F$。

2.3.3　(1) $R = 250\Omega$，$R_l = 43.75\Omega$，$L = 1.48H$。

　　　　(2) $P_R = 40W$，$P = 47W$，$S = 88VA$，$\cos\varphi_1 = 0.53$。

　　　　(3) $C = 3.91 \times 10^{-6}F = 3.91\ \mu F$，$I = 0.22A$。

2.4.1　(1) 三角形接法，$I_L = 3.8A$，$S = 1.45kVA$，$\cos\varphi = 0.6$，$P = 0.87kW$，$Q = 1.16kvar$。

　　　　(2) $C = 16.2\ \mu F$。

2.4.2　(1) $\dot{I}_1 = 2.2\angle{60°}A$，$\dot{I}_2 = 2.2\angle{-180°}A = 2.2\angle{180°}A$，$\dot{I}_3 = 4.4\angle{+120°}A$，$\dot{I}_N = 6.6\angle{+120°}A$。

　　　　(2) $P_1 = 242W$，$P_2 = 242W$，$P_3 = 968W$，$P = 1452W$。

2.4.3　$\dot{I}_{L1} = 18.18\angle{0°}$，$\dot{I}_{L2} = 22.73\angle{-120°}$，$\dot{I}_{L3} = 27.26\angle{-240°}$，$\dot{I}_N = 7.87\angle{-150°}$；$P = 15kW$。

2.4.4　(1) $I_{L1} = I_{P1} = 4.4A$，$S_1 = 2.9kVA$，$\cos\varphi_1 = 0.6$，$P_1 = 1.74kW$，$Q_1 = 2.32kvar$；$I_{P2} = 7.6A$，$I_{L2} = 13.16A$，$S_2 = 8.66kVA$，$\cos\varphi_2 = 0.8$，$P_2 = 6.93kW$，$Q_2 = -5.20kvar$。

　　　　(2) $P = 8.67kW$，$Q = -2.88kvar$，$S = 9.14kVA$，$\cos\varphi = 0.95$，$I = 13.89A$。

2.4.5　$P = 4.2kW$。

习题 3

3.2.1　(1) 9.09A，55.56A；(2) 6.82A，0.91A。

3.2.2　1250 只，625 只；5A，227A。

3.2.3　0.5W，1.5W。

3.2.4　3.5，0.56W。

3.3.1　$n_0 = 3000r/min$，$n = 2955r/min$。

3.3.2　(1) $I_{st\triangle} = 140A$。(2) $I_{stY} \approx 47A$。(3) 略。

3.3.3　(1) $p = 2$，$n_0 = 1500r/min$。

　　　　(2) 能。△起动时，$I_{st\triangle} \approx 225A$；Y 起动时，$I_{stY} = 75A$。

　　　　(3) $P_1 \approx 19.81kW$，$\eta \approx 50.5\%$。

3.3.4　(1) $T_N \approx 65.9N \cdot m$。(2) $T_{st\triangle} \approx 79N \cdot m$。(3) $T_M \approx 118.5N \cdot m$。(4) $T_{stY} \approx 26.3N \cdot m$。

3.3.5　(1) $n_0 = 1500r/min$。(2) $s = 0.04$。(3) $\cos\varphi_1 = 0.8$。(4) $\eta = 80\%$。

3.3.6　(1) $T_N = 48.9N \cdot m$。由于 $T_N < T_L$，故不能带此负载长期运行。

(2) $T_M = 107.58N \cdot m$；由于 $T_M > T_L$，故可以带此负载短时运行。

(3) $T_{st} = 97.8N \cdot m$，$P_{1N} = 17kW$，$I_N = 29.35A$，$I_{st} = 205.45A$；虽然 $T_{st} > T_L$，但因 $I_{st} > 150A$，故不可带此负载直接起动。

3.3.7 (1) $T_{st} = 1.8T_N$，$I_{st} = 378A$，变压器的额定电流 $I_{BN} = 304A$。虽然 $T_{st} > T_L$，但由于 $I_{st} > I_{BN}$，故不可以直接起动。

(2) $T_{stY} = 0.6T_N < T_L$，故不可以星形—三角形起动。

习题 4

4.2.1 答案同本章图 4.2.3 所示。

4.2.4 如图 1 所示。

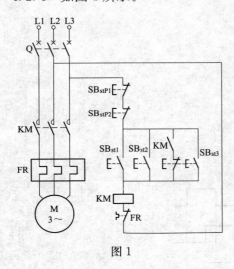

图 1

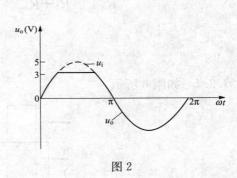

图 2

习题 5

5.3.1 波形如图 2 所示。

5.4.1 $U_o = 27V$，$I_o = 0.225A$，$I_F = 0.1125A$，$U_{DRM} = 42.42V$。

5.4.2 $U_2 = 100V$，$I_o = 0.25A$，$I_F = 0.125A$，$U_{DRM} = 141.4V$。

5.4.3 开关 S 断开，$U_o = 45V$，$I_o = 45mA$；开关 S 闭合，$U_o = 90V$，$I_o = 90mA$。

5.5.1 (1) $U_o = 18V$，$I_o = 0.06A$。(2) $U_o = 13.5V$；$U_o = 21.2V$。

5.5.3 (1) $U = 25V$。(2) $U_{DRM} = 35V$。(3) $C = 250\mu F$。

习题 6

6.2.1 (1) $I_B = 0.12mA$，$I_C = 4.8mA$，$U_{CE} = 7.8V$。

(2) $I_B = 0.12mA$，$I_C = 9.6mA$，$U_{CE} = 0.6V$，晶体管的工作状态由放大趋于饱和。

（3）$r_{be}=0.42\text{k}\Omega$，$A_u=-142.86$，$r_i=0.42\text{k}\Omega$，$r_o=1.5\text{k}\Omega$。

6.2.2　$R_B=195\text{k}\Omega$，$R_C=2\text{k}\Omega$。

6.2.3　（1）$I_C=3.75\text{mA}$，$I_B=37.5\mu\text{A}$，$U_{CE}=7.5\text{V}$，$R_P=334\text{k}\Omega$。

　　　　（2）$r_{be}=893.33\Omega$，$A_u=-111.94$，$r_i\approx893.33\Omega$，$r_o\approx2\text{k}\Omega$；$U_o=1119.4\text{mV}$。

6.2.4　（1）$V_B=2\text{V}$，$I_B\approx0.016\text{mA}$，$I_C=1.28\text{mA}$，$U_{CE}=6.86\text{V}$。

　　　　（2）$r_{be}\approx1.83\text{k}\Omega$，$A_{uo}\approx-131$，$r_i\approx1.83\text{k}\Omega$，$r_o=3\text{k}\Omega$。

　　　　（3）$A_u\approx-101$，$u_o=-505\sin\omega t\,\text{mV}$。

6.2.5　（1）$I_C\approx I_E=3\text{mA}$，$I_B=60\mu\text{A}$，$U_{CE}=6\text{V}$。

　　　　（2）$r_{be}=642\Omega$，$A_{uo}=-77.88$，$A_u=-62.31$。

　　　　（3）$r_o\approx R_C=1\text{k}\Omega$。

6.5.1　$u_o=\dfrac{R_{F1}R_{F2}}{R_1R_2}u_{i1}-\dfrac{R_{F2}}{R_3}u_{i2}$。

6.5.2　$u_o=-\dfrac{R_{F1}}{R_1}\left(1+\dfrac{R_{F2}}{R_3}\right)u_i$。

6.5.3　$u_o=\left(1+\dfrac{R_F}{R_1}\right)\times\dfrac{R_3}{R_2+R_3}u_i$，$800\text{mV}$。

习题 7

7.2.1　如图 3 所示。

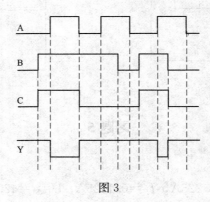

图 3

7.3.1　（1）$Y=\overline{A}$。（2）$Y=A\overline{B}+AD+BC+C\overline{D}$。

7.3.2　（1）化简结果：$Y=AC+AB+BC=\overline{\overline{AC}\cdot\overline{AB}\cdot\overline{BC}}$。图略。

　　　　（2）化简结果：$Y=AC+BC+BD=\overline{\overline{AC}\cdot\overline{BC}\cdot\overline{BD}}$。图略。

7.4.1　$Y=\overline{\overline{ABC}\cdot\overline{A}\,\overline{B}\cdot\overline{C}}=ABC+(A+B)\overline{C}$；

当 $C=1$ 时，$Y=AB$，电路起与门作用；当 $C=0$ 时，$Y=A+B$，电路起或门作用。

　　7.4.2　$Y=\overline{\overline{AB}\cdot\overline{BC}\cdot\overline{AC}}=AB+BC+AC$；当 A、B、C 三个输入变量中有两个或两个以上为 1 时，$Y=1$，否则为 0。

　　7.5.1　如图 4 所示。

7.5.2　如图 5 所示。

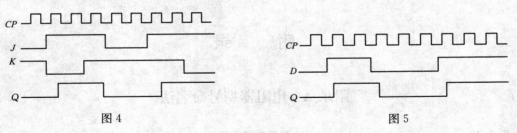

图 4　　　　　　　　　　　　　　　图 5

7.5.3　加法计数器；异步计数器；波形图如图 6 所示。

7.5.4　加法计数器；异步计数器。

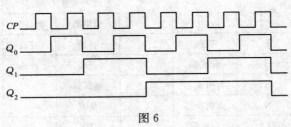

图 6

附　　录

附录 A　电阻器型号命名法

表 A.1　　　　　　　　　　　　　　　　　电阻器型号命名法

第一部分：主称		第二部分：材料		第三部分：特征分类			第四部分：序号
符号	意义	符号	意义	符号	意义		
					电阻器	电位器	
R	电阻器	T	碳膜	1	普通	普通	
W	电位器	H	合成膜	2	普通	普通	
		S	有机实芯	3	超高频	—	
		N	无机实芯	4	高阻	—	
		J	金属膜	5	高温	—	
		Y	氧化膜	6	—	—	
		C	沉积膜	7	精密	精密	对主称、材料相同，仅性能指标、尺寸大小有差别，但基本不影响互换使用的产品，给予同一序号；若性能指标、尺寸大小明显影响互换时，则在序号后面用大写字母作为区别代号
		I	玻璃釉膜	8	高压	特殊函数	
		P	硼碳膜	9	特殊	特殊	
		U	硅碳膜	G	高功率	—	
		X	线绕	T	可调	—	
		M	压敏	W	—	微调	
		G	光敏	D	—	多圈	
		R	热敏	B	温度补偿用	—	
				C	温度测量用	—	
				P	旁热式	—	
				W	稳压式	—	
				Z	正温度系数	—	

示例：精密金属膜电阻器 RJ73 释义

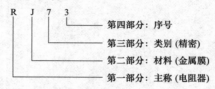

附录 B 电容器型号命名法

表 B.1 电容器型号命名法

第一部分：主称		第二部分：材料		第三部分：特征、分类						第四部分：序号
符号	意义	符号	意义	符号	意义					
					瓷介	云母	玻璃	电解	其他	
C	电容器	C	瓷介	1	圆片	非密封	—	箔式	非密封	对主称、材料相同，仅尺寸、性能指标略有不同，但基本不影响互使用的产品，给予同一序号；若尺寸性能指标的差别明显；影响互换使用时，则在序号后面用大写字母作为区别代号
		Y	云母	2	管形	非密封	—	箔式	非密封	
		I	玻璃釉	3	叠片	密封	—	烧结粉固体	密封	
		O	玻璃膜	4	独石	密封	—	烧结粉固体	密封	
		Z	纸介	5	穿心	—	—	—	穿心	
		J	金属化纸	6	支柱	—	—	—	—	
		B	聚苯乙烯	7	—	—	—	无极性	—	
		L	涤纶	8	高压	高压	—	—	高压	
		Q	漆膜	9	—	—	—	特殊	特殊	
		S	聚碳酸酯	J	金属膜					
		H	复合介质	W	微调					
		D	铝							
		A	钽							
		N	铌							
		G	合金							
		T	钛							
		E	其他							

示例：

(1) 铝电解电容器 CD11。

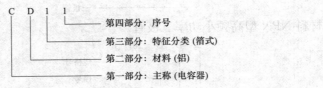

(2) 纸介金属膜电容器 CZJX。

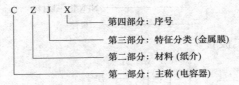

附录 C　国产半导体分立器件型号命名法

表 C.1　　　　　　　　　　　　国产半导体分立器件型号命名法

第一部分		第二部分		第三部分				第四部分	第五部分
用数字表示器件电极的数目		用汉语拼音字母表示器件的材料和极性		用汉语拼音字母表示器件的类型					
符号	意义	符号	意义	符号	意义	符号	意义		
2	二极管	A	N 型，锗材料	P	普通管	D	低频大功率管 ($f_\alpha<3\text{MHz}, P_C\geqslant 1\text{W}$)	用数字表示器件序号	用汉语拼音表示规格的区别代号
		B	P 型，锗材料	V	微波管				
		C	N 型，硅材料	W	稳压管	A	高频大功率管 ($f_\alpha\geqslant 3\text{MHz}, P_C\geqslant 1\text{W}$)		
		D	P 型，硅材料	C	参量管				
				Z	整流管		半导体闸流管 (可控硅整流器)		
				L	整流堆	T			
				S	隧道管	Y	体效应器件		
				N	阻尼管	B	雪崩管		
3	三极管	A	PNP 型，锗材料	U	光电器件	J	阶跃恢复管		
		B	NPN 型，锗材料	K	开关管	CS	场效应器件		
		C	PNP 型，硅材料	X	低频小功率管 ($f_\alpha<3\text{MHz}, P_C<1\text{W}$)	BT	半导体特殊器件		
		D	NPN 型，硅材料			FH	复合管		
		E	化合物材料	G	高频小功率管 ($f_\alpha\geqslant 3\text{MHz}, P_C<1\text{W}$)	PIN	PIN 型管		
						JG	激光器件		

示例：

（1）锗材料 PNP 型低频大功率三极管。

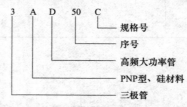

```
3  A  D  50  C ── 规格号
                  ── 序号
                  ── 高频大功率管
                  ── PNP型、硅材料
                  ── 三极管
```

（2）硅材料 NPN 型高频小功率三极管。

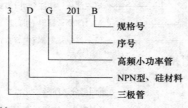

```
3  D  G  201  B ── 规格号
                  ── 序号
                  ── 高频小功率管
                  ── NPN型、硅材料
                  ── 三极管
```

（3）N 型硅材料稳压二极管。

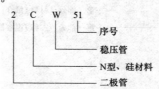

```
2  C  W  51 ── 序号
               ── 稳压管
               ── N型、硅材料
               ── 二极管
```

附录 D　部分半导体二极管的参数

表 D.1　　　　　　　　　　部分半导体二极管的参数

类型	型号	最大整流电流 (mA)	正向电流 (mA)	正向压降(在左栏电流值下)(V)	反向击穿电压 (V)	最高反向工作电压 (V)	反向电流 (μA)	零偏压电容 (pF)	反向恢复时间 (ns)
普通检波二极管	2AP9	≤16	≥2.5	≤1	≥40	20	≤250	≤1	f_H(MHz)150
	2AP7		≥5		≥150	100			
	2AP11	≤25	≥10	≤1		≤10	≤250	≤1	f_H(MHz)40
	2AP17	≤15	≥10			≤100			
锗开关二极管	2AK1		≥150	≤1	30	10		≤3	≤200
	2AK2				40	20			
	2AK5		≥200	≤0.9	60	40			
	2AK10		≥10	≤1	70	50		≤2	≤150
	2AK13		≥250	≤0.7	60	40			
	2AK14				70	50			
硅开关二极管	2CK70A~E		≥10	≤0.8	A≥30	A≥20		≤1.5	≤3
	2CK71A~E		≥20		B≥45	B≥30			≤4
	2CK72A~E		≥30		C≥60	C≥40			
	2CK73A~E		≥50		D≥75	D≥50		≤1	≤5
	2CK74A~D		≥100	≤1	E≥90	E≥60			
	2CK75A~D		≥150						
	2CK76A~D		≥200						
整流二极管	2CZ52B …H	2	0.1	≤1		25 … 600			同 2AP 普通二极管
	2CZ53B …M	6	0.3	≤1		50 … 1000			
	2CZ54B …M	10	0.5	≤1		50 … 1000			
	2CZ55B …M	20	1	≤1		50 … 1000			
	2CZ56B …B	65	3	≤0.8		25 …1000			
	1N4001 …4007	30	1	1.1		50 …1000	5		
	1N5391 …5399	50	1.5	1.4		50 …1000	10		
	1N5400 …5408	200	3	1.2		50 …1000	10		

附录 E　模拟集成电路命名方法（国产）

表 E.1　　　　　　　　　　　模拟集成电路命名方法（国产）

第 0 部分		第一部分		第二部分	第三部分		第四部分	
用字母表示器件 符合国家标准		用字母表示器件的类型		用阿拉伯数字 表示器件的系列 和品种代号	用字母表示器件的 工作温度范围		用字母表示器件的封装	
符号	意义	符号	意义		符号	意义	符号	意义
C	中国制造	T	TTL		C	0～70℃	W	陶瓷扁平
		H	HTL		E	40～＋85℃	B	塑料扁平
		E	ECL		R	55～＋85℃	F	全封闭扁平
		C	CMOS		M …	55～＋125℃ …	D	陶瓷直插
		F	线性放大器				P	塑料直插
		D	音响、电视电路				J	黑陶瓷直插
		W	稳压器				K	金属菱形
		J	接口电路				T	金属圆形

示例：

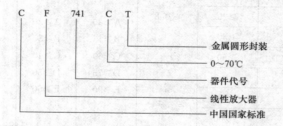

- 金属圆形封装
- 0～70℃
- 器件代号
- 线性放大器
- 中国国家标准

参 考 文 献

[1] 唐庆玉. 电工技术与电子技术. 北京：清华大学出版社，2007.

[2] 段玉生. 电工电子技术与 EDA 基础（上）. 北京：清华大学出版社，2005.

[3] 段玉生. 电工电子技术与 EDA 基础（下）. 北京：清华大学出版社，2006.

[4] 王鸿明. 电工与电子技术. 北京：高等教育出版社，2005.

[5] 秦曾煌. 电工学. 7 版. 北京：高等教育出版社，2004.

[6] 童诗白. 模拟电子技术基础. 北京：高等教育出版社，1999.

[7] 阎石. 数字电子技术基础. 北京：高等教育出版社，1999.

[8] 李益民. 电机及电气控制. 北京：高等教育出版社，2006.

[9] 赵承荻. 电机及应用. 北京：高等教育出版社，2003.

[10] 刘建清. 从零开始学电气控制与 PLC 技术. 北京：国防工业出版社，2006.

[11] 唐介. 电工学（少学时）. 北京：高等教育出版社，2005.

[12] ［美］Giorgio Rizzoni 著. 电气工程原理与应用. 郭福田，王仲奕，刘晓辉，夏建生，译. 4 版. 北京：电子工业出版社，2004.

[13] ［美］J. R. Cogdell 著. 电气工程学概论. 贾洪峰，译. 北京：清华大学出版社，2003.

[14] 唐志平. 供配电技术. 北京：电子工业出版社，2005.

[15] 马志溪. 建筑电气工程. 2 版. 北京：化学工业出版社，2011.